U0159903

2023 年建筑门窗幕墙创新与发展

名誉主编　董　红
主　　编　李福臣
副主编　刘忠伟　雷　鸣　李其真
　　　　　王　涛　李　洋

中国建材工业出版社

图书在版编目（CIP）数据

2023 年建筑门窗幕墙创新与发展／李福臣主编 . —
北京：中国建材工业出版社，2023.4
ISBN 978-7-5160-3650-1

Ⅰ. ①2… Ⅱ. ①李… Ⅲ. ①铝合金－门－文集 ②铝
合金－窗－文集 ③幕墙－文集 Ⅳ. ①TU228-53
②TU227-53

中国版本图书馆 CIP 数据核字（2022）第 249625 号

内 容 简 介

《2023 年建筑门窗幕墙创新与发展》一书共收集论文 36 篇，分为综合篇、设计与施工篇、方法与标准篇、材料性能篇和分析报告篇五部分，涵盖了建筑门窗幕墙行业发展现状、生产工艺、技术装备、新产品、标准规范、管理创新、行业分析报告等内容，反映了近年来行业发展的部分成果。

本书旨在为建筑门窗幕墙行业在更广泛的范围内开展技术交流提供平台，为该行业和企业的发展提供指导。本书可供建筑门窗幕墙行业从业人员阅读和借鉴，也可供相关专业技术人员进行科研、教学和培训使用。

2023 年建筑门窗幕墙创新与发展

2023nian Jianzhu Menchuang Muqiang Chuangxin yu Fazhan

名誉主编 董 红

主 编 李福臣

副 主 编 刘忠伟 雷 鸣 李其真 王 涛 李 洋

出版发行 中国建材工业出版社
地 址：北京市海淀区三里河路 11 号
邮 编：100831
经 销：全国各地新华书店
印 刷：北京印刷集团有限责任公司
开 本：787mm×1092mm 1/16
印 张：22
字 数：550 千字
版 次：2023 年 4 月第 1 版
印 次：2023 年 4 月第 1 次
定 价：108.00 元

卷首语

2022 年是不平凡的一年，面对复杂严峻的国际环境和艰巨繁重的改革发展稳定任务，我们迎难而上、砥砺前行。党的二十大胜利召开，描绘出以"中国式现代化"全面推进中华民族伟大复兴的宏伟蓝图，开启了充满光荣和梦想的新征程。

2022 年，我国建筑业转型升级提速，由大向强持续迈进。持续深化建筑业放管服改革和工程建设项目审批制度改革，加强质量安全管理，推动智能建造和新型建筑工业化协同发展，建筑业增加值达到 8.34 万亿元，国民经济支柱产业地位更加牢固。2023 年，我国建筑业以加快推进转型升级和高质量发展为核心，进一步完善市场导向的绿色技术创新体系，加快节能降碳先进技术研发和推广应用，充分发挥绿色技术对绿色低碳发展的关键支撑作用。

技术是推动行业进步的核心动力，市场是检验行业发展的晴雨表。2023 年中国建筑金属结构协会铝门窗幕墙分会首次将《建筑门窗幕墙创新与发展》与《中国门窗幕墙行业技术与市场分析报告》合二为一，从技术和数据分析的角度剖析过去一年行业的发展以及当前行业环境和趋势，为行业进步和企业发展提供参考。

秉承二十大精神，"2023"让我们携手再出发。2023 年，我们将团结广大会员单位，与房地产、建筑业精英一起，以多元化服务思想为指导，积极推进"平台化发展、产业链共赢"，构建全行业服务体系，集中行业智慧，打造服务行业高质量发展的协会平台，为我国建筑业的发展贡献力量。

郝际平

2023 年 1 月

本书编委会

名誉主编　董　红

主　　编　李福臣

副 主 编　刘忠伟　雷　鸣　李其真

　　　　　王　涛　李　洋

主编单位　中国建筑金属结构协会铝门窗幕墙分会

支持单位　广东新合铝业新兴有限公司

　　　　　山东沃赛新材料科技有限公司

目　　录

一、综合篇 ···（ 1 ）

　　主动服务　融入新发展格局

　　2022—2023 铝门窗幕墙行业发展报告 ·························李福臣（ 3 ）

　　高等教育开设建筑门窗专业的必要性 ·························孙文迁（ 19 ）

　　光电幕墙技术发展与应用

　　　研究 ··············杨廷海　李　淼　夏金龙　周　驰　王　微　刘春涛（ 22 ）

　　光伏建筑一体化（BIPV）在建筑中的应用探讨 ·········万　真（ 28 ）

　　建筑幕墙超低能耗技术发展路线解析 ·············牟永来　李书健（ 35 ）

　　内置可调遮阳中空节能玻璃对建筑节能的贡献 ·········徐海生（ 47 ）

　　建筑节能新趋势下的铝木复合门窗技术应用 ·············夏双山（ 55 ）

　　浅析窗纱一体平开窗演变史 ·································邱建伟（ 62 ）

　　采暖地区建筑外窗节能与室内舒适度的关系 ···李江岩　李冠男　李之毅（ 68 ）

　　门窗防渗漏工艺措施 ·······································夏双山（ 74 ）

　　门窗封阳台的安全应用问题简析 ···························石民祥（ 82 ）

　　浅谈零能耗建筑中的光伏玻璃幕墙 ···梁曙光　梁书龙　胡　博　吴跃扩（ 85 ）

二、设计与施工篇 ···（ 93 ）

　　多腔中空玻璃最佳热工性能设计准则 ·····················刘忠伟（ 95 ）

　　曲面异形玻璃幕墙节点设计方案解析 ·····················王德勤（ 98 ）

　　被动式低能耗建筑门窗的性能化设计与系统化安装 ·········孙文迁（107）

　　错缝式单元幕墙结构受力浅析 ·····························曾学岚（114）

　　大跨度玻璃幕墙支承结构的力学性能分析 ·······徐　栋　罗永增　徐　叶（121）

　　单层索网玻璃幕墙施工技术浅析 ···························文　林（130）

　　深圳机场卫星厅建筑幕墙深化设计浅析 ·····杨　云　王伟明　欧阳立冬　花定兴（145）

　　新型石材蜂窝板遮阳系统在幕墙中的应用 ·····李正明　杨　云　蔡广剑　花定兴（152）

　　考虑冷弯效应的玻璃应力简化计算 ·········汪婉宁　韩晓阳　王雨洲　邹　云（162）

　　幕墙垫块设计简述 ·························包　毅　窦铁波　杜继予（176）

　　幕墙支承结构设计及计算要点 ·····························黄庆文（183）

　　上海市超低能耗建筑之幕墙门窗性能设计策略 ·······陈　峻　王　峰（189）

　　BIM 技术在云池舞台建筑幕墙中的应用 ···········罗荣华　宋晓明（205）

　　邢台银行建筑幕墙设计概要 ···············罗荣华　宋晓明　刘海霞（217）

　　某总部办公楼幕墙设计简介 ···················毛伙南　蔡彩红（234）

三、方法与标准篇 ···（245）

　　门窗幕墙热工计算的理解与应用 ···················徐　涛　白　飞（247）

四、材料性能篇 ·· (261)

填充高沸硅油对中空玻璃硅酮结构胶的

　　老化性能影响的研究 ················· 胡　帅　蒋金博　罗　银　何伟杰 (263)

浅析玻璃幕墙结构胶失效原因 ········· 王　涛　朱　涛　窦锦兵　魏新海　房娜娜 (269)

幕墙用铜板及铜型材加工

　　工艺研究 ················· 杨廷海　罗文丰　荆其成　夏金龙　王绍宏　李　森 (273)

保障房装配式建筑外墙对密封胶性能及

　　施工要求的研究 ················· 朱　涛　王　涛　窦锦兵　魏新海　刘　帅 (282)

五、分析报告篇 ·· (291)

2022—2023 中国门窗幕墙行业研究与发展分析报告 ················· 雷　鸣　李洋 (293)

2022—2023 中国家装门窗市场研究与发展

　　分析报告 ················· 雷　鸣　曾　毅　邱建伟　李　健 (322)

国内智能门窗行业现状及未来发展 ················· 廖　育 (332)

探究铝型材在家装行业中的应用及发展趋势 ················· 邱建伟　刘美凤 (340)

一、综 合 篇

主动服务　融入新发展格局
2022—2023 铝门窗幕墙行业发展报告

李福臣

中国建筑金属结构协会铝门窗幕墙分会　北京　100037

第一部分　行业背景

2022 年是"十四五"规划的关键之年，是二十大胜利召开的一年，是党和国家事业发展进程中十分重要的一年，虽然面临着地产调控、基建放缓，铝门窗幕墙产业链上、下游企业开始"御寒过冬"的大背景，但在稳字当头、稳中求进的经济政策支持下，行业的发展以创新驱动为新动力，积极寻求"变化与机遇"，正走出一条全新的高质量发展之路。

新发展阶段，贯彻新发展理念，必然要求构建新发展格局！房地产业与建筑业仍然是对铝门窗幕墙产业影响最为深远的上游行业。2022 年，新冠疫情的挑战，复杂多变的国际形势，都是中国经济当下发展过程中重要的影响因素。

2022 年经济总量突破 120 万亿，年度内运行下行压力增大，但坚持走出了一条"V"字形曲线，彰显大国经济韧性；5 年来，中国经济年均增长 5％以上，高于全球平均水平；10 年来，中国经济总量翻了一番，对世界经济增长的贡献居于首位。中国坚持在经济上不搞大水漫灌，需要的是更加有效、精准、科学的决策来为中国经济护航。

2022 年末的经济工作会议明确指出当前经济发展面临的困难挑战很多，要坚持系统观念、守正创新、推动经济实现整体好转、风险得到有效管控、社会大局保持稳定，着力扩大国内需求、加快建设现代化产业体系、切实落实"两个毫不动摇"，同时要重点关注住宅改造与建筑产业化。

这一年注定是铝门窗幕墙行业经历风雨、付出更多艰辛和努力的一年，也是行业成长和积蓄了很久的力量，需要在风险来临时，发挥持续的韧性和容纳更多不确定性的时期。"躺平"的市场份额已经消失，"躺赢"的情况以后也不会出现，适量竞争被充分竞争所取代，从房地产到建筑业，传导给铝门窗幕墙行业的一切负面影响需要吸收并消化，这是一个只有"适者"和"强者"才能生存的时代。

我们正处在百年未有之大变革的时代中，2018 年贸易摩擦，2020 年疫情突袭，2021 年房地产大拐点，2022 年能源战争、疫情反复。最新数据显示，消费、投资、出口"三驾马车"全面下滑，基建和制造业投资有一定韧性但也出现放缓的情况，跌幅较大的是地产、出口和消费，经济持续放缓影响着亿万民众的生活，我们伟大的祖国正面临着复杂严峻的内外部挑战。房地产、建筑业，以及铝门窗幕墙行业，纷纷进入到"确定性和不确定性"并存的新时期！

随着时代的发展变化，国家、行业、企业甚至是个人的转型升级迫在眉睫，房地产业与建筑业在新一轮的经济发展过程中，面临城市更新、乡村振兴、生态保护以及"十四五"期间重要的投资方向；"两新一重"即新型基础设施建设，新型城镇化建设，交通、水利等重大工程建设的机遇与挑战，而"房住不炒"的基本国策，决定了未来调控的方向和标准。科技创新与数字化、智能化成为了铝门窗幕墙行业在国家新一轮的经济发展中的全新导向，以"专精特新"为代表的企业，将会是行业内发展的新典型。

传统行业继续迈进，能吃苦方能"享福"！铝门窗幕墙行业正面临着百年未有之巨变，无论是门窗幕墙施工、设计单位，还是建筑玻璃、铝型材、五金配件、密封胶，以及隔热条和密封胶条等材料生产企业情绪都非常低迷。在很多人看来，中国经济面临巨大挑战：疫情的反复无常、房地产面临烂尾困境、俄乌冲突、全球能源危机、通胀危机，美国对我国实施的科技制裁等外部因素已经严重影响了市场内的情绪和发展思路。

行业从来没有像今天一样渴望明确转型发展的方向、产业升级的支撑，企业主动缩表，在节流的同时，也在努力开源——从拓展工业、交通，特别是新能源领域，到深挖家装、定制等细分市场，未来这些"增长点"必将会成为企业主要发力的方向。

多元化思路，跨行不跨界！从门窗幕墙的数字化设计、智能化生产与科学化施工，再到铝型材企业打破传统的服务体系，由房地产、建筑业向工业、交通等方面转变；建筑玻璃以新型能源，尤其是光伏能源为核心；密封胶从建筑用胶向工业用胶、电子胶、民用胶等转变；五金配件、密封胶条和隔热条的多元化之路发展速度最快，从建筑工程用产品向家装用产品，包括全屋智能、精装修产品拓展。企业的盈利性驱使着行业企业不断地拓展思路，让多元化的产品和市场结构支撑企业新一轮的高速发展。

第二部分　房地产与建筑业动态

1　房地产"活"字当头

今年，受到疫情冲击、俄乌冲突、美国货币政策加速转向等因素的影响，全球经济增速放缓，不确定性增强。根据国际货币基金组织的数据，2022 年中国的国内生产总值增长率会放缓。面对这样的宏观形势，房地产业需以"活"字当头。房地产行业虽然政策放宽，但总体恢复依旧较为缓慢，寒潮已现，房地产业下滑明显，百强房企同期业绩下滑 20％以上，多家知名房企陆续暴雷，大大降低了市场内对房地产业的信心；土地热地回落明显，溢价率低，成交率下降；虽受政策端持续放宽房地产融资影响，房企的融资成本有所下降，但资产负债率居高不下，现金流严重短缺现象非常明显。现阶段房地产企业最重要的是去库存、促回款，主要通过降价、分销、现房销售、线上营销等手段来实现。

房地产的顶层思路几年前就非常明确，决心也非常大，这次在二十大后重申房住不炒，再提租售并举，房企关注的顺序变了，现金流先于利润，利润先于规模，同时要做好权益回归。接下来，"活下去"成为了房企首要大事，跑不赢大势，那么也要跑赢对手。房企最主要发展纲领是打破业务和业绩重塑，全线收缩和关闭边缘业务。过去是房、地、产，因为人均住房的稀缺，住房需求拉动增长，引发地价快速上涨，然后形成了产业；如今是产、地、房。

未来的房地产企业将形成现金为王，敏捷、灵活的资产管理方式为主的新局面。

2 建筑业"稳"字为先

当前中国经济依然面临"需求不足、供给冲击、预期转弱"的压力，未来仍将以短期稳增长，长期促发展和调结构为主。建筑业"稳"字为先——2022年的建筑企业，把经营活动与国家层面的碳达峰和碳中和的目标结合起来，稳字当头，稳中求进，城市基础设施建设、国企和央企项目，及城市更新成为了市场主体。

2022年的经济发展形势仍然严峻，受新冠肺炎疫情影响，建筑业市场总体需求启动偏弱，进一步导致销售不畅、库存积压、产品价格下滑等问题，尤其是建筑业企业的资金占用严重、资金流动紧张等一系列问题是最让企业头痛的。中小企业因资金规模较小、抗压能力较弱，受到的影响和冲击更大，不同程度地面临着资金流中断风险和压力，因此稳定压倒一切，在稳定保障项目建设资金与企业流动资金的前提下，稳中求进是行业企业的普遍共识。

目前，建筑业更加应该关注政策导向带来的转型升级与突出的市场预期，重点在两新一重、城市更新、乡村振兴、生态环保、军民融合等领域，以科研、设计、生产加工、施工装配、运营等全产业链融合一体的智能建造产业体系构建新格局，实现产品高质量和产业大循环，推动建筑业的工业化、数字化、智能化、绿色化发展。另一方面，在建筑业的市场主体构成上，稳定的企业构成与稳定的社会资源支撑成为行业内企业的发展基座。

未来的行业主体将呈现国企、央企托底，民企积极作为、推波助澜之势，在此基础上市场的竞争格局全面变化，市场过渡性现象如区域市场稳定、大体量订单增多等会陆续呈现，总体趋势以"稳"为主。

3 门窗幕墙行业"新"时代

门窗幕墙行业在"双碳目标"下，即将跨入新时代！现有的门窗幕墙材料，大部分以金属、玻璃和天然石材为主，这些材料的生产普遍存在能耗高、破坏自然环境，以及过度消耗天然资源等诸多方面的不利影响，是阻碍"双碳"达标的因素之一。

随着材料科学与建材技术的发展，利废、低耗、轻质、高强的人工复合新型建材正在不断产生，应该加以研究并探讨应用，比如废弃材料再生利用、免烧制品、复合材料等"新"材料；以及为降低能耗，实现建筑节能，绿色清洁能源的光伏幕墙；还有利用太阳辐射热能设计的光热幕墙，它通过建筑内的能源输送和交换系统，为建筑内部提供热水或循环可用的热气，也可降低碳类能源消耗的"新"系统；更有优化门窗幕墙的装配式技术，能够满足建筑装配式要求，例如提高单元式幕墙的设计标准，利用人工智能、软件算法、BIM技术，逆向形成工程现场数字模型和预装数据及效果的"新"技术。

当然，更离不开让既有门窗幕墙的升级改造进入全面实现的时期，让更加高质量的门窗幕墙产品替换既有的旧门窗幕墙产品，突出产品安全与维护，实现建筑改善及建筑节能改造，实现对建筑环境的全面升级的行业"新"气象。

第三部分　2022年度统计数据调查报告工作汇总

中国建筑金属结构协会铝门窗幕墙分会历年来开展的"全国铝门窗幕墙行业数据统计工

作"，获得了行业企业，及甲方、设计院（所）、第三方服务机构等的大力支持。收集的数据既有来自于会员单位的经营数据，亦有第三方平台等提供的部分参考数据，具有很高的分析与研判价值。

1 2022 年行业数据统计工作

2022 年度我国铝门窗幕墙行业总产值约 6400 亿元①，以房地产与建筑业服务为主体的行业企业利润率进一步下滑，不良资产率激增，尤其是幕墙门窗工程企业，今年在主要原材料涨价、融资困难、汇款难且周期长等因素影响下，现金流十分紧张，经营现状较为糟糕。

2022 年"两极分化"更加明显，从各类型企业产值汇总中能够清晰看到变化，"强者愈强"的格局在一定时期内很难被打破，尤其是受到疫情与银行贷款严控的双重压力下，在项目的运作与结算机制没有发生根本性转变的前提下，拥有更多资本与资金抗压风险的大型企业，获得了更多的市场份额。

2 近三年统计情况初步对比

2022 年对比 2021 年与 2020 年，门窗幕墙行业中从上半年开始就出现更加明显的"两极"分化，原材料价格大幅波动，从波峰到波谷来得如此迅疾，很多材料原料生产及配套生产企业，对市场预估不足，在原材料采购、存量等方面出现了盲目跟风库存，影响了企业的现金流，导致后期因预期利润不足，将生产周期拉长或无法及时供货等现象。

总体而言，年度内幕墙产业的发展在一定程度上受限，这是可以预期的，尤其是国内工程项目较为集中的深圳、上海陆续受到疫情影响，耽误了工程周期，增加了项目施工难度、降低了团队效率。门窗行业则主要受到房地产企业资金链的影响，进入转型阵痛期，然而在"双碳"背景下，高端门窗加速成熟，势必会形成一批龙头品牌。

2022 年对比前两年同期，市场对门窗幕墙优质产品的关注度越来越高，自媒体的广泛应用，引领了越来越多的行业内部开展自我救赎，希望通过自身拓展行业深度，深挖市场潜力，打通上下游关节。同时市场需求对产品性能、质量、外观、节能等都提出了新的要求，从"大行业、小公司"的无序竞争阶段，到开启存量搏杀的新时代，门窗幕墙市场已进入一个前所未有的大转折时期，消费场景、营销服务、供应链管理、生产制造、产品研发等环节都在发生深刻变革，企业要想健康可持续发展，利润要一点一滴地"挖掘"出来。

2022 年对比前两年，门窗幕墙行业的利润下降，存在着多方面原因，其中企业管理也是重要的一环，密集产业市场需求转移，倒逼我国产业转型升级。企业利润下降与人才流失成为了一大顽疾，人才的培养费用较高，尤其是门窗幕墙行业专业化程度越来越高，数字化及智能化设备开始广泛使用，人才的流失将会带来企业在工程项目，及生产管理过程中的资源流失及利润降低。

因此行业内广泛提升工资及建立激励制度，从过去粗放式的管理理念和管理方法，转变为以员工为中心的精益化管理，转变短期用工思维，在管理理念、方法、激励、环境、机会、福利等各方面，从根本上转变劳动力的观念，人才就等于利润，人才才是企业的未来！

---

① 其中部分类别的非建筑用材料产值，也被计算在了行业总产值之中。数据来源于中国建筑金属结构协会铝门窗幕墙分会第 18 次行业统计。

当然，这一切都离不开科学高效的管理手段及工具。

第四部分　2022 年度铝门窗幕墙分会开展的主要工作

2022 年是铝门窗幕墙分会努力转型提高，提出"行业文化"与"服务理念"的一年，在此基础上，分会积极组织开展的各项工作均以服务行业企业，深入行业会员单位，努力打造高质量发展平台为目标。在国家精准施策、行业积极践行的大背景下，中国建筑金属结构协会铝门窗幕墙分会组织开展了下述各项工作。

1　举办行业年会及新产品博览会

2022 年 3 月铝门窗幕墙分会与合作单位全力运作，行业年会以及新产品博览会如期举行，参展企业和参观观众在符合防疫部署要求的前提下，参观人数基本与往届持平。但展会期间因受到疫情影响产生了一些波动，博览会只开展半天就被叫停，给我们带来巨大打击，给参展企业带来很大损失，尽管我们努力挽回，但也无法弥补突发事件所带来的损失。作为主办方，在此特向参展企业、合作单位，以及全行业致歉！

2　继续开展行业数据调查活动

2022 年是一个重要的年份节点，行业内上、下游产业链的生态在政策调控与市场调整的双作用下，迎来更加合理的发展与积蓄潜力。为了更好地服务行业与会员企业，铝门窗幕墙分会继续开展了行业数据调查活动，通过行业大数据分析，科学合理地应用数字化技术，结合市场变化的热点，深入剖析与研究行业市场，积极寻找客观规律，以发展报告的形式将调查活动的成果进行分享。

3　开展了分会副会长增聘工作

根据行业发展需要，结合协会工作实际，在原有副会长刘盈、副秘书长李洋的基础上，分会聘任了中国幕墙网主编雷鸣同志、浙江财经大学东方学院客座教授张旭同志、广州城博建科展览有限公司总经理谢荔晖同志任中国建筑金属结构协会铝门窗幕墙分会副会长。

4　组织开展行业内企业走访活动

2022 年分会积极深入行业企业开展走访调查活动，走访了铝门窗幕墙行业涵盖十个子行业的企业，其中包括铝型材企业：山东华建、广东高登、广东伟业、广东华昌、广东豪美；顾问行业企业：中建研科技、中南设计院、同创金泰；门窗幕墙企业：浙江中南、西飞世纪、欣叶安康、金诺迪迈幕墙、千山幕墙、巴尔蒂克、安德信幕墙、广东贝克洛；玻璃行业企业：洛阳北玻、旗滨玻璃；五金行业企业：江西奋发、广东新科艺；密封胶行业企业：杭州之江、时间新材料、圣戈班汇杰、兴发凌志、山东乐巢、江山锦宏、佛山威固星、中田有机硅、山力高分子、普力达科技、蓝星星火、康宏胶业等。

协会及分会领导深入调研门窗幕墙的产品研发、应用推广及市场运营情况，与调研企业高层会晤，开展深入交流。需要说明的是，分会做出了几次走访考察计划，都因为疫情影响没有成行，2023 年还要继续开展调研活动。

5　组织开展密封胶年检与相关推荐工作

2022 年为了进一步加强建筑结构胶生产企业及产品工程使用的管理，分会对已获推荐的建筑结构胶产品进行了年度抽样检测，加强了对结构胶生产企业的监督、检查；同时对已获推荐企业，铝门窗幕墙分会优先向房地产、门窗幕墙企业推荐。

6　组织开展建筑隔热条年检与相关推荐工作

2022 年为了进一步加强及提高铝合金门窗、幕墙用"建筑用硬质塑料隔热条"产品质量管理，对生产企业的规范管理，以及产品工程使用的管理，确保工程质量，保障人民生命财产的安全，铝门窗幕墙分会对隔热条生产企业实施行业推荐工作，加强了对隔热条产品质量的监督、检查，同时对已获推荐的企业优先进行推荐。

7　组织编制建筑门窗幕墙行业新规范

2022 年，铝门窗幕墙分会为更好地服务建筑门窗幕墙行业及会员单位，抓住团体标准发展契机，组织开展多项团体标准的编制，包括《铝合金门窗生产技术规程》《幕墙运行维护 BIM 应用规程》《智能幕墙应用技术要求》《铝合金门窗安装技术规程》《门窗幕墙用聚氨酯泡沫填缝剂技术应用》，还主编（修编）了行业标准《铝合金门窗工程技术规范》（JGJ 214—2010）和国标《建筑幕墙抗震性能振动台试验方法》（GB/T 18575—2017）。

同时铝门窗幕墙分会参与了《装配式建筑用密封胶》《既有金属幕墙检测与评价标准》《既有石材幕墙安全性鉴定标准》的编制工作，并进行《铝合金门窗》国标图集的编制工作。

铝门窗幕墙分会每年开展的相关标准规范的更新与编制工作，既是市场反馈与需求，也是新工艺、新产品的规范化要求，通过对行业新标准规范的编制，真正做到为行业服务、为企业服务。

8　与多协会共同开展绿色环保新材料、新产品认证与推荐

随着国内绿色建材产品认证工作的不断推进，全社会对绿色建材产品认证认知度不断提升，尤其是三部委出台关于绿色建材产品认证的通知后，市场内的需求与产品应用与日俱增，铝门窗幕墙分会与多协会、多地机构共同推进实施了建筑门窗幕墙行业的各类型产品具体认证工作，同时在全行业内开展学习、宣传和推广活动。

9　组织专家编写行业技术论文集

铝门窗幕墙分会组织开展研讨活动，组织行业专家集体合作，年度内编制了《建筑门窗幕墙创新与发展》论文集，已经正式出版发行，将作为 2023 年广州铝门窗幕墙行业年会的配套资料，发送给参会的会员单位代表。

10　分会专家组工作情况

据不完全统计，2022 年铝门窗幕墙分会专家组专家活跃在全国各地，参编标准 100 余项，评标、讲座、审图等技术工作近千次，发表文章 50 余篇，主持设计大型工程 130 余项，

获得专利 80 余项。推进技术引领、开展专业服务，为门窗幕墙产业链发展带来积极影响。

11 延期举办的活动

同时 2022 年度内，铝门窗幕墙分会还策划了行业技术培训班、顾问行业观摩活动、青年企业家论坛、行业顾问专家座谈会等活动，但因新冠肺炎疫情原因延期举办。

第五部分 2023 年度分会拟开展的工作计划

2023 年是"十四五"规划持续深入之年，分会将紧紧把握行业及市场变化的动态发展契机，在 2022 年推出了"感恩、传承、创新、发展"的行业文化，提出了"提高磁力，增加粘性"的服务理念，在此基础上，2023 年再升级，继续倡导和推行行业文化和服务理念，进一步将"文化"和"理念"植入整个行业，成为行业的行为准则和行动指南。

2023 年铝门窗幕墙分会将带头践行，真正把文化和理念变成行动，实现文化、理念全面升级，继而提前做好工作计划并根据行业及会员单位的需求，与行业市场工作的变化做出具体的工作应对，在全面考虑铝门窗幕墙分会工作的重心与行业发展现状前提下，将有计划地开展分会工作。

1 继续办好行业年会，大力推广新产品博览会

每年 3 月在广州召开的行业年会暨中国建筑经济峰会以及新产品博览会，通过技术论坛、产品发布，以及丰富的产品展览，取得了良好的市场效应，影响力进一步扩大。2023年铝门窗幕墙分会将针对当前受到关注的热点新产品及企业，加强拓展和培育，吸纳更多的高端用户和专业观众前来参观采购。

2 开展品牌大数据入库工作

铝门窗幕墙分会将持续为行业企业的发展添砖加瓦，在年度计划中开展品牌大数据入库工作，做好入库企业的优先推荐与重点保护，通过调查走访与企业交流的方式，运用行业公用平台，将全面呈现行业企业的品牌、优势及特色。

未来在开展走访与数据收集工作中，还会重点关注门窗企业，侧重家装市场，五大区域开始布局，实施数据统计全面系统化策略。

3 继续坚持开展行业数据调查活动

自 2005 年开始，在中国幕墙网 ALwindoor.com 平台全力配合下，铝门窗幕墙分会对全国的铝门窗、建筑幕墙企业进行数据统计工作，以帮助会员单位纵览上、下游经营状况，了解行业发展趋势，是一件具有深远意义的事情，接下来我们将继续深入行业数据采集与调研工作，深入研究与剖析行业新热点、新问题、数据变化和发展规律等客观情况。

4 推动行业高质量发展

分会将以保险服务、双碳指导、绿色认证、清洁能源为四轮驱动，推动行业马车高质量发展。

5　为行业技术创新提供助力

分会将以区域考察、重点指导、调研推动相结合为前提，在 2023 年以"技术培训班""重点项目观摩""行业专家座谈会"等方式为推动行业企业技术发展，持续提供助力。

6　继续组织编制和修订建筑门窗幕墙行业规范

为了更好地服务建筑门窗幕墙行业及会员单位，接下来铝门窗幕墙分会将继续以团体标准的发展为契机，充分发挥专家组、龙头企业的专业优势，针对新产品、新工艺、新技术，进一步积极开展相关标准的编制和修订工作，并通过相关管理办法的要求，进一步提高团体标准的技术水平，真正做到团体标准为行业服务、为企业服务。

7　继续组织编写并出版发行学术论文集

继续通过收集及整理专家及行业顶尖技术人员的相关学术论文，结合数据统计结果出版《建筑门窗幕墙创新与发展》论文集。

8　继续开展结构胶与隔热材料的行业推荐工作

2023 年铝门窗幕墙分会将重点对结构胶与隔热材料的行业推荐工作进行整改，提高通过门槛，保持择优特性。

9　积极推动青年企业家在平台上茁壮成长

2023 年铝门窗幕墙分会还将开展青年企业家互动与交流活动，召开会议及开设相关的成长培训课程，为房地产、建筑业、门窗幕墙行业的青年企业家搭建共享共赢平台。

分会将坚定不移地以二十大精神为指导，实施四轮驱动策略，推动行业高质量发展。根据国家总体发展方向，用"保险服务、双碳指导、绿色认证和清洁能源"四项举措，把全行业推向高质量发展的快速道。铝门窗幕墙分会还将结合走访调研与数据统计的科学分析结果，组织开展研讨，以新时代核心价值观为依托，制定铝门窗幕墙行业发展规划，全面结合国家"十四五发展规划"战略，为行业发展订立目标，为行业及行业企业发展指明方向。

2023 年，铝门窗幕墙分会将积极开展铝门窗幕墙行业的全面工作，坚持高质量发展，紧抓时代特色，以行业企业需求为核心，以平台性、公允性、公开性为推动，开创中国铝门窗幕墙行业现代化发展的新局面。

第六部分　铝门窗幕墙细分行业步入质变阶段

行业集中度进一步提升，龙头与头部企业的作用更加凸显！2022 年政府投资、地方专项债纷纷投向交通基础设施、能源、水利、国家重大战略项目、保障性安居工程等领域，新基建正在持续发力，房地产、建筑业积极拥抱"新经济"，围绕"地产＋"、"建筑＋"打造市场新格局，TOP 企业积极布局新产业，尤其以太阳能光伏建筑一体化（BIPV）、储能、碳汇等成为重点布局的领域，部分新产业已初现端倪，围绕着传统产业进行的全产业链扩张和上下游延伸，行业集中度的提高，行业内的发展进入了新一轮循环。

步入量变到质变的年代！从数字化、信息化、工业化，到智能建筑、绿色建筑……2022年，巨浪来袭，门窗幕墙行业经历了产业链快速转型和升级迭代的"大爆发"，以及后疫情时代用户需求"大变革"，相关配套的建筑玻璃、铝型材、五金配件、密封胶，以及隔热条、密封胶条等材料生产企业正从量变走向质变，探索着新的发展空间。响应国家发展经济的着力点放在实体经济上的号召，建设现代化门窗幕墙，及建筑玻璃、铝型材、五金配件，密封胶、隔热条和密封胶条等产业体系，夯实企业发展的根基，共同推进建筑新型工业化，迈向门窗幕墙制造强国、质量强国，助力数字中国建设。

2022年铝门窗幕墙行业的总产值较2021年有所下降，究其原因既有房地产下滑与建筑业发展受阻带来的影响，也有疫情反复及国内外经济因素的影响，据铝门窗幕墙分会2022年数据统计调查结果，年度产值约为6400亿元。

1 幕墙类

建筑幕墙行业底部显现，2022年幕墙类产值约1100多亿元，虽有疫情的影响，但更多的发展受制于房地产行业的大幅下滑，在建筑幕墙方面，工程总量在受到"38条"限制的前提下，已经连续承受了多年的低速发展时期，行业内抗压能力和刚需明显提升，虽房地产下滑，但文化建筑和数字化科技建筑项目增长，抵消了产值的硬下滑，基本在波谷的位置徘徊。

未来建筑幕墙的市场体量变化很长一段时间将在现阶段体量徘徊，创新增量与固有项目减少成为了对冲关系。行业主体市场依然在北、上、广、深等一线城市，以及杭州、苏州、成都等"新一线"的几个地区。2022年的行业情况，在2021年已经初见端倪，受到疫情因素与经济因素，尤其是房地产与建筑业等的影响，建筑幕墙行业的景气指数不高，市场内对体量下行的关注点较多，一些行业原材料变动及低价竞争、同质化竞争、垫资等影响依然较大。

虽然不利因素依然较多，但建筑幕墙行业的市场体量依然存在，且随着房地产的各项利好消息的发布，及国家对建筑业发展的关注，市场内的项目体量和质量双双回暖是必然的，未来幕墙工程项目热点仍然需要重点关注房地产项目市场发展，项目集中变化与人口、区域密不可分，新城镇建设、重点区域化城市群的各类优质幕墙项目将集中涌现。

2 铝门窗类

2022年工程铝门窗类产值约1800多亿元，相较2021年下滑幅度较大，铝门窗的工程项目数量开工量不足，导致了行业产值的大幅下滑，年度内房地产项目大量减少，住宅项目与城市更新速度被疫情拖缓，企业资金现状不佳，让很多门窗企业也放慢了发展的步伐，中、低端工程门窗产品的项目利润低且收款难成为了行业的共识，甚至有些观点认为"活得挑着做，不能贪着做，不接活可能还能撑两年，一旦接活可能就离倒闭不远了"。市场的发展正在从价格战的时代过渡到品牌营销时代，业内的两极分化需要更大的勇气才能打破，2022年的铝门窗行业工程企业普遍较为悲观，需要寻找外界及上游带来的强心剂。

未来，随着城市更新和旧城改造等因素的持续发酵，新门窗的面积与既有门窗改造的面积总量将发生很大的变化，门窗工程类项目的数量会出现明显反弹，需要警惕的依然是行业内的低门槛、虚假宣传、恶意杀价导致的竞争加剧，这让门窗企业的利润更加稀薄，为行业蒙上了一层阴影，在恢复高质量发展信心的过程中，稳守品质与价格底线，做好项目与品牌营销是铝门窗企业最关键的任务。

3 建筑铝型材

2022 年建筑铝型材类产值约 1500 亿元，建筑铝型材市场内家装门窗需求略降，工程门窗需求大降，幕墙需求基本持平，是较为普遍的共识。2022 年上半年铝价曾短暂出现过上涨，后又经历了加速回落，这种大幅波动导致企业流动资金需求量倍增、生产成本上涨。

同时，伴随着原材料价格的波动，让进货价格与出货价格之间的经营风险加大，目前行业内普遍以"规模化求利润量"作为主导思路，与此同时海外出口订单在未来 1~2 年内有望激增，铝型材企业正开足马力增加产量。

4 建筑玻璃

在 2022 年内，建筑玻璃类产值约 700 多亿元，玻璃受到原材料价格变动与市场需求下降的影响，正在消耗既有利润。2022 年是建筑玻璃行业非常"特殊"的一年，浮法玻璃生产企业与"纯"玻璃深加工企业，因竞争白热化程度加剧，让国内行业的生存空间进一步变窄，同质化产品的价格透明度提升，利润率降至新低，经营面临巨大困境，建筑玻璃企业寻求发展转型与多元化发展的意愿超越了以往任何时期。

未来在玻璃行业内以超白玻璃、光伏玻璃等新品为主的市场空间加大，成为行业内的新宠。

5 建筑胶

2022 年建筑胶市场发展相对平稳，建筑胶类产值约 150 亿元，因为国内建筑胶企业的总数不多，品牌企业在各自区域市场内占比较为突出，且胶企业大多重视多元化发展，在生产线与生产场地的投入比提升较高，经营压力相对行业其他分类更低。同时，胶企业普遍形成了更强的自我保护意识，在房地产行业损失的订单量减少的情况下，国家基础设施发展需求与建筑工业化需求推动了密封胶相关产品的市场增长。

随着绿色建筑以及装配式建筑的发展，未来建筑胶市场前景巨大，正在推动对环保型建筑胶的全新需求。

6 五金配件

2022 年的五金行业，建筑五金配件的总产值约 990 亿元，外贸订单的增加和国内订单减少，全屋智能带来的新发展成为热点话题，行业内的同质化情况严重，较多的中小企业发展较为困难。

同时，传统的市场主要依托房地产项目的发展，但目前国内房地产开发投资增速降低，采购价格下降，严重制约了五金企业的发展。五金配件企业开始探索更多的出路，因其产品特性所决定，配件类企业也是行业内最快实现多元化发展与高效转型的企业，行业整合趋势明显。

7 门窗幕墙加工设备

2022 年的门窗幕墙加工设备行业的总产值约 25 亿元，上游行业也正在经历既有设备的年限到期和改造需求。同时，日益高涨的人工成本让设备替代人工成为主流，也推动了门窗企业下大决心进行门窗智能化设备方面的投入，未来增长有着良好的前景。

创新为王，无人化与更新换代为主的时代来临，加工设备行业洗牌的时间早于行业内其他分类企业，从小作坊遍地开花，到虚假产品等，经历过如此混乱时期的加工设备行业头部企业加大了产品研发投入，主动求变，让市场前景与品牌化效应得到了很好的实现。

8　隔热条及密封胶条

2022年隔热条及密封胶条的市场体量变化不大，总产值约35亿元，整体呈现较小的震荡趋势，因单个项目的总体量不大，因此在疫情期间的资金回款受到的影响也较小。

伴随着低碳与节能的双重发展，社会需求度增加明显，建筑隔热条及密封胶条产品成为对绿色建筑、节能减排起到关键作用的门窗幕墙配料，作为行业细分领域，其生产企业的技术壁垒和创新能力，是这个行业内企业品牌知名度与规模化的核心支撑力，未来产品用量与市场需求将会持续增长。

9　幕墙顾问咨询

2022年国内建筑幕墙顾问咨询行业的市场总体量估算约为30亿元，行业整体市场情况出现了一定量的下滑，同时还存在着收款难、周期长、项目合作要求增多、责任划分不明确等种种乱象，行业内人才流失严重，制约了行业企业的人才储备及技术升级投入。

以房地产合作为主体的顾问咨询行业需要在未来尽快转型升级，从较为单一的服务类型向多元化服务转变，从技术专家角色向全面化服务管家身份转变，加大对项目的服务，特别应加强建筑全生命周期过程的咨询能力，成为全能型专家。

10　家装门窗

2022年家装市场增量相较往年有所下降，这与房地产的新建住房面积下降有很大关系，与行业内价格竞争程度加深也是密不可分的，家装门窗必须保持在区域市场内的优势才能获得较为灵活的生存空间。

家装门窗正在主动"去地产化"，2022年随着房地产行业的明显下滑，建筑业又是以"新基建"为主，家装门窗店也减少了不少来自新房装修的订单。以地产工装为主、家装为辅的市场需求不足是较为普遍的认知，对门窗订单影响较大，整体需求下滑了两三成；以家装为主的门窗企业却正好相反，订单量与往年变化不大，且在年中的几个月份的订单量还较往年多出10%左右。受惠于国内城市化进程的加速和消费升级时代的到来，消费者从应付生活，转变为经营生活、享受生活，选购门窗心态也从"将就"，转变成"讲究"。

目前，我国家装门窗市场还处于"群雄逐鹿"的混战阶段，虽然已经有了"皇派、飞宇、新豪轩、派雅、贝克洛、森鹰、亿合、智宬轩、亮嘉、美顺"等布局全国门店较多的家装门窗品牌，以及"YKK AP、AluK、Schüco"等全球知名的海外门窗品牌，但它们在市场内的总占比依然不到10%，更多的市场份额被分布在各省会，及大、中城市的区域品牌占据，行业龙头企业数量较少，品牌度与市场占有率有着巨大的发展潜力。

未来，随着住房存量时代到来，一些行业呈现蓝海之势，家装就是其中一个持续增长的万亿级子赛道，在疫情搅动、材料成本上升等综合因素影响下，家装门窗版块仍然表现出十足的发展韧性，市场需求对门窗产品的节能、静音、气密、水密的高性能要求，还有智能化、安全性，以及外观、颜色更具审美个性和品位的整合趋势越发明显，这也给家装门窗行业保持较为稳定的增速提供了前提。

11 其他配套产品

铝门窗幕墙分会在 2022 年度针对房地产、建筑业，以及门窗幕墙工程市场中品牌关注较高的铝板、百叶、遮阳、电动开启扇、防火玻璃、涂料、精钢、锚栓、搪瓷钢板等也展开了相关的数据统计与调研工作。每个产品的市场份额区别较大，其行业内的品牌泾渭分明，铝门窗幕墙分会充分关注了小众产品行业的发展情况，有些头部企业的产值仅数千万，有些能够达到数十亿。

大部分头部企业的总产值是跨建筑、工业、民用等多个行业，其产值较大，但细分到铝门窗幕墙行业内却很小，因此将它们整合到一起来分析，铝门窗幕墙分会关注各个细分市场，也将落地相关产品分类的品牌采集与推荐，实现对全行业、全过程的发展规划与指导作用。

第七部分 铝门窗幕墙行业发展信心

1 市场上发展的信心

信心比黄金更重要！铝门窗幕墙行业市场的现状是多种因素构成的，不单单只是房地产与建筑业发展的简单影响，我们应该保持信心，提升士气，转变观念。当前稳增长优先于防通胀，宽信用优先于宽货币，关键要提振市场主体信心，信心比黄金重要。当前全球各大经济体的复苏不平衡，是冲击中国经济稳定发展的关键因素之一，其一是部分国家采取"与病毒共存"的策略，放松经济活动的开展，这种手段短期内刺激经济发展，但又随着新型冠状病毒传染性更强，一些国家的疫情新增病例急速增加，影响到后续发展。其二是一些世界经济体受到疫情影响，港口无法正常运作，进出口受限，导致国外大量订单涌入中国，带动了中国出口增长的动力。如果外国一些国家出台大力度的限制措施，外需有可能趋于减缓，国内需要发挥好扩大内需的动力来对冲。其三是俄乌战争导致的欧洲各经济体能源危机，带动了大量企业外迁谋求发展，中国成为了较多企业的首选，未来几年大量的企业建房及投资建设项目会陆续上马。

当前大量美元印发进入市场，长期无节制下来，会打破经济规律，引发全球的通货膨胀，导致需求方和供给方的严重不对等。2022 年在极端气候影响下，频频出现限定限产的现象，这是煤与电之间的矛盾，资源供应链的矛盾影响到了其他行业的发展，尤其是工程建筑行业在疫情和限电中被严重制约，伴随着严重下滑的趋势，行业内存在"信心不足"的隐患。

地产体量依然巨大，市场信心正在缓步回温！地产经济人士分析：当前的地产市场处于上、下半场的转换期，出清的过程会非常惨烈，行业重整结束才会进入下半场，房地产行业在经济规律下进入新的平衡发展期；其次是中国人口基数大，市场存量比较大，国内较多房产到了年限需要改造新造，每年 2% 的升建改造项目将会是非常巨大的体量，国内房产建设使用年限平均为 50 年；再次是未来地产市场内，全国性房地产公司将减少，区域地产公司增加，地产的总体规模会保持在一个稳定的区间，初步估计仍是 10 万亿起步；最后是房地产的转型与周期性有关，未来房地产行业的平均利润率仍高于社会平均利润率，高于一般的企业利润。

面对着体量依然巨大的房地产市场，震荡只是一时的，铝门窗幕墙行业的企业，谁能坚守，谁能率先转变观念，敢于在波谷等待，才能再次攀上波峰，享受荣耀。

2 二十大报告提出的"战略"带来重大的影响

2022 年二十大精神对铝门窗幕墙行业发展带来巨大转变与契机，在二十大后提出的多项精准政策中，在行业积极践行的大背景下，行业发展势头将迎来新的一轮高峰。

习近平总书记在党的二十大报告中强调，要坚持以推动高质量发展为主题，把实施扩大内需战略同深化供给侧结构性改革有机结合起来，增强国内大循环内生动力和可靠性，提升国际循环质量和水平，加快建设现代化经济体系，着力提高全要素生产率，着力提升产业链供应链韧性和安全水平，着力推进城乡融合和区域协调发展，推动经济实现质的有效提升和量的合理增长。

自由贸易试验区建设，加快建设海南自由贸易港，实施自由贸易区提升战略，扩大面向全球的高标准自由贸易区网络，带动的是海南岛这片实验之地项目建设全面铺开，由此将带动众多国内建筑企业与铝门窗幕墙企业的产能提升。

国家文化数字化战略的实施，健全现代公共文化服务体系，创新实施文化惠民工程，新的文化数字化项目会陆续在各地落地。

健全现代文化产业体系和市场体系，实施重大文化产业项目带动战略。文化产业是一盘大棋，打造的是民族之魂，文化建筑项目具有高投入、高标准、严要求的特点，是铝门窗幕墙行业必须抓住的机会。

在二十大精神中的这些着力点，拉动内需的关键因素与合力方案，发放消费券，打通国民经济循环，让部分民众渡过暂时性困难；政策性开发性金融工具，下达"提前批"专项债，支持新基建、都市圈城市群建设和乡村振兴投资；稳楼市，保交楼，因城施策，松绑之前偏紧的房地产限购限贷，支持刚性和改善性住房需求，促进房地产软着陆；加大对制造业和实体经济的减税力度，降息降准等。各种利好因素，能够让我们清晰地看到未来铝门窗幕墙行业发展的方向，加大新产品研发，紧抓国内需求提升带来的精装修、城市更新和区域城市协调发展建设；同时国家文化数字公共服务设施与文化产业设施会成为新的建筑业服务对象，铝门窗幕墙行业的新经济增长点。

3 2022 年，短期内房地产业与建筑业的发展是分会的重点关注方向

3.1 金融改革为房地产和建筑业带来重大契机

2022 年末"金融 16 条"发布，具体措施在稳定房地产融资方面，通知提出，坚持"两个毫不动摇"，对国有、民营等各类房地产企业一视同仁。鼓励金融机构重点支持治理完善、聚焦主业、资质良好的房地产业稳健发展；鼓励信托等资管产品支持房地产合理融资需求；银行提供"保交楼"专项贷款；鼓励金融机构为专项借款支持项目提供新增配套融资支持；鼓励商业银行稳妥有序开展房地产项目并购贷款业务；积极探索市场化支持方式，鼓励资产

管理公司通过担任破产管理人、重整投资人等方式参与项目处置；其余对个人住房贷款、疫情影响下租赁延期等，每一条都精准施策，针对市场中的困难点逐一纾解。

"金融16条"的利好，"稳民生""保交楼""加强信贷支持"，将体现在房地产企业能够有足够的资金运作，会进一步促进铝门窗幕墙行业及材料企业的回款率大幅提升，市场灵活度与市场发展潜力缓步回升。

同时年末，证监会发布恢复涉房上市公司并购重组及配套融资；恢复上市房企和涉房上市公司再融资；调整完善房地产企业境外市场上市政策；进一步发挥房地产投资信托基金（REITs）盘活房企存量资产作用；积极发挥私募股权投资基金作用等。

2022年，在各项利好政策驱动下，目前地产支持政策已形成组合拳，稳楼市三位一体，稳融资三箭齐发，有望显著改善房地产企业资产负债表，更快恢复房地产市场平稳健康发展。

3.2 建筑业可持续发展

2022年10月24日，财政部、住房城乡建设部、工信部三部门联合发布《关于扩大政府采购支持绿色建材促进建筑品质提升政策实施范围的通知》，通过此文件可以预见建筑业未来发展方向。积极推广应用绿色建筑和绿色建材，大力发展装配式、智能化等新型建筑工业化建造方式，全面建设二星级以上绿色建筑，形成支持建筑领域绿色低碳转型的长效机制。自2022年11月起，在48个市（市辖区）实施政府采购支持绿色建材促进建筑品质提升政策。

同时，为建筑工人护航，2022年12月，住房城乡建设部印发《建筑工人简易劳动合同（示范文本）》规范建筑用工管理，保障建筑工人合法权益，更好地为建筑企业和建筑工人签订劳动合同提供指导服务。住房城乡建设部和人社部迈出了关键的一步，将"建市〔2019〕18号"进行了实质性的修改，凡是涉及到农民工劳动合同的条款，一律修改为"劳动合同或用工书面协议"，并且在修订后的第八条，旗帜鲜明的提出，"对不符合建立劳动关系情形的，应依法订立用工书面协议"。

随着我国建筑技术不断成熟、进步和创新，住房和城乡建设领域一大批"精、新、绿、快"工程的建造技术达到了世界领先水平，中国建筑企业正在海内外为实现更加美好人居环境提供"中国方案"与"中国智慧"，用"中国建造"体现大国担当。"精"——多项关键技术达世界领先水平、"新"——新技术新工艺广泛应用、"绿"——擘画绿色建筑发展新画卷、"快"——危难险重方显责任担当；它们体现的是中国力量，带动的是建筑业发展与全面新需求，更需要铝门窗幕墙行业自发、自主深入地探索，将创新作为主动力，加大投入与快速反应，让企业可以随着中国建筑走入全球市场，铝门窗幕墙行业迎来全球性发展机遇，将开展更多的全球性项目合作。

第八部分　铝门窗幕墙行业市场热点及新技术应用

在国家精准施策与节约型、创新型发展的前提下，未来的铝门窗幕墙行业要紧跟新时代发展步伐，从国家内需、数字化、文化产业等到区域化城市建设发展，从"双碳目标"实施推进，到绿色、可再生资源利用，充分把握时代脉搏，掌握前进方向，让企业的投入与行业内的市场热点同步，进一步扩大企业影响力，强化企业能量。

1 BIPV 应用中的"光储直柔"建筑

2022年10月底，国务院印发的《2030年前碳达峰行动方案》对推进碳达峰工作作出总体部署，其中便已提及"光储直柔"这个概念。这一概念的提出，将深化可再生能源建筑应用，推广光伏发电与建筑一体化应用。提高建筑终端电气化水平，建设"光储直柔"建筑。到 2025 年，城镇建筑可再生能源替代率达到 8%，新建公共机构建筑、新建厂房屋顶光伏覆盖率力争达到 50%。未来 BIPV 在建筑中的应用市场将大幅增长，市场前景可期。

2 智能化、自动化技术与设备应用

建筑门窗幕墙行业的发展与上、下游产业链的发展密不可分，在工业化 4.0 的发展模式基础下，未来的无人化工厂、自动化应用等，会具备更广阔的应用空间，结合大数据技术的加成，市场内的功能细分将更快、更强，完善的配套服务，在疫情的倒逼下，智能化、自动化生产流水线的订单量增长越发明显。未来大力发展以建筑工业化为载体，以自动化、智能化升级为动力，创新突破相关核心技术，加大智能建造在工程建设各环节的应用，形成涵盖科研、设计、生产加工、施工装配、运营的全产业链，成为了铝门窗幕墙行业内新的增长点。

3 数字化、可视化技术应用

数字化、全可视化技术的发展必然是与前卫科技的结合分不开的，当前大力发展建筑工业化，加大智能制造在工程建设各环节的应用。比如将工业 4.0、VR、MR 等引入建筑领域，随着 3D 扫描、二维码、大数据、物联网、云计算、区块链、元宇宙等科技的融合，目前在行业内应用可视化最多的是施工现场管理和以 BIM 技术为核心的门窗幕墙数字化应用。

4 可再生材料的新型应用

现有的建筑门窗幕墙材料，大部分以金属、玻璃和天然石材为主。这些材料的生产存在能耗高、破坏自然环境和过度消耗天然资源等诸多方面的不利影响，是阻碍"双碳"达标的因素之一。为了节约材料，减少浪费，降低能耗，提高建筑性能，以再生铝进行加工的新型构件龙骨材料，以利用石材废弃物等制造高仿真板材来替代天然石材，以利用废旧木材进行再生产的复合木方等，在铝门窗幕墙行业内逐步推广应用，各类人造板材、高性能复合材料和集成组合类再生材料，通过不断研发提升性能，已成为环保和集成化发展的新方向。

5 全过程绿色建筑技术创新

"双碳目标"驱动下，对既有建筑的"绿色化"改造，对城市更新的"绿色化"布局，对"绿色建材"的大力推行，对装配式建筑的全面支持，让绿色新型建筑成为了未来发展的首要方向，尤其是借助"高性能幕墙、智慧式门窗，以及因地制宜的 BIPV 体系"等先进设计手段和科学营建工法，中国绿色建筑实现跨越式增长，在此过程中，全过程绿色建筑技术创新成为了从设计、组织、施工及维护的整体驱动，建筑采用可回收降解材料，屋顶实现光电技术等等仅仅是最常见的"超低能耗"绿色新建筑的冰山一角，"中国建造"优化升级让铝门窗幕墙行业的绿色创新全面受益。

6 智能门窗成为全屋智能先锋

智能门窗是全屋智能大趋势背景下的时代产物，是全屋智能发展进步的必然结果。随着

5G 时代的到来，万物互联的趋势越发明显，门窗智能化的进步空间巨大，已经从初级的"电动开启""远程控制""语音控制""风雨感应"等功能形态，向深度、全屋智能进步。新一代智能门窗的显著特点是"感知能力""生活适态""互联互通"，成为有感知、有互联互通、有习惯的全屋智能组成部分，未来将得到普及与全面覆盖。门窗，作为建筑外立面，是智能家居不可或缺的重要组成部分，实现智能化转型升级，加快与智能家居"互通互联"是大势所趋。风口已至，行业格局逐渐形成，智能门窗作为智能家居的重要组成部分，入网与全屋智能产品互通互联，决定着全屋智能一体化的宽度与高度。智能门窗是智能家居最后的一块拼图，随着智能家居各品类产品的不断完善和丰富，全屋智能已基本实现家居室内空间所有产品的智能化。

地产去金融化、财政去土地化等宏观政策导向越发明显，我国即使在贸易摩擦不断升级、被各种措施打压、疫情突袭的近几年，经济总量也没有停止过增长，从基本趋势讲，中国经济的体量仍然在增长的上升周期，但深刻的改变正在眼前，铝门窗幕墙行业需要抓住机遇，以"科技创新"解决核心问题；以"数字化和智能化"顺应大势所趋；把握全球化趋势，关注"产品与品牌"的双重消费升级；增强本土化自信，我们有着优秀的企业和开放的政策，有着最美好的时代，我们的行业需要不断做优、做强，掌握"独门绝技"，成为工程项目的"冠军"，或单项冠军、配套专家。

第九部分　总结

2022 年是崎岖、辉煌的一年，2022 年的铝门窗幕墙行业在巨大的困难面前没有低头，我们战疫情、稳发展，铝门窗幕墙行业经受住了考验，全行业齐心协力、共克时艰，取得了可喜的成绩，向国家和社会交上了满意的答卷。

春播一粒种、秋收万亩粮！经济学有一个著名的"隧道效应"，就是当你开车进入隧道以后，如果在黑暗之中，车子长期停滞不前，你就会变得心情越来越不好甚至沮丧。但是，如果车子能够动起来，即使缓慢地开始移动，能够看到隧道尽头的光，人的心情就会好起来。坚持高质量发展、坚定创新、打造全产业链绿色生产化发展的铝门窗幕墙行业，正描绘更加宏伟的画卷，让我们共同奋斗，建设好我们的行业，实现铝门窗幕墙行业的中国式现代化建设。

秉持着二十大精神，"2023"让我们携手再出发。2023 年，铝门窗幕墙分会将携手广大会员单位，与房地产、建筑业精英一起，以多元化服务思想为指导，积极推进"平台化发展、产业链共赢"，构建全行业服务体系，集中行业智慧，打造高质量发展服务的协会平台。

高等教育开设建筑门窗专业的必要性

孙文迁

南昌职业大学门窗学院 江西安义 330500

摘 要 门窗作为建筑外围护结构，对建筑物性能及功能起到重要的作用。建筑门窗已成为与建筑设计、建筑物理学、建筑材料、机械制造、建筑节能及智能控制等学科密切相关的边缘学科。高等教育开设建筑门窗专业对于提高建筑门窗行业的技术人员素质有其必要性，对于门窗行业转型升级有其紧迫性。

关键词 建筑门窗；建筑物理学；技术设计；性能设计

1 引言

门窗作为建筑外围护结构，对建筑物的性能及功能发挥着重要的作用。建筑节能是我国节能降耗的重点发展方向，建筑门窗能耗占建筑能耗近50%，占社会总能耗约20%。建筑节能标准的提高，推动了建筑门窗生产技术的不断提高，使得建筑门窗从材料、构造、门窗形式、技术及性能的研发设计提高到新的阶段。建筑门窗的研发设计需要包括材料、结构、建筑物理学、机械加工工艺、建筑节能及建筑设计等方面的专业知识。智能制造技术在门窗的生产加工过程的应用，提高了门窗自动化生产水平；门窗功能的智能化发展，推动了智能门窗的研究与开发。因此，建筑设计、建筑物理学、建筑材料、机械制造、建筑节能及智能控制等知识都是门窗研发与设计技术人员需要学习与掌握的专业知识。

2 建筑门窗行业技术人员现状

我国现代建筑门窗是在20世纪才发展起来的。在过去多年的发展中，许多企业引进的是欧洲设备、工艺与技术，受欧洲影响较大。建筑门窗的发展也经历了引进、模仿、创新阶段。

目前，我国建筑门窗行业技术设计人员，包括门窗材料设计、建筑设计及加工工艺设计所需专业技术人员大多是以机械设计专业或工业与民用建筑专业为背景的，因此这些人员总是或多或少地缺少全面系统性的建筑门窗技术设计的知识。如机械专业缺少建筑设计（包括立面设计、性能设计）方面的知识，工业与民用建筑专业缺少了机械加工工艺方面的设计知识，同时这两个专业的技术人员又共同缺少了建筑门窗设计需要的建筑物理学及门窗材料和检测方面的知识。

建筑门窗行业技术人员构成中还有一种也是目前占多数的技术人员，即毕业于高职院校的技术人员。高职院校为适应建筑门窗行业的市场需求，大多是在机电专业基础上开设了建筑门窗课程，培养了很多建筑门窗发展急需的技术人才。但是由于高职院校的培养方向及学制安排等原因，使得学生学习的门窗设计所需的理论知识及课程不能完全满足门窗技术设计要求，存在着技术设计理论"先天不足"的缺陷。

建筑门窗行业技术人员构成中第三种情况便是其他专业转行过来进行门窗技术设计。这类技术人员存在的技术知识上的缺陷上面介绍的两种情况兼而有之。

3 建筑门窗行业发展要求

随着国家对建筑节能要求的不断提高，新的建筑材料不断研发出来。建筑门窗的技术设计，不再仅是门窗形式的简单拼装。目前，我国建筑门窗行业发展到了门窗企业自主创新设计的新阶段。

现代门窗的技术设计指对构成门窗的材料、构造、门窗形式、技术、性能等要素构成的相互关联的技术体系设计，其中：

（1）材料包括型材、增强、附件、密封、五金、玻璃等构成门窗的各种原、辅材料；

（2）构造包括各材料组成的节点构造、角部以及中竖框和中横框连接构造、拼樘构造、安装构造、各材料与构造的装配逻辑关系等构成门窗的所有构造；

（3）门窗形式包括门窗的材质、功能结构（如形状、尺寸、颜色、开启形式、组合、分格等）及延伸功能结构（如纱窗、遮阳、安全防护、新风及智能控制等）；

（4）技术包括系统门窗的工程设计规则、加工工艺与工装及安装工法等所有设计、加工及安装方面的技术；

（5）性能包括安全性、节能性、适用性和耐久性。安全性主要包括抗风压性能、平面内变形性能、耐火完整性、耐撞击性能、抗风携碎物冲击性能、抗爆炸冲击波性能等；节能性能包括气密性能、保温性能、隔热性能等；适用性能包括启闭力、水密性能、空气声隔声性能、采光性能、防沙尘性能、耐垂直荷载性能、抗静扭曲性能等；耐久性包括反复启闭性能等。

为了完成门窗的技术设计工作，门窗设计技术人员需要掌握的专业知识包括建筑设计、门窗结构设计、构造设计、加工工艺及安装工艺设计、门窗节能设计、建筑物理学（热学、声学、光学）、门窗材料（门窗框型材、玻璃、五金及密封材料）设计等密切相关的专业知识；门窗设计是一个过程，是门窗的技术设计、材料性能及门窗整体性能反复优化试验验证的过程，因此，门窗设计技术人员还要掌握门窗材料检测、性能检测与分析及门窗结构计算、热工计算软件等相关的专业知识；随着建筑门窗功能智能化趋势的发展及门窗生产加工过程的智能化应用，要求门窗技术人员熟悉机电一体、智能测控等相关知识。

为了设计出符合国家相关标准要求的建筑门窗，建筑门窗技术人员还需要熟悉相关国家建筑节能标准、门窗产品标准、安装标准、型材标准、玻璃标准、五金标准、密封材料标准、性能检验标准、行业标准、团体标准等与建筑门窗设计相关的标准、规范。

4 建筑门窗专业开设的必要性

现阶段我国高等教育尚未设置建筑门窗（幕墙）相关专业学科，而建筑门窗（幕墙）行业的快速发展使得建筑门窗逐渐成为了与建筑设计、建筑物理学、建筑材料、机械制造、建筑节能及智能控制等学科密切相关的边缘学科。因此，建筑门窗（幕墙）设置专门学科的时机已经成熟。

建筑门窗技术设计对专业知识综合性要求较强，需要技术人员掌握门窗材料、建筑设计、结构设计、构造设计、机械加工及工艺设计、建筑物理学、测控技术及相关标准规范等知识，甚至建筑门窗技术设计还需要掌握门窗型材生产成型的相关知识，如铝合金型材的挤压成型及模具设计知识，PVC塑料型材成型生产及高分子材料知识等。而现有高等教育学科专业设置不能同时满足对上述知识获取的要求。

建筑门窗行业的快速发展及门窗终端用户对门窗性能要求的不断提高，促使门窗企业不断研发新产品适应市场需求。因此，需要门窗专业技术人员从事门窗技术研发设计、工艺设计、五金设计等。

对门窗产品原创技术的重视与保护，促使门窗企业研发设计具有自主知识产权的产品。同时，市场对建筑门窗产品性能及功能要求、对门窗加工制作工艺要求不断提高，这些要求都需要具有专业知识的技术人员来实现。

通过开设建筑门窗（幕墙）专业，对建筑门窗专业的学生进行针对性的基础知识和专业知识系统性的教育，并通过适当的实践锻炼，使得学生毕业后能够成为门窗行业的产品设计与技术进步的主力军。

5 建筑门窗专业的发展展望

从我国建筑门窗行业发展的过程来看，建筑门窗从早期的建筑配套产品，发展成影响建筑物性能及使用功能、建筑物节能效果及建筑室内环境的重要功能产品。随着建筑智能化、家居智能化的普及与应用，建筑门窗的智能化是将来发展的必然趋势。智能制造是我国第四次工业革命的重点发展方向，智能制造技术在建筑门窗生产加工中的应用是门窗行业发展的必然结果。智能化、信息化、网络化及机械化是智能制造的核心，也是建筑门窗行业发展的方向。

6 结语

通过改革开放，我国建筑门窗行业同其他行业一样，对国外先进技术引进学习，经过消化吸收，现在到了建筑门窗行业创新发展的新阶段，通过设立建筑门窗专业学科，可以系统性地培养建筑门窗专业高级技术人才，为我国建筑门窗行业的创新发展打下坚实的基础。

参考文献

[1] 王波，孙文迁.建筑系统门窗研发设计[M].北京：中国电力出版社，2022.
[2] 孙文迁，等.铝合金门窗设计与制作安装[M].2版.北京：中国电力出版社，2022.

作者简介

孙文迁（Sun Wenqian），男，1965年10月生，工学学士，研究员，研究方向：建筑门窗幕墙节能技术；工作单位：南昌职业大学门窗学院；地址：江西省安义县前进东路8号；邮编：330500；联系电话：13964065031；E-mail：swq5288@sina.com。

光电幕墙技术发展与应用研究

杨廷海　李　淼　夏金龙　周　驰　王　微　刘春涛

北京佑荣索福恩建筑咨询有限公司　北京　100062

摘　要　本文通过对光电幕墙的发展、技术工作原理、光电幕墙在太阳能建筑一体化中的应用、光电幕墙光伏发电系统的构成及原理等方面的介绍，使人们对光电幕墙这种充分利用太阳能的清洁能源有了更多的了解，其所产生的电能不仅能够提供给建筑物本身使用，还可以在发电高峰时供外网并网使用。

关键词　太阳能；光电幕墙；太阳能光伏建筑一体化；碳达峰；碳中和

1　引言

随着我国经济快速发展，环境污染问题日益凸显，节能减排迫在眉睫。我国"十四五"规划提出贯彻新发展理念，推动高质量发展。2020 年 9 月，我国承诺 2030 年前实现碳达峰、2060 年前实现碳中和的目标。我国 95％ 以上的建筑属于高能耗建筑，建筑能耗在总能耗中占比将近 3 成。修建建筑物时就已经消耗了大量的能量，建筑物在使用过程中对空气及温度进行有效的调节时又消耗大量的能量，而对空气及温度调节时消耗的能量占到建筑物总能耗的近 70％。为了控制室温，使用空调机或燃煤采暖不仅消耗大量的能量，而且还给外界的环境带来污染，所以建设环保节能型建筑意义重大。根据我国的可持续发展战略以及保护环境的需要，在接下来的较长时间内，一部分太阳能光伏发电要替代常规能源发电。太阳能光伏建筑一体化（简称 BIPV）就是将太阳能光伏发电与建筑结合的技术。光电幕墙既有普通幕墙外围护结构功能（即装饰美观效果、安全性能、保温隔热性能、水密性能、气密性能、隔声性能等），又有产生电能供建筑自身使用的功能以及并网发电功能。随着太阳能光伏建筑一体化进程不断推进，光电幕墙技术得到广泛应用。

2　光电幕墙技术

2.1　光电幕墙技术原理

光电幕墙通过光伏电池把太阳能转换成电能，通过蓄电池存储或提供负载工作。发电原理是利用半导体光生伏打效应（图 1），也就是太阳光照射到光电电池上时，当光伏电池吸收光能后，形成光生电子-空穴对，在光伏电池内建电场的作用下，光生电子与空穴被分离形成电压。

光伏电池主要种类有：晶体硅太阳能电池和薄膜太阳能电池。晶体硅太阳能电池包括多晶硅太阳能电池和单晶硅太阳能电池；薄膜太阳能电池包括铜铟硒太阳能电池、非晶硅太阳能电池和碲化镉太阳能电池。单晶硅太阳能电池转化效率较高，但是成本较高。多晶硅太阳能电池转化率较单晶硅太阳能电池低一些，但是成本较单晶硅太阳能电池低。非晶硅太阳能电池是仅通过低温工艺，即可将原材料与光电板制作成组件，耗材较少且不依赖温度变化，价格较低。我国目前晶体硅太阳能电池在太阳能光伏发电系统中应用较多，多晶硅太阳能电池应用比例最多，但是近年来薄膜太阳能电池应用比例明显增加特别是铜铟硒太阳能电池，薄膜太阳能电池主要适合与光电幕墙结合应用。

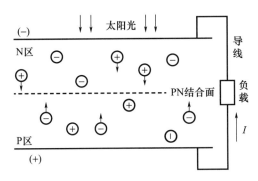

图1　光伏电池发电原理图

光伏电池转换效率影响着太阳能光伏发电系统的发电效率，光伏电池自身的输出功率与光伏阵列的光照功率情况影响着光伏电池转换效率。光照辐射度越高，光伏电池转换效率越高；光伏电池外界温度越高，光伏电池转换效率越低。因此为保持光伏电池转换效率最高，应该在任意外界温度以及光照辐射度的基础上，采用最大功率跟踪方法对光伏阵列进行管理和控制，从而使光伏阵列能够保持在最大功率点进行发电作业。

太阳能电池单体是光伏转换的最小单元，工作电压约为0.45～0.5V，一般不能单独作为电源使用。需通过太阳能电池单体串、并联并且封装后，形成可以单独作为电源的光伏组件。

2.2　国内外光电幕墙发展

2.2.1　国外光电幕墙的发展

20世纪70年代，由于世界各国大力发展经济，全球性自然资源过度开发与消耗，环境污染严重，特别是受石油危机的影响。发展新能源和可再生能源，实现可持续发展道路成为世界各国共同长期发展战略。光伏发电在发达国家受到高度重视，发展较快。光电幕墙的研究工作起源于20世纪80年代瑞典，一篇关于太阳能电池在建筑墙面应用的文章，发起了光电幕墙在全世界范围内的研究。从此欧美发达国家的光伏产业迅猛发展。国外光电幕墙系统应用的案例较多，比较著名的有德国宝马世界中心、德国弗莱堡太阳能工厂、日本三洋太阳能电池科学馆等。

2.2.2　国内光电幕墙的发展

虽然我国光伏研究较早，但是发展比较缓慢。目前我国光电幕墙的发展总体处于示范起步阶段，随着国家政策的扶持和光电幕墙技术日渐成熟，光电幕墙在幕墙行业中开发研究也越来越广泛。比如近年来的一些示范性案例：上海世博会中国馆、上海世博会主题馆、保定锦江国际酒店、武汉中心、泉州海峡体育中心、北京火车站南站、长沙中建大厦光伏幕墙、广东省科学中心、广州电视塔光伏幕墙、无锡尚德光伏研发中心、我国自主知识产权光电幕墙产品应用在方大集团科技中心大厦工程中等。

南开大学建立了铜铟硒太阳电池中试线，除了德国、美国、日本之外，我国是第四个开展该电池中试的国家。中国科学院半导体研究所对非晶硅太阳电池转换效率可限制在 10% 以内。中国科学院物理研究所研制的有机纳米晶太阳电池，转换效率达到 5.48%，为以后太阳能电池的广泛应用提供了更大的可能性。近年来，我国太阳电池不论在生产能力还是在研发上都达到国际先进水平，同时在有机纳米晶太阳能电池的研究中也取得国际领先的成果。

2.3 太阳能光伏建筑一体化

2.3.1 太阳能光伏建筑一体化的正确理解

太阳能光伏建筑一体化是把太阳能光伏发电与建筑结合的技术，将建筑建造成可以具有自我发电、自我循环的新型建筑。光电幕墙既有普通幕墙外围护结构的功能，又有产生电能供建筑使用的功能。不是简单的太阳能与建筑的叠加，而是需要结合安全性、艺术性、节能性、环保性以及实用经济性的综合考虑，把太阳能光伏发电作为建筑的一部分，与建设工程同步设计、施工、验收、管理，同时投入使用，使其成为建筑有机组成部分。太阳能光伏建筑一体化是绿色环保的建筑技术，其核心是一体化，包括设计、制造、安装等一体化，其主要作用是降低能耗、节约用电成本。

2.3.2 太阳能光伏建筑一体化应用的形式

太阳能光伏建筑一体化应用形式较为广泛，通过是否有采光要求，采用不同形式的太阳能光伏电池。可以利用屋顶、墙面以及建筑物局部构件等部位设计光伏结构。屋面部位可以采用光电屋顶，可以采用框架、钢结构桁架、网架结构、拉杆拉索等结构形式；立面部位采用光电幕墙（有消防救援要求的窗慎用）。按传统幕墙形式可以采用框架形式、单元形式、双层幕墙、点式幕墙等形式；局部建筑物构件包括光电雨篷、太阳能遮阳板、阳台、天窗等部位；以及光电 LED 多媒体动态幕墙、天幕等。

2.3.3 太阳能光伏建筑一体化应用的优势

太阳能光伏建筑一体化建筑除了满足建筑的美观要求、采光要求、安全性要求、安装方便要求、使用寿命长等要求外，还具有以下方面优势。

（1）在绿色能源方面：太阳能光伏建筑一体化生产的是绿色能源。利用太阳能进行发电，太阳能不仅是可再生，取之不尽，用之不竭，而且太阳能既清洁又廉价，不会污染环境。

（2）在占地方面：太阳能光伏阵列设计在建筑物的屋面或外立面处，不需要再额外占用土地，不增加额外的占地成本。

（3）在光伏并网方面：夏天日照量最大，太阳能光伏系统发电量相应也最多。如果太阳能光伏建筑一体技术采用并网光伏系统，那么对当地电网可以起到一定的调峰作用。在太阳能并网系统情况下，不用配备蓄电池，既可以节省蓄电池部分的投资，又不被蓄电池荷电状态所限制，太阳能光伏系统所发出的电力就可以得到充分利用。

（4）在节能减排方面：太阳能光伏阵列系统在把吸收来的太阳能转化为电能的同时，可以降低建筑物室外的综合温度，减少了太阳能传递给建筑墙体的热量，从而降低了室内空调制冷的负荷，对建筑节能起到积极的作用。所以太阳能光伏建筑一体化可以节能减排。

2.3.4 太阳能光伏建筑一体化应用存在的问题

太阳能光伏建筑一体化尽管有诸多优点，并且也已经运用到上海世博会中国馆、上海世博会主题馆等许多示范性工程中，但太阳能光伏建筑还未得到广泛应用，尤其是在我国民用住宅中还未得到广泛应用。影响太阳能光伏建筑一体化广泛应用的因素主要有以下几个方面。

（1）在建筑设计美观方面：建筑学、建筑师的设计理念为"实用、经济、美观"。太阳能光伏建筑一体化展现了"实用"这一理念，但是对传统建筑的美观有很大的冲击，需要建筑师重新塑造运用太阳能的建筑自然美的理论与观点。

（2）在建筑物造价方面：由于建筑物设计有太阳能光伏发电系统，太阳能光伏建筑一体化比普通建筑物造价高。一是受科研技术方面限制，光伏发电系统价格偏高；其次还需大力推进太阳能光伏建筑一体化进程，加大推广力度，以降低建筑物造价。

（3）在太阳能发电成本方面：太阳能发电的成本较高。2018年太阳能光伏组件成本下降至5000元/kW，从而使光伏系统的成本下降至9000元/kW，光伏发电成本下降到0.7元/kW·h，太阳能光伏发电具有了一定的竞争优势。但是太阳能光伏发电成本仍是燃煤发电的3倍多。所以太阳能光伏发电成本偏高限制了太阳能光伏建筑一体化的发展。

（4）在太阳能光伏发电不稳定方面：太阳能光伏发电受天气太阳日照时长、日照强度等的影响，导致太阳能光伏发电不稳定、有波动性。因此太阳能光伏发电的波动性问题亟待解决，从而使太阳能光伏发电更加稳定，使建筑物或外电网能更好、更方便地应用太阳能光伏系统所发的电能。

3 光电幕墙光伏发电系统的构成及原理

光电幕墙发电系统结合建筑物的负载进行系统建设，通过就近发电方式保障建筑物的电能供给。光电幕墙光伏发电系统具有很好的灵活性，可根据建筑物实际的需要和系统建设要求进行设计和安装。

光电幕墙光伏发电系统有两种形式：一种是太阳能光伏独立系统，主要的硬件装置包含配电箱、逆变器、汇流箱、蓄电池等；另一种是太阳能光伏并网系统，主要的硬件装置包含配电箱、并网逆变器、汇流箱、双向电表等。太阳能光伏独立系统与太阳能光伏并网系统都需要设置蓄电池。二者都是由光电幕墙光伏电池组件通过串联方式或并联方式构成光伏阵列，最大程度收集太阳辐射能量，并将太阳辐射能量转化为直流电，太阳能光伏独立系统是通过蓄电池将直流电直接输送给直流荷载或者再通过逆变器输送给交流荷载；太阳能光伏并网系统通过并网逆变器将交流电输送给交流负载或是主电网。并网逆变器主要的功能就是把直流电转化为交流电，太阳能光伏电池方阵产生的是低压的直流电，要使之与外电网连接，就要转换为220V、380V甚至更高电压的交流电，并且对于电压波动、频率、谐波和功率因素等电能质量参数都有一定的要求。为确保电网、设备和人身安全，还应设有并网检测保护装置，对过/欠电压、过/欠频率、防孤岛效应、恢复并网、直流隔离、防雷和接地、短路保护、断路开关、功率方向保护等必须有明确规定。逆变器和控制器是太阳能光伏并网系统的关键设备。完成交流电转化之后，在发电高峰时，可以实现向主电网输送电力，实现并网发电，节约能源及成本。通过双向电表对光电幕墙光伏发电系统的实际发电和用电情况进行记录、存储和显示，从而实现对电力用量及发电量的计算统计。

光电幕墙光伏发电并网系统的原理结构图如图2所示。

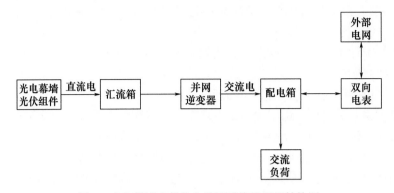

图 2　光电幕墙光伏发电并网系统的原理结构图

光电幕墙光伏发电独立系统的原理结构图如图 3 所示。

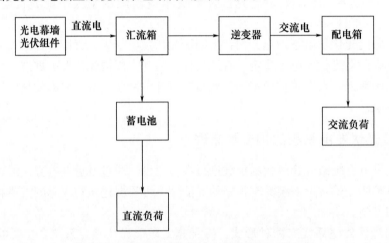

图 3　光电幕墙光伏发电独立系统的原理结构图

4　光电幕墙光伏发电的性能指标与经济效率分析

光电幕墙的光电转换率一般可以设计为 10% ～ 15%，设计峰值发电功率为 0.1 ～ 0.15kW/m²。输出频率为 50Hz。

从成本方面分析：首先是初始一次性投资费用，其次是运营过程中维护保养费用，第三为废弃后电池处理费用。随着国家扶持光伏产业政策出台，建设光伏发电系统成本降低。也就是初始一次性投资费用呈下降趋势。废弃后出售使用过的设备，还可以回收一部分资金流。可以实现利益最大化，提高市场竞争力。

从收益方面分析：节省外网用电量及并网发电的电价收益是光电幕墙项目收益的来源。当前电价收益主要还是靠政策补贴，以便更好发展太阳能光伏发电。尽管初始一次性投资费用较大，但是从长远角度考虑，长远的成本投资回收期可获得比较可观的投资回报收益。

以安徽天柱绿色能源科技有限公司办公楼为例，分析光电幕墙带来的经济效益。该工程建筑面积约 5600m²，全年实际用电量约 12 万 kW·h，其中光电幕墙面积约 1200m²，装机容量约 160kW，2020 年全年发电量为 6.37 万 kW·h，占总用电的 53%。该工程选用铜铟镓硒薄膜发电玻璃，既有普通钢化玻璃功能，也有利用太阳能发电功能，此发电玻璃有弱光发电、温度系数低等特点。其弱光发电特性优于普通光伏组件，不仅在高温天气发电效率维持较高水平，还对室内温度维持稳定有很大的益处。综上数据可知：用电费用节省一半有余，带来了极大的经济效益。

所以应该大力发展光电幕墙光伏发电项目，不仅具有维护环境污染的社会效益，还可以实现长远的可观的经济效益。

5　结语

光电幕墙在发电过程中不会消耗自然资源，不会产生各种污染。如余热、废气、废渣、噪声等。《近零能耗建筑技术标准》（GB/T 51350—2019）的发布与实施，标志着我国超低近零和零能耗建筑节能时代的到来，实现建筑零能耗还需要利用建筑本身创能技术——太阳能光伏建筑一体化（BIPV）。随着储能技术、光伏发电电流并网控制技术、综合能源管理技术的不断提高，新能源发电相对不均衡不充足与建筑实际能耗的匹配问题得以解决；随着建筑师合理设计太阳能光伏建筑，使"建筑自然美"的理念成为主流；随着发电型建材和光电建筑一体化技术应用相关规范的完善；在"碳达峰"与"碳中和"的国家战略背景下，各级政府相关部门及行业都在出台支持光电建筑一体化推广应用的相关措施。一次性投入成本不断降低，随着并网发电的电价不断提高，获得电价的收益也日益增加，光电幕墙的应用前景会非常广阔。

参考文献

[1] 李伟 . 刍议光电幕墙技术在太阳能建筑一体化中的实施要点[J]. 江西建材，2014(22)：1.

[2] 周慧春 . 论光电幕墙在建筑幕墙设计中的发展及应用[D]. 苏州：苏州大学，2011.

[3] 黄志勇 . 分布式光伏发电并网设计及运行分析研究[D]. 南昌：南昌大学，2021.

[4] 龙文志 . 光电建筑一体化应用方式[J]. 建筑科技，2009，20.

[5] 李虎，刘祥，殷建家 . "碳中和"背景下零能耗建筑 BIPV 技术研究与案例分析——以安徽天柱绿色能源科技有限公司办公楼为例[J]. 安徽电子信息职业技术学院学报，2022，21(2).

光伏建筑一体化（BIPV）在建筑中的应用探讨

万 真

苏州金刚防火钢型材系统有限公司 江苏苏州 215000

摘 要 本文通过对光伏建筑一体化（BIPV）的各种应用形式及优势进行分析，综合探讨 BIPV 在建筑上应用的实用性。提出一些光伏组件在建筑应用的技术思路、市场应用的平衡点以及对市场的预期。

关键词 光伏；建筑；一体化；优势

1 引言

随着化石能源的日益枯竭和人类生存环境的日益恶化，世界各国对清洁能源如太阳能、风能等可再生能源的支持力度越来越大。光伏建筑一体化是光伏应用形式中最接近人类生活的一种，是绿色节能环保理念的完美体现。《中国建筑能耗研究报告（2020）》中表明 2018 年建筑行业全生命周期碳排放占全国总量的 51.3%，建筑领域的节能减碳是我国实现"碳达峰、碳中和"目标的关键。

2 光伏建筑一体化的定义

光伏建筑一体化（BIPV）技术即将太阳能发电（光伏）产品集成到建筑上的技术。BIPV 即 Building Integrated Photovoltaic，其不但具有外围护结构的功能，同时又能产生电能供建筑使用。光伏建筑一体化（BIPV）不同于光伏系统附着在建筑上（BAPV：Building Attached PV）的形式。几种系统的工程实例如图 1 所示。

3 光伏建筑一体化的应用形式

随着建筑行业的迅速发展和建筑设计师们的奇思妙想，建筑外围护的形式越来越多样化。而作为建筑外围护结构的一种深化表现形式，光伏建筑一体化在建筑物上也出现了多种多样的应用形式，如图 2 所示。下面介绍几种 BIPV 在建筑中的运用形式，供大家参考。

（1）采光顶：采光比较理想，发电效率较高；

（2）幕墙立面：示范效果好，形式多样，美观；

（3）遮阳板：既遮挡阳光，又发电补充能源；

（4）护栏和地板：充分利用空间，安放简单方便。

3.1 光伏玻璃幕墙

利用采光充足的玻璃幕墙层间区域及需要进行遮阳设计的立面区域，安装光伏幕墙，集建筑装饰、建筑遮阳与发电一体化。其结构原理与玻璃幕墙完全相同，幕墙形式包括全隐框、全明框、半隐框等多种形式。光伏玻璃幕墙系统可按照工程定制或对原幕墙系统进行结构改造；光电面板背面可衬以不同颜色，以适应不同的建筑风格。光伏幕墙集发电、隔声、隔热、装饰等功能于一体，将光电技术与幕墙技术相结合，代表着幕墙技术发展的新方向。其通过太阳能光电池和半导体材料对自然光进行采集、转化、蓄积、变压，最后联入建筑供电网络，为建筑提供可靠的电力支持。光伏幕墙节点如图3所示。

(a) 光伏幕墙

(b) 光伏采光顶

(c) 光伏屋顶

(d) 光伏遮阳棚

(e) 光伏护栏

(f) 光伏窗

(g) 光伏地板 (步道及栈道玻璃)

(h) 光伏遮阳百页

图 1　BIPV 工程实例

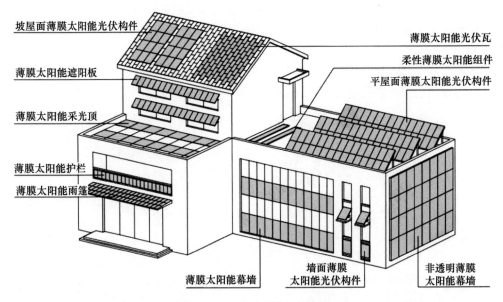

图 2　BIPV 在建筑物上的应用

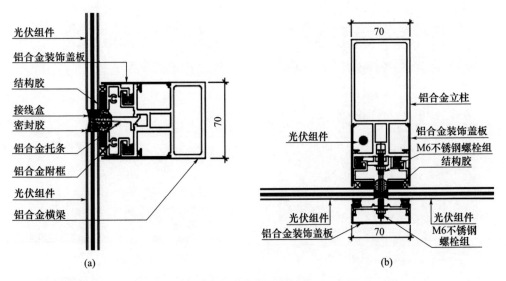

图 3　光伏幕墙节点图

3.2　光伏玻璃采光顶

玻璃采光顶是建筑的组成部分，随着建筑物跨度越来越大，通过建筑幕墙、门窗已不能满足建筑物室内采光的需要，需要在大跨度屋面设置玻璃采光顶进行室内采光。光伏玻璃组件与采光顶结合进行创新设计，可以让绿建设计融入建设全过程。结构上采用横隐竖明半隐框设计，对于有防火要求的需满足建筑屋面防火要求。对于无防火要求的光伏采光顶，可采用点支式玻璃采光顶及铝合金框架式玻璃采光顶（图 4）。

3.3　光伏护栏

护栏是建筑物防护安全设施的重要防护构件，在朝向和阳光良好的位置，选用光伏玻璃替代常用玻璃、金属等，不仅可以满足安全防护需求，也可以利用太阳能发电，一举两得；光伏玻璃与栏杆结合进行创新设计，结构安全可靠，完美隐藏线及接线盒，使结构更美观，施工简单便捷。光伏护栏节点如图5所示。

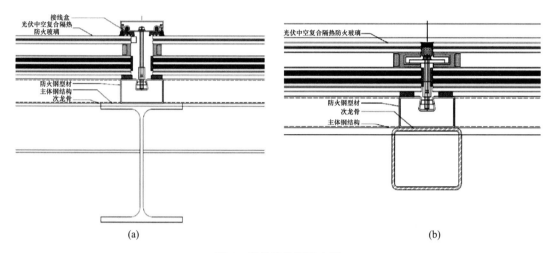

(a)　　　　　　　　　　　　　　(b)

图4　光伏采光顶节点图

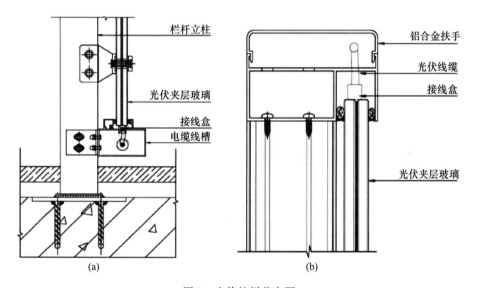

(a)　　　　　　　　　　　　　　(b)

图5　光伏护栏节点图

3.4　光伏遮阳棚

光伏遮阳棚是未来最具发展潜力的建筑光伏应用形式之一，具有以下优点。

（1）在合理安装角度下，有利于光伏组件最大限度的接受太阳辐射，提高光电转化效率；

（2）可以阻挡阳光进入室内，利于控制和调节室内温度，降低建筑物空调负荷，起到节能减排的作用；

（3）光伏组件作为一种新型的建筑遮阳构件，可以节约遮阳材料，丰富建筑样式。

光伏遮阳棚节点如图6所示。

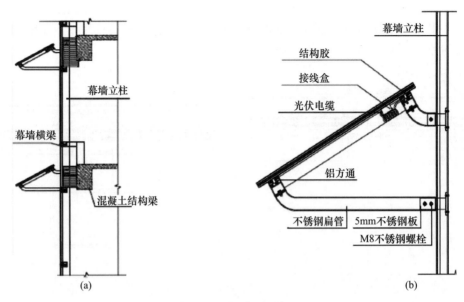

图 6 光伏遮阳棚节点图

4 光伏建筑一体化的优势

4.1 能够满足建筑美学的要求

BIPV 建筑首先是一个建筑，它是建筑师的艺术品，其成功与否关键一点就是建筑物的外观效果。在 BIPV 建筑中，我们可通过相关设计将接线盒、旁路二极管、连接线等隐藏在幕墙结构中。这样既可防阳光直射和雨水侵蚀，又不会影响建筑物的外观效果，达到与建筑物的完美结合，实现建筑大师们的构想。

4.2 能够满足建筑物的采光要求

对建筑物来说，光线就是灵魂，其对光影的要求甚高。BIPV 建筑是采用光面超白钢化玻璃制作的双面玻璃组件，能够通过调整电池片的排布或采用穿孔硅电池片来达到特定的透光率，即使是在大楼的观光处也能满足光线通透的要求。当然，光伏组件透光率越大，电池片的排布就越稀，其发电功率也会越小。

4.3 能够满足建筑的安全性能要求

BIPV 组件不仅需要满足光伏组件的性能要求，同时要满足幕墙的三性实验要求和建筑物安全性能要求，因此需要有比普通组件更高的力学性能和采用不同的结构方式。在不同的地点，不同的楼层高度，不同的安装方式，对它的玻璃力学性能要求就可能是完全不同的。

BIPV 建筑中使用的双玻璃光伏组件是由两片钢化玻璃中间用 PVB 胶片复合太阳能电池片组成复合层，电池片之间由导线串、并联汇集引线端的整体构件。钢化玻璃的厚度是按照国家有关建筑规范和幕墙规范，通过严格的力学计算得出的结果。而组件中间的 PVB 胶片有良好的粘结性、韧性和弹性，具有吸收冲击的作用，可防止冲击物穿透，即使玻璃破损，碎片也会牢牢粘附在 PVB 胶片上，不会脱落四散伤人，从而使可能产生的伤害程度减少到最低，提高建筑物的安全性能。

《玻璃幕墙工程技术规范》（JGJ 102—2003）第 3.4.6 项规定，玻璃幕墙采用夹层玻璃时，应采用干法加工合成，其夹片宜采用聚乙烯醇缩丁醛（PVB 胶片）。作者在参编的《民用建筑太阳能光伏系统应用技术规范》也将"夹层玻璃应采用 PVB 胶片"作为一项强制性的条文加入到规范中，以加强建筑物的安全性。

4.4 能够满足安装方便的要求

BIPV 建筑是光伏组件与玻璃幕墙的紧密结合。幕墙在我国发展三十年以来，各种幕墙形式都有了比较成熟的设计和安装技术。构件式幕墙施工手段灵活，主体结构适应能力强，工艺成熟，是目前采用最多的结构形式。单元式幕墙在工厂内加工制作，能够实现工业化生产、降低人工费用、控制单元质量，从而缩短施工周期，为业主带来较大的经济效益。双层通风幕墙系统具有通风换气，隔热隔声，节能环保等优点，并能够改善 BIPV 组件的散热情况，降低电池片温度，减少组件的效率损失，降低热量向室内的传递。BIPV 建筑简单来说，就是用 BIPV 光伏组件取代普通钢化玻璃，其结构形式基本上同传统玻璃幕墙能够相通。这就使得 BIPV 光伏组件的安装具有深厚的技术基础和优势，完全能够达到安装方便的要求。

4.5 具有寿命长的优势

普通光伏组件封装用的胶一般为 EVA。由于 EVA 的抗老化性能不强、使用寿命达不到 50 年，不能与建筑同寿命而且 EVA 发黄将会影响建筑的美观和系统的发电量。而 PVB 膜具有透明、耐热、耐寒、耐湿，机械强度高等特性，并已经成熟应用于建筑用夹层玻璃的制作。国内相关规范也明确提出"应用 PVB"的规定。BIPV 光伏组件采用 PVB 代替 EVA 制作能达到更长的使用寿命。目前，国外的 Schott 和 Schuco 公司，以及国内的一些光伏玻璃企业已经掌握了较成熟的 PVB 封装的光伏组件生产技术。

此外，在 BIPV 系统中，选用光伏专用电线（双层交联聚乙烯浸锡铜线），选用偏大的电线直径，以及选用性能优异的连接器等设备，都能延长 BIPV 光伏系统的使用寿命。

4.6 具有绿色环保的效果

BIPV 建筑物能为光伏系统提供足够的面积，不需要另占土地，还能省去光伏系统的支撑结构；太阳能硅电池是固态半导体器件，发电时无转动部件，无噪声，对环境不会造成污染；BIPV 建筑可实现电能的自发自用，减少了电力输送过程的费用和能耗，降低了输电和分电的投资和维修成本。而且日照强时恰好是用电高峰期，BIPV 系统除可以保证自身建筑内用电外，在一定条件下还可能向电网供电，缓解了高峰电力压力，具有极大的社会效益；还能杜绝由一般化石燃料发电所带来的严重空气污染，这对于环保要求更高的今天和未来极为重要。

5 结语

太阳能作为一种洁净的可再生能源，有着矿物能源不可比拟的优越性。中国的太阳能资源十分丰富，为各种太阳能利用系统提供了巨大的市场。由此，建筑界提出"21 世纪建筑"的一个概念即由建筑物自己产生能源，太阳能光伏建筑物一体化（BIPV）便成为 21 世纪建筑及光伏技术市场的热点。

随着国家 2021 年气候变化绿皮书的发布，"碳达峰、碳中和"是一场广泛而深刻的经济社会系统性变革，如何实现环境保护的同时实现可持续发展成为全球最强的呼声。中国作为发展中国家，能源消耗逐年以惊人的速度增长，而建筑作为能耗大户（发达国家的建筑能耗一般占到全国总能耗的 1/3 以上），其节能效益则变得尤其重要。

2021 年 10 月国务院印发关于《2030 年前碳达峰行动方案》的通知，明确了到 2025 年，新建公共建筑、新建厂房屋顶光伏覆盖率力争达到 50%，各地方政府也积极响应并发文，在绿色能源的热潮下，许多企业正在积极建设城市并网发电示范工程。建筑作为光伏发电的载体，未来将给千家万户带来清洁能源的便利，也会给整个建筑行业带来新的机遇。

参考文献

[1] 国家质量技术监督局．地面用晶体硅光伏组件设计鉴定和定型：GB 9535—1998[S]．北京：中国标准出版社，1998．

[2] 中华人民共和国国家质量监督检验检疫总局．地面用薄膜光伏组件设计鉴定和定型：GB/T 18911—2002[S]．北京：中国标准出版社，2002．

[3] 中华人民共和国国家质量监督检验检疫总局．光伏（PV）组件安全鉴定：GB/T 20047.1—2006[S]．北京：中国标准出版社，2006．

[4] 中华人民共和国住房和城乡建设部．建筑光伏系统应用技术标准：GB/T 51368—2019[S]．北京：中国建筑工业出版社，2019．

[5] 中华人民共和国国家质量监督检验检疫总局，中国国家标准化管理委员会．建筑用太阳能光伏夹层玻璃：GB/T 29551—2013[S]．北京：中国标准出版社，2013．

[6] 中华人民共和国国家质量监督检验检疫总局，中国国家标准化管理委员会．建筑用太阳能光伏中空玻璃：GB/T 29795—2013[S]．北京：中国标准出版社，2013．

[7] 中华人民共和国国家质量监督检验检疫总局，中国国家标准化管理委员会．光伏系统并网技术要求：GB/T 19939—2005[S]．北京：中国标准出版社，2005．

[8] 中华人民共和国国家质量监督检验检疫总局，中国国家标准化管理委员会．建筑幕墙：GB/T 21086—2007[S]．北京：中国标准出版社，2007．

[9] 中华人民共和国国家质量监督检验检疫总局，中国国家标准化管理委员会．铝合金门窗：GB/T 8478—2020[S]．北京：中国标准出版社，2020．

建筑幕墙超低能耗技术发展路线解析

牟永来　李书健

华东建筑设计研究院有限公司　上海　200002

摘　要　超低能耗建筑的推广是推动国家节能减排落地的重要措施，幕墙作为建筑的表皮，对于超低能耗建筑的实现至关重要。通过提高外围护性能、采光、通风等被动式技术和光伏建筑一体化等主动化技术，与建筑其他专业结合，能够最终实现整体建筑超低能耗的目标。

关键词　超低能耗；被动式；光伏

1　什么是超低能耗建筑

建筑是人类为了适应室外恶劣的生活环境，为自己创造的舒适空间。建筑从最早的穴居、巢居到后来的木骨泥墙建筑、干阑式建筑最终发展成为目前现代化的大楼大厦。人类对居住品质的要求越来越高，例如近些年出现的恒温、恒湿、恒氧的环境要求。为了实现更高的居住品质，人类越来越依赖空调、地暖等通过消耗能量来控制室内环境的设备。

能源的消耗伴随着环境的破坏、碳排放的增加，为了人类的可持续发展，降低建筑能耗是建筑技术发展的必然选择。超低能耗建筑就是在这个基础上被提出来的（图 1）。超低能耗建筑是指在围护结构，能源和设备系统照明，智能控制可再生能源利用等方面综合选用各项节能技术，能耗水平远低于常规建筑的建筑物。

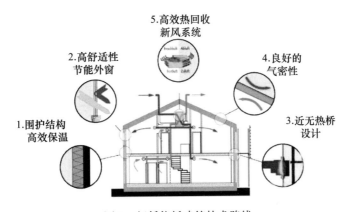

图 1　超低能耗建筑技术路线

超低能耗建筑适应建筑当地气候特征和场地条件，通过被动式建筑设计最大程度降低建筑供暖、空调、照明需求，通过主动技术措施最大程度提高能源设备与系统效率，充分利用可再生能源，以最少的能源消耗提供舒适的室内环境。

中国超低能耗建筑理念的提出是基于德国被动房的技术理念，从 2010 年开始试点，最早是在严寒和寒冷地区，后逐步扩展到全国。我国超低能耗试点、政策发布、规范完善的阶段始于 2010 年。在标准方面，住房和城乡建设部分别在 2015 年和 2020 年发布《被动式超低能耗绿色建筑技术导则》和《近零能耗建筑技术标准》（GB/T 51350—2019）。在政策措施方面，2017 年，住房和城乡建设部印发了《建筑节能与绿色建筑"十三五"专项规划》，将发展超低能耗建筑作为了重点工程，提出到 2020 年全国建设超低能耗、近零能耗建筑示范项目 1000 万平方米以上。2022 年 3 月 11 日，印发《"十四五"建筑节能与绿色建筑发展规划的通知》，要求到 2025 年，建设超低能耗、近零能耗建筑 0.5 亿平方米以上。

上海市政府在 2022 年 7 月 8 日，印发《上海市碳达峰实施方案》，明确提出到 2030 年，全市新建民用建筑全面执行超低能耗建筑标准。在政策实施方面，2019 年 3 月 12 日，上海市住房和城乡建设管理委员会印发由华东建筑设计研究院有限公司参与主编的《上海市超低能耗建筑技术导则》。2022 年 11 月 9 日，印发《关于加强超低能耗建筑项目管理的相关规定》，使上海在超低能耗建筑的发展走在了全国的前列。

2　幕墙与超低能耗建筑

幕墙是建筑的表皮，是建筑的衣服，合适的衣服能够保证人体的舒适，合适的幕墙系统同样能够保证室内环境的舒适（图 2）。和衣服可以随时更换不同，建筑的表皮需要适应一年四季不同室外环境，需要根据所在地的气候特点设计有针对性的幕墙表皮。

图 2　典型幕墙表皮

降低室内和室外能量的传递，是实现超低能耗建筑的重要措施。

辐射、对流和传导是能量传递的三种方式。对于透明幕墙部分，能量的传递包括以辐射形式传递的太阳能和因为室内室外温差而以对流和传导方式传递的能量。非透明幕墙能量的传递是以对流和传导的形式存在的。

同时合理的采光、通风，对于提高建筑的舒适性，降低能耗，也具有重要的作用。

如果将以上措施比喻为节流，则开源对于超低能耗的时间也尤为重要，以光伏建筑一体化为代表的主动式措施也是重要的降低能耗的技术手段。

3　幕墙超低能耗系统的设计关注点

幕墙超低能耗的实现遵循以被动式技术为主，主动式技术为辅的原则。

3.1 被动式幕墙技术

3.1.1 减少太阳辐射的措施

（1）外立面遮阳

对于中国大部分地区，夏季隔热是主要考虑的因素。建筑本身通过不同朝向的立面自带的遮阳系统，能够有效减少太阳的辐射能量。

以佛山某项目为例，无遮阳和有遮阳情况下建筑受到的辐射量对比。

表 1　建筑收到的太阳辐射量对比

方位	无遮阳时的太阳辐射量（W·h/m²）	有遮阳时的太阳辐射量（W·h/m²）
东立面	812.76	440.35
西立面	938.93	405.36
南立面	1136.21	404.44
北立面	734.61	701.38

目前成熟的建筑遮阳系统包括建筑外遮阳、建筑内遮阳、中空玻璃遮阳等（图3）。其中建筑外遮阳效果优于建筑内遮阳。

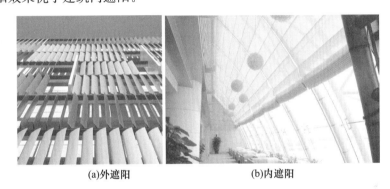

(a)外遮阳　　　　　　　　(b)内遮阳

图 3　室外遮阳及室内遮阳

同时外侧的遮阳可以采用电动遮阳系统（图4），配合传感器等控制系统，可以根据建筑物所在的地理位置、季节及当前时间，结合感应器采集的数据，通过智能分析，自动控制遮阳百叶的角度，保证最佳的遮阳效果。

图 4　电动遮阳

目前也出现了智能调光玻璃，调光玻璃是通过在玻璃之间设置液晶和燃料，通过通电和断电及电压的高低变化，控制液晶的排列，电压越高，液晶排列越整齐，对应的透光率越高（图 5）。

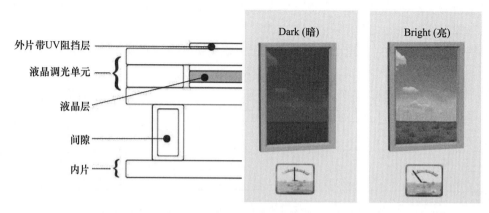

图 5 智能调光玻璃

（2）关于表皮材料吸热的控制

深色材料相比浅色材料，吸热会大大增加，在夏季时间比较长的地区，应避免采用深色建筑墙面。同时可以考虑采用绿植屋面或墙面，在提高美观性的同时，能够大大减少太阳辐射（图 6）。

图 6 新加坡绿植酒店

3.1.2 外立面采光

在兼顾保温隔热的基础上，增加透明部位的面积比例，如公共建筑单面采光时，窗墙比可提高到 0.35。同时控制玻璃的参数，采用高透光的玻璃，保证建筑的采光效果，减少采光引起的能源消耗。

3.1.3　建筑的自然通风

自然通风是利用室外风力造成的风压和室内外空气温度差造成的热压，促使空气流动，使得建筑室内外空气交换。自然通风能够通过空气流动，带走室内的热量和湿气，提高室内人员的舒适性。

自然通风开启扇应争取满足穿堂风形成的要求，尽可能地增加开启面积，加大室内流速。进风口应该设置在当地夏季主导风向一侧，以便能够最大限度、最长时间地使用自然通风。排风口应尽量靠近有害物源或有害物浓度高的区域，能把有害物迅速地从室内排除。

对于玻璃幕墙产品，上悬窗是目前的主流开启方式，内开窗因为外侧大的边框，在幕墙产品中应用很少。外平开及平推窗等因为安全原因，在特定条件下和一些地方规范中被限制使用。同时通风器和隐藏式开启也越来越多地应用在幕墙通风中，对于保证建筑的立面效果的完整有很好的效果（图7）。

图 7　将外侧装饰条和内侧开启结合起来的隐藏式开启

3.1.4　高性能外围护结构

作为高性能外围护结构，需要能够有效地隔绝热量，其中保温性能和气密性能是能量隔绝过程中最重要的因素。

（1）非透明部位保温性能保证措施

非透明幕墙的保温相对比较简单，基本是在实体墙上进行保温材料的铺设，保温材料的设置需要考虑以下几个因素。

①连续保温线的设计理念

保温材料与透明幕墙、女儿墙等交接部位是保温的薄弱环节（图8），要采用保温线的设计理念，确保保温材料的连续，宜采用单层保温，锁扣方式连接。当采用双层保温时，应采用错缝粘接方式；墙角处宜采用成型保温构建。

图 8　保温材料不连续及碎片化拼接

②穿透保温层的冷桥的处理

转接件等穿过保温棉的部位会形成冷桥（图 9），经过热工软件建模分析，单个转接件形成的冷桥相比没有转接件的部位，能量损失在 10％以上。

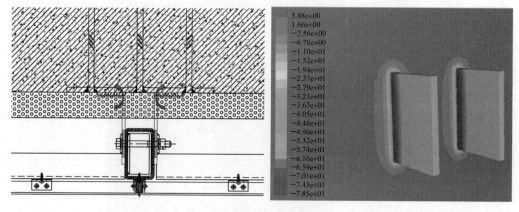

图 9　转接件冷桥分析

避免冷桥有如下措施：

①采用槽式埋件，转接件和埋件之间增加隔热垫块；

②立柱和转接件之间设置隔热垫块；

③采用保温棉将转接件外露部分进行包覆。

最终节点样式如图 10 所示。

③保温耐候性能的保证

避免保温材料受潮引起保温效果的降低（图 11）。幕墙在透明部位和非透明部位交接部位，需要进行完全的可靠的封闭，避免室内水汽进入。

对于窗系统，窗四周应在室内和室外分别设置防水隔气材料和防水透气材料，避免窗框四周进水引起的保温性能的降低。

（2）透明部位保温性能保证措施

透明部位隔热性能主要由以下因素控制。

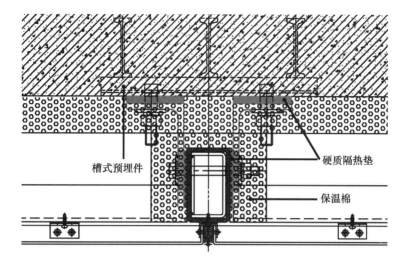

图 10　采用隔热措施的构造做法

图 11　保温棉受潮失效及室内封堵钢板碎片化拼接

①玻璃分格的大小

正常情况下，玻璃的分格越大，整体幕墙的热工性能越好，应在条件允许的情况下，减少幕墙的分格。

②玻璃的配置

玻璃的热工性能受很多因素影响，中空层、镀膜、间隔条等都会影响玻璃最终的热工性能。要实现超低能耗，玻璃的配置需要考虑中空、三银 Low-E、充氩气、暖边间隔条、真空玻璃等多种措施的组合（图 12）。目前已经有成熟的玻璃产品，可以将玻璃的传热系数降低到 0.42W/（m² · K）。

③框的热工性能

框是热工的薄弱环节，框的整体热工性能的提高需要系统性的设计。采用保温线的设计理念，避免出现冷桥是设计的基本思路。目前常规的采用普通隔热条的系统已经很难满足超低能耗的要求，在幕墙构造方面需要特殊考虑，如采用玻纤增强聚氨酯型材（图 13）。

（3）气密性能保证措施

气密性能表示幕墙在关闭状态下，建筑表皮的密封性能。密封性能好，能够减少内外空气的流动，避免不必要的能量损耗。建筑的气密性要求在室内外正负压差 50Pa 的条件下，每小时换气次数不超过 1 次。

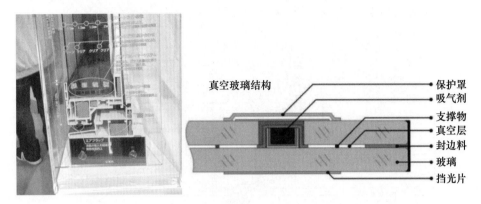

真空玻璃结构　保护罩　吸气剂　支撑物　真空层　封边料　玻璃　挡光片

图 12　多腔体玻璃及真空玻璃

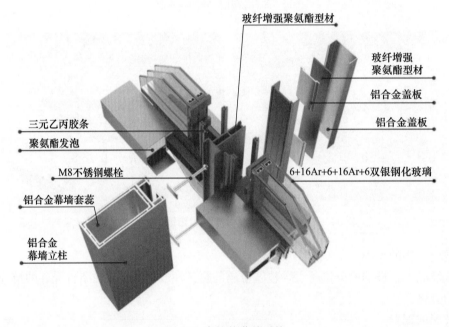

玻纤增强聚氨酯型材　玻纤增强聚氨酯型材　铝合金盖板　铝合金盖板　三元乙丙胶条　聚氨酯发泡　M8不锈钢螺栓　6+16Ar+6+16Ar+6双银钢化玻璃　铝合金幕墙套蕊　铝合金幕墙立柱

图 13　高性能幕墙系统

提高幕墙的气密性，有如下措施：

①密封材料的选择

密封胶、胶条、毛条是幕墙中常见的密封材料，其中密封胶的密封效果最好，胶条的密封效果次之，毛条的密封效果最差。应该避免使用采用毛条密封的系统，比如推拉窗系统（图 14）。

②多道密封措施的组合

单道胶条的密封效果不好，可以配合密封胶等措施提高密封性能，比如明框幕墙等。对于开启扇部位，多道密封胶条能够有效提高密封性能（图 15）。

③合理的系统设计

以单元幕墙为例，正常会设置三道密封措施，形成尘密封、水密封、气密封三道密封。

气密性主要依靠最内侧一道胶条进行密封。保证密封的连续,同时保证胶条适当的压紧,都能够有效提高系统的密封性能(图16)。

图 14　推拉窗系统漏水

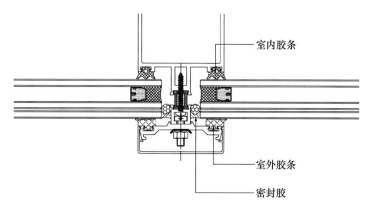

图 15　明框幕墙胶条和密封胶的组合密封措施

图 16　单元幕墙密闭体系

3.2 主动式幕墙技术——光伏建筑一体化

光伏建筑一体化是将光伏板作为建筑材料，固定在建筑表皮上，产生电能，用于本建筑自身的电力消耗的新技术。怎样将光伏完美融入建筑，在保证建筑使用功能和美观性的前提下最大限度地产生电能是目前光伏建筑一体化要努力的方向。

光伏建筑一体化不是简单地将光伏板安装到建筑立面，需要在以下方面进行重点考虑。

3.2.1 针对光伏的建筑方案设计

光伏对建筑的朝向、倾角等都有特殊的要求，比如上海地区最佳倾角为 22°。在建筑方案阶段就需要针对光伏系统的位置及建筑形体进行针对性的考虑。

3.2.2 光伏产品的选择

光伏建筑一体化相比于设置在屋顶上的独立的光伏板，其定制化属性更强，光伏产品需要针对建筑的特点进行尺寸、形式进行定制。传统的单晶硅产品已经很难满足建筑的需求（图 17），目前有越来越多的新型光伏产品出现，比如模拟砖墙、屋面新型光伏产品（图 18）、采用薄膜电池的光伏产品等。

图 17　早期单晶硅玻璃应用在幕墙上视觉效果不好

图 18　青砖黛瓦

还有一些产品和传统的建筑材料进行了结合，比如光伏 U 形玻璃（图 19）。

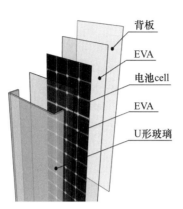

图 19　光伏 U 形玻璃

3.2.3　光伏与幕墙系统的融合

　　光伏面板可以采用和幕墙类似的连接方式。其加工组装可以在幕墙单位的工厂内完成。幕墙的立柱和横梁需要为光伏系统预留用于光伏管线的空腔（图 20）。

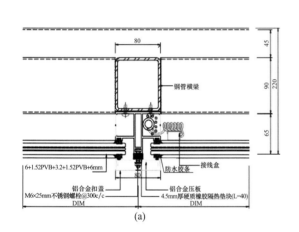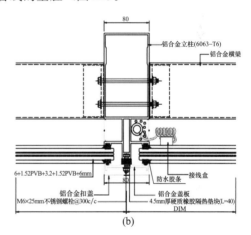

图 20　光伏幕墙系统

4　对未来超低能耗幕墙技术的展望

　　近些年，被动房、零能耗建筑等概念被提出，并在特定的建筑中得到了实现，相信随着各项技术的成熟和市场的驱动，会使超低能耗技术得到长足的发展。

　　如果我们对未来进行展望，超低能耗幕墙技术会产生哪些突破呢？

4.1　智慧化幕墙

　　幕墙是建筑的衣服，可以根据外界环境来选择不同的衣服，幕墙不具备随意更换性。相信未来的幕墙将可根据建筑整体的需要调整自身的采光、通风，并通过调整窗墙比等因素，使幕墙最大程度的节能。

4.2　光伏技术的突破

　　区别于目前光伏材料的局限性，未来光伏将渗透到幕墙的方方面面，光伏将有望实现对建筑的全包覆，最终作为建筑可发电的皮肤，成为智慧化建筑重要的组成部分。光伏和幕墙的结合将更加简单和高效。

4.3　替代玻璃的新型智能材料

很长时间以来，玻璃是透明部位的几乎唯一选择，因为玻璃的脆性特性及安装固定的需要，玻璃一般和铝型材、胶条等材料组合使用，来构成目前传统的门窗幕墙系统。相信随着科技的发展，会出现更加新型的透明建筑材料，有类似皮肤的属性，可以自动调节室内室外的空气流通，不需要开窗，且该材料有几乎绝热的属性，能够有效地控制室内室外的能量传递。

5　结语

人类的发展离不开能源，除了不断寻求更加绿色的能源，降低不必要的能源消耗也是保证人类可持续发展的必要手段。建筑的能源消耗占据了人类能源消耗的一大半，绿色建筑的发展刻不容缓，这依赖于建筑行业所有同仁的共同努力。超低能耗是人类在节能减排方面的重要尝试。作为幕墙设计师，我们要紧跟潮流，努力研发更加符合社会需求的绿色环保的幕墙产品，为人类的可持续发展做出自己的贡献。

参考文献

李殿起，魏梦举．超低能耗建筑中的幕墙连接结构传热分析及优化探索［J］．建设科技，2021，08．

作者简介

牟永来（Mu Yonglai），男，1968 年 9 月生，高级工程师，主要研究方向超高层及复杂建筑幕墙表皮的设计咨询与施工管理，现任华东建筑设计院幕墙工程咨询设计院院长。中国建筑金属结构协会铝门窗幕墙委员会专家组专家、全国建筑幕墙顾问行业联盟专家组专家、中国建筑装饰行业科学技术奖专家、上海市建委幕墙结构评审组专家。工作单位：华东建筑设计研究院有限公司；地址：上海市黄浦区四川中路 220 号；邮编：200002；联系电话：13788905158；E-mail：1477329048@qq.com。

李书健（Li Shujian），男，1984 年 5 月生，高级职称、一级建造师、中国建筑装饰协会科学技术奖专家、华东院幕墙工程咨询设计院总监；工作单位：华东建筑设计研究院有限公司；地址：上海市黄浦区四川中路 220 号；邮编：200002；联系电话：13776102802；E-mail：376150207@qq.com。

内置可调遮阳中空节能玻璃对建筑节能的贡献

徐海生

汉狮光动科技（广东）有限公司 广东佛山 528100

摘 要 建筑遮阳在欧美国家应用得十分普遍，有些欧洲国家几乎家家户户都用上了遮阳，记载着遮阳发展的历史足迹。而中国的建筑遮阳起步比较晚，并且结合我国的国情属于高层/超高层建筑居多，与欧美国家的建筑遮阳技术手段有着非常明显的区别。我国建筑遮阳市场非常大，年新建建筑量约占世界新建建筑量的 50%，这给了我国建筑遮阳行业一个发展契机，结合国外先进经验和自身实践经验，是能够赶上并与世界先进水平同步，并有机会达到世界领先水平。建筑外围护结构主要由外墙/楼板和门窗/幕墙组成，其中外墙/楼板作为不透明结构，以保温效果为先，保温效果越高越好。常见的保温技术如增加墙体厚度，改善墙体材料，增设外墙保温层等，已经得到了非常广泛和成熟的应用。而门窗/幕墙作为透明结构，则需要兼具保温和通风的功能，需要在冬夏冷暖的动态中调节建筑内部的舒适度。外遮阳系统作为门窗/幕墙系统的补充，已经独立出来，作为外围护结构建筑节能的新颖有效的手段。

关键词 外围护；节能技术；遮阳；中空玻璃

随着城市化的发展和设计水平的提高以及节能环保观念的增强，很多建筑都采用节能玻璃外墙。中空玻璃内置遮阳产品是传统的遮阳产品与新型技术的结晶，它具备了中空玻璃和遮阳产品的综合性功能，包括遮阳、保温、隔声、调节采光、防火、抗寒、私密性、节省空间、便于清理等。对于建筑玻璃节能，可以定义为在一定周期时间的条件下，使建筑能耗降到较低的程度下同时获得较好的热舒适度、照明舒适度和视觉舒适度。动态调节任何具有各种性能的功能玻璃，不管是超白玻璃还是高效选择性透光 Low-E 玻璃，由于其性能是不可改变的，都不可能同时满足一年四季，一天 24 小时建筑内对热舒适性和视觉舒适性的需求。建筑玻璃节能的关键在于对热辐射透过率和透光率的双向动态调节控制，只有这样才有可能最终实现"零耗能建筑"。

1 住宅建筑能耗分析

1.1 建筑能耗现状

根据中国建筑协会能耗统计专业委员会 2018 年 11 月发布的《中国建筑能耗研究报告》，建筑能耗占全国能源消耗的 20.6%，建筑碳排放占全国能源碳排放的 19.4%，并且住宅建筑碳排放量占比达到了 41%，还尚有增加趋势。经统计，电力仍是建筑碳排放的主要来源，并且全国建筑碳排放总量整体呈现出持续增长趋势，2016 年达到 19.61 亿 t，较 2000 年

6.68 亿 t，增长了约 3 倍，年均增长 6.96%。针对住宅建筑，冬冷夏热地区的节能改造是建筑节能的重点工作。随着城镇化水平的提高，住宅建筑比例将进一步扩大，而冬冷夏热地区是我国主要采暖特征之一，因此本文以冬冷夏热地区住宅建筑为例，分析外围护结构的节能技术。

1.2 采暖特征与住宅建筑特征

严格意义上讲，冬冷夏热地区由于地理特殊，并不是传统意义上的采暖区划，我国仅秦岭淮河以北区域进行了集中供暖，因此针对未集中供暖区域，节能设计、材料、取暖方式等多样化，导致冬冷夏热地区住宅建筑外围护结构形式各异，热工性能较差。由于冬冷夏热地区供暖期短，很难实现全空间集中供暖。然而，冬冷夏热地区在我国分布较广，部分区域夏季闷热多雨，冬季湿冷，年降水量大，从气候特点和历史情况看，该地区应加强建筑外围护结构的节能技术应用，以解决建筑能耗问题。住宅建筑，顾名思义是指供家庭居住使用的建筑，是人们休息和日常活动的主要场所，因此，住宅建筑构造的热工性能直接影响到人们的生产生活。

2 住宅建筑外围护结构节能构造设计

2.1 外窗构造节能设计

众所周知，门窗是住宅建筑外围护构件中热工性能最差的构造之一，其好坏关系着建筑室内的热舒适性和住宅能耗。考虑门的占比很少，因此本节以外窗为例，外窗是房间通风采光必不可少的构造，夏冬季传热方向不同，门窗的节能主要从传热系、遮蔽系数、空气渗透性以及可见光透过率等指标考虑。建筑节能设计主要从以下方面控制。

控制窗墙比。窗墙比主要由建筑朝向确定，外窗是建筑节能的软肋和短板，因此从节能角度出发，应限制窗墙比，窗墙比越大，建筑的能耗也就越多，在满足采光需要的前提下，应控制窗墙比。

提高窗户气密性能。窗户是否密封，直接决定了室内外冷热交换的途径与速度的不同，窗户的气密性能是影响能耗的重要方面，气密性并不是绝对的密不透风，达到要求标准即可，从节能角度看，可通过改善外窗与窗框的接触方式与密闭方式实现。

提高外窗保温性能。主要通过材质和构造形式实现，材质不同，保温性能不同，因此可选用保温隔热指标较好的材料。但构造形式的不同，能显著提高外窗的保温性能，例如可将薄壁实腹型构造替换为空心型构造，特殊条件下可采用多层中空构造。当然，也可从外穿遮阳方面入手，通过内遮阳和外遮阳或结合的手段，在天气炎热时，吸收入射的太阳热能，避免太阳辐射直接射入室内，有利于减弱对室内温度的影响，达到节能目的。

2.2 外墙构造节能设计

外墙是住宅建筑的主要构件之一，占比很大，是建筑内外环境进行能量交换的主要媒介，外墙的节能构造设计除墙体材料性能外，主要通过在不同位置设置保温层，常见的主要包括外墙外保温，外墙内保温和夹心保温形式（图 1）。

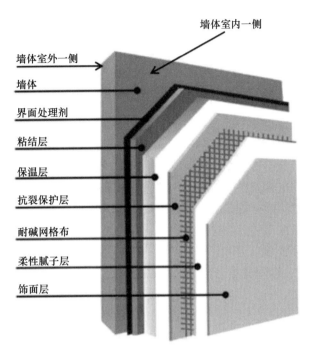

图 1　外墙保温

墙体室内一侧

墙体室外一侧

墙体

界面处理剂

粘结层

保温层

抗裂保护层

耐碱网格布

柔性腻子层

饰面层

3　内置可调遮阳节能玻璃性能

3.1　遮阳性能

内置可调遮阳中空节能玻璃（图 2），由于在中空玻璃中内置有不同的遮阳帘，不论其什么遮阳形式，遮阳帘面料的遮阳系数均可以选择。面料的遮阳系数可以低于 0.1。当遮阳帘关闭完全伸展时，通常都可以遮挡 60% 及以上的太阳辐射，夏季遮阳系数可以调节到 0.25 以下，满足建筑节能设计要求，可以降低 25% 空调制冷能耗，当遮阳帘开启或者收回时，其遮阳系数最大值可以达到玻璃的遮阳系数。在冬季可以同样满足遮阳系数大于 0.6 的建筑节能设计要求。通常可以降低 10% 的供暖能耗。如果对控制辐射得热有进一步要求时，中空玻璃还可以采用低辐射镀膜玻璃，镀膜面的辐射率可以达到 0.08～0.15，同时低辐射膜层对长波有较高的反射能力，从而将室内的长波能量反射回建筑中。中空玻璃也可以采用吸热玻璃，吸收的太阳光能可以转换为热能，通过对流进行扩散，减少进入室内的能量，中空玻璃还可以采用热反射镀膜玻璃，减少太阳能透射率。但一般中空玻璃配上遮阳帘已经可以满足使用的要求。

图 2　内置可调遮阳中空节能玻璃

玻璃

遮阳产品

玻璃

3.2　隔热性能

中空玻璃的隔热性能一般受空气层中的空气、空氧层厚度及气体导热系数的影响，现在在中空玻璃中置入遮阳帘，将会改变隔热性能。以内置百叶的 5＋19A＋5 中空玻璃为例。帘片全部闭合时传热系数一般在 2.47W/（m²·K），如果用传热系数更低的遮阳面料，将空气层分割为两部分，无论对空气层的传导还是对流都有所降低，隔热效果将有所提高。

3.3 安全性能

中空玻璃装置在铝合金窗中，其安全性表现在抗风压、气密性、水密性、防火性等方面。由于中空玻璃和铝合金窗采用硅胶密封，与其他外遮阳相比，抗风压，抗冲击力，气密性，水密性体现出明显优势，一般外遮阳只限于 20m 以下高度的建筑使用，如果超过 20m 必须经过遮阳设计校核。而目前使用可调遮阳中空玻璃铝合金窗，已经很安全地使用到 50m 以上的建筑中。由于内置可调遮阳玻璃的内置遮阳帘被玻璃保护，不会受楼层上方的烟头、火种及节日焰火、爆竹等影响，其防火性能是安全的。从安全性能的角度看，可调遮阳中空玻璃，特别适用于高层建筑和沿海建筑。

3.4 操作性能

目前的内置百叶中空玻璃基本上仍然采用磁控把手型式的手工操作（图3），操作者动作必须柔和，加速度不能过大，否则会出现把手脱落现象，对不了解操作要领的第一次操作者，往往造成失误。手控的区间受人体的身高和臂长制约，因而中空玻璃面积及尺寸受到制约，一般最大宽度或高度均不超过 2m，提高操作性能的出路在于电机驱动。如果采用电动驱动，电机的最小径向尺寸决定了中空玻璃空气层的最大厚度，为此，适合 16A、19A 的电机还需开发，应用成熟的遮阳帘电机其玻璃中空气层厚度将需要增厚到 21A、27A、60A。太阳能遮阳帘电机的光伏板与电机一体，初次使用可以利用太阳能充电也可以连接市电充电，充电后连接遮阳帘，电池工作时限可以 1～2h，由于遮阳帘电机是间歇式工作，每次 1～2min，电池拥有很大余量，可以在无光的时段里继续工作，光伏电板不需要太阳强辐射，只要有光亮的时间段就可充电蓄电，这种新能源驱动的内置可调遮阳节能玻璃，更节能、更安全、更方便，更便于操作。

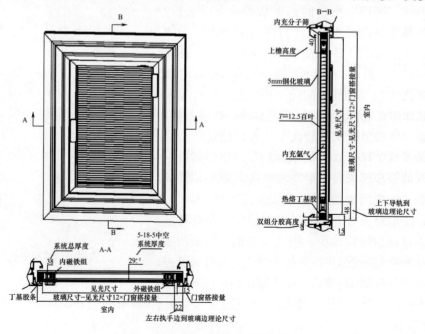

图3 内置百叶中控玻璃结构设计图

3.5　采光性能

可调遮阳节能玻璃中的遮阳可调，其伸展、收回、开启、闭合在很大范围内调节光线，理论上可以在全亮光到无光的区间内调整，适当的调节可以在遮挡太阳强辐射的同时确保室内的良好采光，不产生眩光还保持和室外优美自然的沟通，取得视觉舒适度。可调遮阳节能玻璃在采光性能上明显优于卷闸窗，同样也优于吸热玻璃和热反射膜玻璃，但由于这些遮阳产品的可见光透光率很低，导致室内采光不足，往往出现即使天气晴朗，室内也要开灯的现象。显然没有利用好太阳能，到了寒冷地区的冬季又无法有效地利用太阳能作为室内热源之一。作为镀膜中空玻璃有各种节能方式，其控制或减低辐射的节能方式是静态的、单向的，最佳的节能效果只是针对某个时段而言的，在实际使用中受地域、受季节影响，有一定局限性，而使用内置可调遮阳中空玻璃成为动态的、双向的，在一年四季综合节能效果上优于前者。在视觉舒适性方面，一般镀膜中空玻璃是有颜色的，颜色是固定的，而内置可调遮阳的是自然的，可以调节的。

3.6　机械耐久性能

中空玻璃是用硅胶、丁基胶等密封胶合片的，对内置遮阳帘的机械耐久性有较高的要求，所有的零部件都应该经受 10000 次操作循环以上的考验，对尺寸小的手动的遮阳帘要求伸展收回超过 30000 次，开启闭合超过 60000 次。绳子、面料、塑料件均要承受得起阳光强辐射。虽然中空玻璃往往经过钢化、双钢化、半钢化处理，但在特殊状况下，造成破损的可能性依然存在。破损后迅速采取售后服务响应最为重要，如果生产厂重新来上门量尺寸，量规格，再回去复制，这样修复的周期会很长。有的公司已经建立了追溯识别系统，或者芯片读码系统，一旦破损，通过物业管理，使用读码器就可以知道产品信息，如：生产公司、生产时间、产品款式、产品尺寸，可以在第一时间要求供应商搜索库存信息，尽快发运，安排人员上门修复，提供售后服务。尽管普通中空玻璃也会发生类似的问题，但内置可调遮阳节能玻璃具有不同规格、不同款式，虽已经具有相当的机械耐久性，采取更完善的售后服务，将增强使用者信心。

4　内置遮阳中空玻璃设计

4.1　内置遮阳中空玻璃

如图 4 所示，这款拉绳卷帘窗，包括框体、驱动组件、传动组件、卷帘组件。框体包括上框和侧框，传动组件设于上框内，侧框连接于上框的两侧，驱动组件包括拉手和卷绳，卷绳首尾连接并绕于拉手上，驱动组件还包括控制机构，卷绳的两端分别缠绕于拉手和控制机构上，卷绳能够在拉手和控制机构中循环移动，卷绳可以正向或反向移动。

驱动组件设于侧框的外部，驱动组件不与侧框连接，侧框上无须设有给拉手导向的导轨和凹槽。传动组件设于驱动组件和卷帘组件之间，用于使驱动组件能够带动卷帘组件。具体地，传动组件包括转向机构和齿轮组，转向机构设于上框内，控制机构与转向机构相连接，转向机构能够将卷绳的旋转方向转化为卷帘组件的旋转方向，转向机构与齿轮组连接，转向机构能够带动齿轮组进行转动，卷帘组件包括卷帘管和帘体，卷帘管的两端与齿轮组连接，卷帘管的侧部与帘体连接，卷帘管旋转时，能够带动帘体绕着卷帘管转动，卷绳带动转向机构旋转时，齿轮组能够带动卷帘管转动，卷帘管转动时能够带动帘体展开或卷收，从而实现对帘体的手动控制。

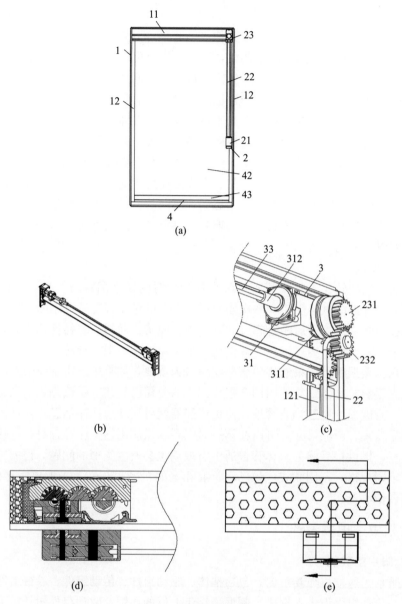

图 4　内置遮阳结构

4.2　拉绳卷帘传动装置

拉绳卷帘传动装置包括驱动组件和传动组件，驱动组件设于中空卷帘窗的中空玻璃的外侧，传动组件设于中空卷帘窗的中空玻璃的内侧，驱动组件包括卷绳、第一传动机构和第二传动机构，卷绳卷绕于第一传动机构上，第二传动机构与第一传动机构连接，第二传动机构上设有第一磁吸件，传动组件中有转向机构，转向机构包括第二磁吸件，第二磁吸件的位置与第一磁吸件的位置相对应，第二磁吸件能够跟随第一磁吸件转动。从中空玻璃的外部对卷帘机构进行控制，能够节省安装空间，而且操作便捷。

驱动组件设于中空玻璃的外部，传动组件设于中空玻璃的内部，传动组件包括转向机构和齿轮组，转向机构设于上框内，控制机构与转向机构相连接，转向机构与齿轮组连接，组件包括卷帘管和帘体，两端与齿轮组连接，侧部与帘体连接，齿轮组能够带动卷帘管转动，卷帘管转动时能够带动帘体展开或卷收。

从价格角度看，可调遮阳中空玻璃和Low-E玻璃（图5、图6）作比较，使用内置百叶中空玻璃比中空Low-E玻璃增加320元/m²，通常一半的窗，需要增加遮阳设施，如果一半

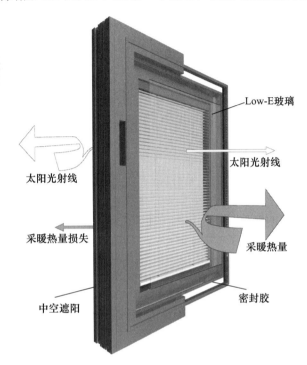

图 5 中空内置遮阳玻璃

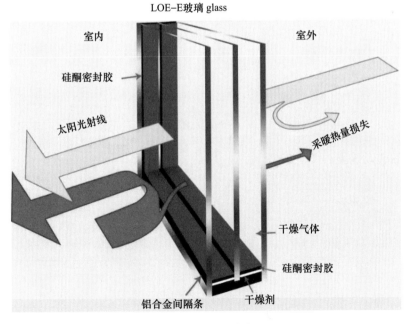

图 6 Low-E 玻璃

使用内置中空玻璃窗，那就只增加 110 元/m²，如果以 6m² 建筑面积使用 1m² 窗计算成本，即每 1m² 建筑面积增加 18 元。相对于节能效果，这个增加的成本完全可以在以后使用的成本中收回。

5 结语

在建筑遮阳系统中，主要分为内遮阳和外遮阳两类。外遮阳能更有效地阻挡辐射热，因此被认为是最有效地遮阳形式，在欧美国家广泛应用。与之相比内遮阳更偏向私密性，功能性和装饰性，其节能属性弱化。传统的外遮阳产品有室外铝合金百叶帘、室外织物帘/篷、室外铝合金硬卷帘等。内置可调遮阳中空节能玻璃作为一种比较新颖的外遮阳产品，已经在江苏、上海、福建等地进行了项目实践，其节能效果和美观性等优点得到了用户的普遍认可。

参考文献

[1] 许伟平，徐静涛，王宁生，等．辐射制冷外围护结构综合节能技术研究[A]．2020 国际绿色建筑与建筑节能大会论文集[C]．北京：中国城市出版社，2020：418-422.
[2] 牟文瑶．热致调光中空玻璃在重庆地区的适用性研究[D]．重庆大学，2020.
[3] 郝慧敏，赵宇飞，籍存德，等．冬冷夏热地区住宅建筑外围护结构节能技术研究[J]．居业，2020（01）：102-103.
[4] 李昊．内置透明薄膜多腔中空玻璃的热工性能研究[D]．华南理工大学，2019.
[5] 任世伟，刘翼，赵春芝，等．遮阳中空玻璃的检测及优化设计[A]．第九届无机材料结构、性能及测试表征技术研讨会（TEIM2018）摘要集[C]．2018：19.
[6] 李卉欣，刘雄心．民用建筑外围护结构节能施工技术研究[J]．企业科技与发展，2018(05)：139-141，144.

建筑节能新趋势下的铝木复合门窗技术应用

夏双山

北京金诺迪迈幕墙装饰工程有限公司　北京　102616

摘要　铝包木门窗中的木型材需满足铝包木门窗系统对木型材断面设计的基本要求，同时还需满足铝包木门窗在被动式建筑使用上需要的结构强度和保温性能。目前国内被动式门窗用型材传热系数 K 值不高于 $1.3W/（m^2 \cdot K）$。为达到这个设计要求，被动式铝包木门窗的木型材主要通过增加木材厚度，木材和保温复合材料压合，木材和保温复合材料弹性链接或者空腔设计等多种构造方式解决。

关键词　被动式铝包木门窗；木型材；构造

1　前言

　　木材作为一种基础原料，具有低导热性，良好的隔声性等特点，但处理不当，木材会出现弯曲，扭曲等现象，从而影响门窗的正常使用。本文将从木材特性以及被动式铝包木门窗的生产和使用场景出发，就如何合理地设计、生产用于被动式铝包木门窗用的木型材进行描述，从而为铝包木门窗在被动式建筑中的使用提供理论依据。

2　铝包木门窗用木材

　　木材作为一种可再生的自然资源，其具有低导热性、良好的隔声性、易加工等特点。全球已知的木材种类多达数万种，且由于种类、生长地域、环境不同，木材的质地、纹理、吸水性、热传导性等性能也不同。因此根据门窗特殊的使用场景，需要选择相应的木材种类和材质生产加工铝包木门窗。德国 VFF HO.02：2008-12 和 VFF HO.06-1/2 规范中对可用于德系铝包木门窗中的木材种类和木型材质量要求进行了规定，其中例举了适用于加工铝包木门窗的 10 种针叶林种类和 23 种阔叶林种类。同时由于各种木材树种的密度不同，其导热系数和弹性模量也有差别。

　　根据德国 DIN 68364 标准，表 1 列出铝包木门窗中常用的木型材种类的基本物理参数。

表 1　铝包木门窗常用木型材基本物理参数

木材种类	密度（kg/m³，含水率平均值 12%±2%）	弹性模量 E（N/mm²）	抗拉强度（N/mm²）	抗弯强度（N/mm²）	导热系数 [W/（m·K）]
赤松（针叶林）	560	11.000～12.000	100～104	80～100	0.127
樟子松（针叶林）	540	11.000～12.000	98～104	85～100	0.126
云杉（针叶林）	470	10.000～11.000	80～90	40～50	0.083

续表

木材种类	密度（kg/m³，含水率平均值12%±2%）	弹性模量 E（N/mm²）	抗拉强度（N/mm²）	抗弯强度（N/mm²）	导热系数［W/（m·K）］
落叶松（针叶林）	590	12.000～13.800	105～107	47～55	0.182
白橡（阔叶林）	690	11.700～13.000	90～110	52～65	0.223

3 铝包木门窗用木型材的结构形式

木材本身是一种不均质的基础材料，木材中的水分会随着周围环境的变化而发生改变，水分的变化和木材干缩率的不同会使木材出现弯曲、扭曲等变形现象。因此控制木材中水分的任意吸收和流失以及针对木型材进行合理的结构设计可以有效防止木型材的变形。目前，从结构设计上防止木型材变形，铝包木窗的木型材主要构造形式是单层指接和多层粘结压合（3 层以上）的工艺方式，同时多层压合构造时尽量选择径切纹理板作为外层表板，使木型材更稳定。

图 1 例举的是木门窗型材的结构形式。

图 1 多层结构木型材

4 铝包木门窗用木型材的表面处理

木型材含水率高于 20% 时，真菌容易在其体内进行繁殖，从而导致木材出现霉变、腐烂等现象。有效控制木材中水分的任意吸收和流失，是确保铝包木门窗用木型材质量的关键因素。实现这一质量保证的重要技术手段是采用木材的表面处理材料——水性漆进行防腐处理。一般铝包木门窗用木型材都采用 2 底 2 面的水性漆施工工艺，德国 HO.06-2/A1：2007-10 的标准要求木型材可视面（可接触到紫外线）的漆膜干膜厚度不低于 $80\mu m$。非可视面（接触不到紫外线）的漆膜干膜厚度不低于 $50\mu m$。只有达到这个标准才可保证木窗在正常使用情况下具有 20 年以上的使用寿命。

5 被动式铝包木门窗中的木型材设计

被动式门窗整体门窗传热系数 K 值低于 1.0W/（m²·K），其中要求型材 K 值低于 1.3W/（m²·K）。木型材的设计方面可通过增加木型材厚度、添加保温复合材料以及空腔设计来实现，这三种设计解决方案在实施过程中需要考虑型材的胶合强度、结构强度以及木型材在门窗使用中和五金、胶条等之间的配合。

5.1 纯实木被动式木型材构造

纯实木被动式木型材是通过单纯增加木型材的厚度来实现提高型材保温性能，此设计方案充分利用木材具有低导热性的优势。一味地提高木型材的厚度，增加了门窗的设计难度，特别是当窗扇面积较小的情况下，如果门窗断面设计不合理，开启或闭合过程中易出现型材与胶条刮蹭等现象。

图 2 为纯实木被动式木型材节点图，木结构总厚度为 102mm，传热系数 U_f 值能到达 $1.05\text{W}/(\text{m}^2 \cdot \text{K})$。

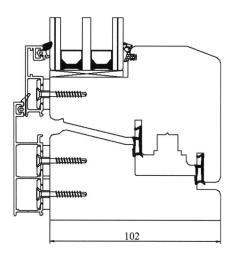

图 2 纯实木被动式木型材节点图

表 2 根据 DIN4108 T4 标准给出了针叶林和阔叶林中有代表性的四种木材生产的木型材的传热系数，IV56 代表木型材厚度为 56mm，结构形式 18＋20＋18（mm）代表型材为三层压合，每层厚度分别为 18mm、20mm、18mm。由于不同木材的导热系数不同，同样厚度的木型材达到的保温效果不同。

表 2 四种木材生产的木型材传热系数表   mm

纯实木结构	参数	IV 56	IV 68	IV 78	IV 88	IV 92	IV102	IV112
赤松/樟子松〔导热系数 λ0.13W/（m·K）DIN 4108 T4〕	结构形式	18＋20＋18	22＋24＋22	22＋17＋17＋22/26＋26＋26	24＋20＋20＋24/30＋28＋30	23＋23＋23＋23/31＋30＋31	26＋25＋25＋26/34＋34＋34	28＋28＋28＋28/38＋36＋38
	保温系数〔W/（m²·K）〕（U 值）	1.66	1.44	1.31	1.18	1.14	1.05	0.97
白橡/红橡〔导热系数 λ0.22W/（m·K）DIN 4108 T4〕	结构形式	18＋20＋18	22＋24＋22	22＋17＋17＋22/26＋26＋26	24＋20＋20＋24/30＋28＋30	23＋23＋23＋23/31＋30＋31	26＋25＋25＋26/34＋34＋34	28＋28＋28＋28/38＋36＋38
	保温系数〔W/（m²·K）〕（U 值）	2.22	1.96	1.79	1.64	1.59	1.47	1.37

上述传热系数采用的是欧洲所使用的 U 值，有别于国内使用的 K 值。
IV 代表木型材厚度。

通过表 2 可以看出如果要达到型材传热系数 K 值小于 $1.3\text{W}/$（$\text{m}^2 \cdot \text{K}$），使用赤松或者樟子松作为原料的木型材厚度最少要达到 88mm。

5.2 实木和复合材料复合压合构造

实木和保温复合材料复合压合是通过在多层木型材压合过程中加入和木材干缩比相近但导热系数更低的保温材料。此设计方案可以在不增加木型材厚度的情况下，大大提高木型材的保温性能。但是，由于不同材质之间进行多层胶合，需要考虑其他材质和木材在胶合过程以及后期使用过程中的兼容性和稳定性。在保证木型材的传热系数的同时，兼顾型材的结构强度。

图 3 在实木之间压合保温复合材料结构形式的节点图，27mm 厚木材＋24mm 厚复合保温材料＋27mm 厚木材，若选用 24mm 厚 Purenit M 550 作为保温材料，传热系数 U_f 值能达到 $1.08\text{W}/$（$\text{m}^2 \cdot \text{K}$）。

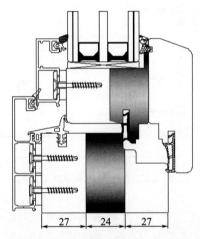

图 3　实木之间压合保温复合材料结构形式的节点图

表 3 中根据 DIN4108 T4 标准给出了红松/樟子松和欧洲常用的三种木型材用保温材料（高强度 XPS、Purenit M 550、Puren RG 200）复合压合后的传热系数。18＋20＋18（mm）代表型材为三层压合，每层厚度分别为 18mm、20mm、18mm。由于不同木材的导热系数不同，同样厚度的木型材达到的保温效果不同。

表 3　三种木型材用保温材料复合压合后传热系数表

赤松/樟子松〔导热系数 λ 为 0.13W/（m·K）DIN 4108 T4〕	参数	IV 68	IV 78	IV 88	IV 92
纯实木结构	结构形式	22＋24＋22	26＋26＋26	30＋28＋30	24＋22＋22＋24
	传热系数（U 值）	1.44	1.31	1.18	1.14
实木加高强度 XPS 保温板〔导热系数 λ 为 0.03W/（m·K）〕	结构形式	22＋24＋22	27＋24＋27	32＋24＋32	34＋24＋34
	传热系数（U 值）	1.10	1.01	0.94	0.91
实木加 Purenit M 550〔导热系数 λ 为 0.07W/（m·K）〕	结构形式	22＋24＋22	27＋24＋27	32＋24＋32	34＋24＋34
	传热系数（U 值）	1.17	1.08	0.99	0.97

赤松/樟子松〔导热系数λ为 0.13W/（m·K）DIN 4108 T4〕	参数	IV 68	IV 78	IV 88	IV 92
实木加 Puren RG 200〔导热系数 λ 为 0.04W/（m·K）〕	结构形式	22＋24＋22	27＋24＋27	32＋24＋32	34＋24＋34
	传热系数（U 值）	0.90	0.84	0.79	0.77

上述保温系数采用的是欧洲所使用的 U 值，有别于我国使用的 K 值。

IV 代表木型材厚度，IV68 代表型材厚度为 68mm，以上表格的传热系数为根据 DIN4108 T4 标准测试出的 U_f 值。

5.3 实木和复合材料弹性链接构造

实木和复合材料弹性链接构造是在不改变木型材结构的情况下，在门窗系统设计时单独用螺丝或卡扣的形式将木型材和保温材料链接。此设计方案可以在不改变木型材自身厚度的情况下，大大提高木型材的保温性能。但是，由于是在现有型材通过螺丝或者卡扣等弹性链接方式和保温材料相连，增加了型材的厚度，对开启窗扇面积较小的门窗的设计增加了设计难度。

图 4 为实木和复合材料弹性链接的节点图，其中木型材厚度为 68mm，若选用 24mm 厚 Purenit M 550 作为保温材料，保温系数 U_f 值能达到 0.97W/（m²·K）。

表 4 中根据 DIN4108 T4 标准给出了红松/樟子松和欧洲常用的三种木型材用保温材料（XPS、Purenit M 550、Puren RG 200）与复合材料弹性链接后的传热系数。18＋20＋18（mm）代表型材为三层压合，每层厚度分别为 18mm、20mm、18mm。由于不同木材的导热系数不同，同样厚度的木型材达到的保温效果不同。

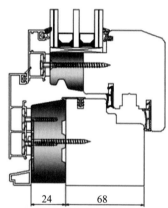

图 4 实木和复合材料弹性链接节点图

表 4 三种木型材用保温材料与复合材料弹性链接后的传热系数表

赤松/樟子松〔导热系数 λ0.13W/（m·K）DIN 4108 T4〕	参数	IV 68	IV 78	IV 88	IV 92
纯实木结构	结构形式	22＋24＋22	22＋10＋24＋22	24＋20＋20＋24	24＋22＋22＋24
	传热系数（U 值）	1.44	1.31	1.18	1.14
实木加高强度 XPS 保温板〔导热系数 λ 为 0.03W/（m·K）〕	结构形式	68＋24	78＋24	88＋24	92＋24
	传热系数（U 值）	0.91	0.85	0.80	0.78
实木加 Purenit M 550〔导热系数 λ 为 0.07W/（m·K）〕	结构形式	68＋24	78＋24	88＋24	92＋24
	传热系数（U 值）	0.97	0.9	0.84	0.82
实木加 Puren RG 200〔导热系数 λ 为 0.04W/（m·K）〕	结构形式	68＋24	78＋24	88＋24	92＋24
	传热系数（U 值）	0.77	0.73	0.69	0.68

上述保温系数采用的是欧洲所使用的 U 值，有别于国内使用的 K 值。

5.4 空腔式木型材构造

空腔式木型材是在木型材的结构中引入空腔设计概念，结合木材本身的低导热性以达到更好的保温效果。此设计方案可以在不增加木型材厚度的情况下，提高木型材的保温性能。但是，由于采用空腔设计理念，型材的结构强度受到影响，在进行木型材结构设计时需要考虑木型材在门窗使用过程中的结构承重系数和抗风压能力，以及门窗组角时的角部强度等因素。

图 5 空腔式木型材节点图（型材厚度为 68mm，保温系数 U_f 值可达到 1.12W/（m^2·K））。

上述保温系数采用的是欧洲所使用的 U 值，有别于国内使用的 K 值。

空腔式木型材，型材空腔设计断面不同，木型材达到的保温性能也各有不同，表 5 是按照德国诺卡木业有限公司设计的断面由德国 IFT 测量得到的数据。

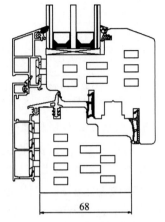

图 5 空腔式木型材节点图

表 5 空腔式木型材传热系数表

赤松/樟子松［导热系数 λ 为 0.13W/（m·K）DIN 4108 T4］	参数	IV 68	IV 78	IV 88	IV 92	IV102
纯实木结构	结构形式（mm）	22＋24＋22	22＋17＋17＋22/26＋26＋26	24＋20＋20＋24/30＋28＋30	23＋23＋23＋23/31＋30＋31	26＋25＋25＋26/34＋34＋34
	保温系数［W/（m^2·K）］	1.44	1.31	1.18	1.14	1.05
空腔式木型材	结构形式（mm）	22＋24＋22	22＋17＋17＋22/26＋26＋26	24＋20＋20＋24/30＋28＋30	23＋23＋23＋23/31＋30＋31	26＋25＋25＋26/34＋34＋34
	保温系数［W/（m^2·K）］	1.12	1.04	0.97	0.94	0.88

表 5 中保温系数采用的是欧洲所使用的 U 值，有别于国内使用的 K 值

5.5 其他高保温木型材构造

除以上四种形式构造作为解决方案外，为满足不同使用场景需求还可以将以上四种构造形式组合使用，例如空腔型材设计加保温材料等，用于被动式建筑中铝包木门窗的木型材。

6 被动式铝包木门窗木型材的使用

目前国内大部分的铝包木门窗生产企业一般生产 IV78、IV68 或者 IV58 系列产品，此三系列木型材中木材厚度分别为 78mm、68mm 和 58mm，在不采取其他技术措施的情况下，即使采用保温系数低的樟子松或者红松，传热系数 U_f 值在木材厚度 78mm 的情况下为 1.31W/（m^2·K），仍然无法满足被动式门窗的设计要求。

基于目前国内被动式门窗整窗 K 值不高于 $1.0W/(m^2 \cdot K)$，以及型材保温系数 K 值不高于 $1.3W/(m^2 \cdot K)$ 的技术要求，铝包木门窗企业如不改变原有门窗系统设计，可直接采购采用木材空腔设计或者实木和复合材料复合压合型材设计的木型材。但使用这种构造的木型材，门窗企业需和木型材生产企业确定木型材的设计断面，以保证木型材的结构强度和胶合强度。如采用增加木材厚度或实木和复合材料弹性链接，门窗企业则需要对门窗截面进行重新设计，以保证门窗使用过程中不出现胶条与型材剐蹭等现象的出现。

浅析窗纱一体平开窗演变史

邱建伟

广东新合铝业新兴有限公司　广东云浮　527400

摘　要　本文主要介绍了窗纱一体平开窗的概念、纱网的种类、使用方法，对窗纱一体平开窗的结构演变作出分析，通过对各种形式的窗纱一体结构性能、性价比的论述，探寻未来门窗的发展方向。

关键词　窗纱一体平开窗；隐藏排水；金钢纱网

　　窗户在我国有着几千年的悠久历史，随着工业化时代的到来，钢窗、铝窗、塑钢窗、断桥铝窗等也曾陆续主导了门窗市场，赢得了各自的黄金时期。随着经济水平的提高，人们对窗户的要求也越来越高。门窗不再只是起通风、采光、保温的作用，也为我们的生活增添了别样的色彩。就目前来看，窗纱一体平开窗得到了广泛的应用。

　　窗纱一体平开窗是指在铝门窗基础上，为了提高窗的防蚊防盗性能，从而推出的铝门窗系列，从最开始普通的内纱外扇、内扇外纱的形式变化到现在市场的上的断桥窄边窗纱一体形式。其具备普通断桥铝合金门窗的所有优点，良好的隔声隔热效果、高级别的水密性和气密性，还能防蚊防盗，实现完美的家居体验。本文主要回顾窗纱一体平开窗的发展史，探寻未来窗纱一体平开窗的发展方向。

1　第一代外挂式纱窗

　　从20世纪90年代开始，铝合金门窗从国外进入中国，历经一系列优化，于2004年开始推行断桥铝合金平开窗。国家为其制定了各项标准，以确保门窗的性能满足建筑的使用要求。但是在人们日常生活中，尤其是南方地区夏季，温度较高，生活住宅区容易滋生蚊虫，如果打开门窗就会有蚊虫骚扰，紧闭门窗则不能起到很好的空气流通作用。为此，人们引用外挂式纱窗设计，解决蚊虫烦恼的同时还可以防止风将垃圾或杂物吹进室内，进行适度阻隔。主要形式如图1、图2所示。

　　图1为外平开窗＋内固定纱窗形式，固定纱窗采用四边框中间纱结构，因执手在室内，需要避开执手位，常见形式为三折式纱窗或者预留孔位形式。图2为内开窗＋外固定纱网形式。采用螺丝固定，纱窗无法开启。两款形式平开窗与纱窗之间无直接结构关联，一款纱窗可安装在不同系列的窗户上，视觉效果呈现凸出形态。目前外挂式纱窗仍具有一定市场。

　　优点：可在交付的商品房窗户上自行增加，无须拆除原有窗户，价格便宜，结实耐用。

　　缺点：从外形上看有些老旧，采光效果不好，无法开启，清洗不便，尤其是在紧急情况下无法起到逃生窗作用。

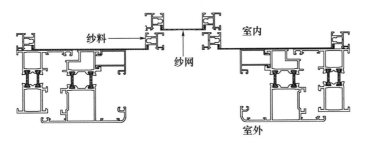

图 1   外开窗＋内固定纱网

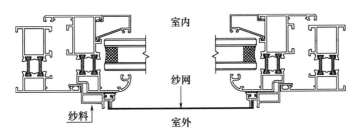

图 2   内开窗＋外固定纱网

2   第二代窗纱一体

随着人民生活水平的提升，自有建筑数量的提升，越来越多人希望在安装门窗的过程中能够一步到位，一体式窗纱孕育而生。一体式窗纱是指平开窗在设计时有与纱窗配合的结构，从视觉感官展现上而言，指的是玻扇、纱扇合二为一共同构成窗扇系统，纱窗是平开窗的一部分，满足门窗性能要求，外观整体美观，主要形式如图 3、图 4 所示。

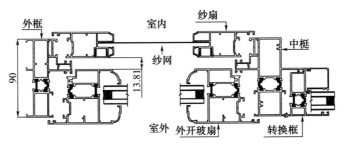

图 3   外开窗纱一体

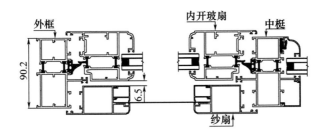

图 4   内开窗纱一体

图 3 为玻扇外开、纱扇内开形式，在南方较为常见。图 4 为玻扇内开、纱扇内开形式，在北方较为常见。两者的共同点是纱扇料均采用与玻扇料相同五金槽口，为标准 C 槽，有利于方便选配五金。

优点：（1）率先提出玻扇与纱扇共用边框的设计，表面处理方式一致，满足对高颜值的追求。（2）率先选用金钢纱网，线径 0.8mm 的 304 不锈钢丝加上纵横交错的构造，具有强度高、抗冲击力强的特点，在起到防蚊、防虫效果的同时还能起到防盗的作用，提高门窗的整体安全防护性能。（3）易于清洗，纱窗方便拆洗且不会损坏，用吸尘器或者毛刷稍加护理即光亮如新，寿命是普通纱窗的 10 倍。

缺点：（1）玻扇与纱扇之间执手位安装间隙较小，90 系列执手间隙一般只有 15mm，只能安装隐藏式执手，尤其是外开玻扇时，执手操作不便捷。（2）型材种类较多，加工制作复杂，尤其是玻扇外开、纱扇内开形式，由于中间有条筋，导致安装固定玻璃时需要增加副框才能保证玻璃从室内安装，成本较高。（3）玻扇内开、纱扇外开时排水途径不够顺畅，雨水不能很好地排出。

在第二代窗纱一体的基础上，针对其型材种类多，加工制作复杂的特点，门窗加工商为了减少库存，增加型材通用性，特推出升级版。升级版采用外框与中挺同一型材设计，减少库存压力，同时通过增加不同小辅料，用最小的成本实现内平外不平、内外齐平等外观效果，满足了不同客户层次需求，如图 5 至 7 所示。

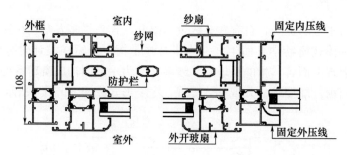

图 5　外开窗纱一体升级款

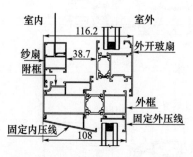

图 6　外开窗纱一体——内平外不平

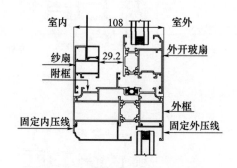

图 7　外开窗纱一体——内外平

缺点：由于固定玻璃处室外部分采用后装压线形式密封。制作安装水平的差异化使得部分窗户在外压线对接处密封不良，导致防水性能不佳，雨水渗漏到室内。

3 窗纱一体系统窗

随着系统门窗的推行及市场对高性能门窗需求的增加。窗纱一体不仅考虑型材成本和加工方式，更多的从型材装配、五金配件、密封系统、加工工艺、门窗功能等方面综合考虑，精心设计每一处结构和细节，使其具有优越性能、经济实惠、造型美观的优点，适应中高端家装市场的需求。

3.1 外开窗纱一体系统

如图8和图9所示，目前中高端市场占比最大的外开窗纱一体系统，集安全防护为一体，具有良好的隔声隔热效果，高级别的水密、气密性能，满足客户对窄边风格的追求及对窗户多功能性的要求，实现完美的居家体验。

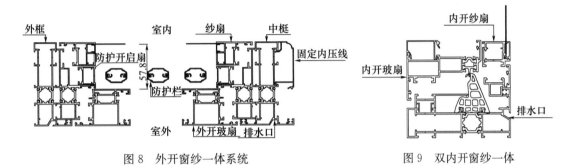

图 8 外开窗纱一体系统　　　　图 9 双内开窗纱一体

优点：（1）具备外开（图8），双内开（图9）两种开启形式。此系列是以外开、南方地区使用为主，但是在某些房间如厨房等不适宜采用外开形式时，可以采用双内开形式，框料材料通用，通过更换扇料的形式实现不同开启方式，减少制作、库存压力；（2）采用隐藏式无障碍排水设计，雨水自然倒流，排水无缺陷，三道密封，隔声、气密性能显著提升，隐藏式副框设计视觉美观，内外平框设计满足潮流需求；（3）集玻璃扇、纱扇、防护格三位一体，防护格可向室内开启，可配下沉式薄基座执手，可配钥匙锁闭，防止儿童开启，为安全家居提供强有力保障。玻扇可搭配50mm高的大执手，使用便利，开启无阻力；（4）20mm宽隔热条加上 5＋20A＋5（mm）玻璃，提高隔热保温性能，内固定压线采用仿幕墙式外观，外形美观大方。

3.2 双内开窗纱一体系统

目前北方市场占比最大的双内开窗纱一体系统（图10），玻扇与纱扇均向室内侧开启。纱窗安装空间决定纱窗厚度，纱窗厚度决定五金件尺寸。欧标 C 槽需要至少 23mm 以上的空间，成本较高，为了降低成本，设计时尽量减小现有纱窗的尺寸，尺寸五花八门，安装非标传动件，造成市场上型材配件不通用，后期更换困难的问题。

优点：实现了玻扇与纱扇均向内开的使用功能，具有优秀的气密、水密性能。

缺点：为留出空间安装内开纱扇，设

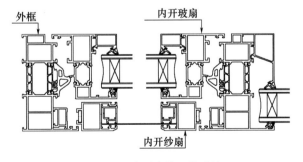

图 10 双内开窗纱一体系统

计时将外框宽度增加，减小扇料室外侧型材厚度，开启扇料所穿隔热条较外框更小，要使整窗 K 值降低，需要加大外框尺寸，整窗成本大幅度提高。

4　窗纱一体系统的设计思路

在市场上，除了上述几种市场占比大的系统外，还有其他不同设计，如隐形纱网窗纱一体，折叠纱窗等，都是设计师们在满足门窗功能的同时进一步满足不同消费群体的市场需求。设计窗纱一体平开窗时的注意事项。

4.1　隔热性能

在未来国家大力推行超低能耗建筑，实行双碳目标的情况下，窗纱一体平开窗在降低建筑能耗的工作中起到关键作用。因此，设计时需要遵循等温线垂直原则，窗扇与窗框隔热条一致。尤其是玻璃的位置需与隔热条相对齐，这样才有利于降低整体门窗的 K 值。

4.2　抗风压性能

现在窄边市场越来越受到消费者青睐，而窗纱一体平开窗大部分是在封阳台中使用，整体窗型大，尤其是常常采用大尺寸固定玻璃设计，这让我们在设计型材时必须考虑中梃的抗风压能力，不能一味追求极窄的视觉效果。

4.3　型材简洁，配件通用

设计型材断面时，考虑型材通用性，通过不同的组合达到特定的功能，降低厂商生产难度与库存压力。

五金、胶条等配件全系列通用，国内一般采用欧标槽与五金件结合。五金件运行流畅，启闭灵活。五金件需要人性化设计，照顾小孩、老人等弱势群体的使用。

4.4　整体配合良好

窗纱一体系统的结构是由型材、五金件、玻璃、角码、密封胶条组合而成，每一个环节的不足都将导致最终成品性能不佳，这就需要我们保证各个部分均采用高性能指标要求的材料、工艺，才能确保生产出来的门窗是优质产品。

5　总结

窗纱一体平开窗以其优异的气密、水密性能及防蚊防盗性能获得市场的青睐，这是一代代门窗的更新迭代中取得的成果，促进了整个门窗行业的提升。随着未来社会的发展，国家加快绿色低碳建筑产业的发展，以及智能化时代的到来。未来的门窗将越来越多地超出自身使用价值范围得到价值延伸。除了采光、排水、气密等基本性能外，将更多地追求美观性，实用性，未来的门窗可能发展方向是根据天气自动调节的智能门窗产品。

参考文献

［1］　中华人民共和国国家市场监督管理总局．铝合金门窗：GB/T 8478—2020［S］．北京：中国标准出版社．2020：3．

［2］　住房和城乡建设部标准定额研究所．建筑系统门窗技术导则［M］．北京：中国建筑工业出版社，2020．

［3］　阎玉芹，李斯达．铝合金门窗［M］．北京：化学工业出版社，2015．

作者简介

　　邱建伟（Qiu Jianwei），男，1990 年 6 月生，金属材料工程师；工作单位：广东新合铝业新兴有限公司（Guangdong Xinhe Aluminum Xinxing Co.，Ltd.）；地址：广东省云浮市新兴县新城镇新成二路 3 号；邮编：527400；联系电话：13824512479；E-mail：495697894@qq.com。

采暖地区建筑外窗节能与室内
舒适度的关系

李江岩　李冠男　李之毅

上海茵捷建筑科技有限公司　上海　201900

摘　要　本文从外窗室内玻璃表面结露和挂冰现象入手，根据热工学原理以及我国实际气候条件，详细分析了室内外温度，空气相对湿度的影响，提出外窗的保温对室内舒适度的关键作用，而外窗的保温是由传热系数大小决定，根据这些影响因素，因地制宜，推导出几个采暖地区外窗传热系数的具体参数，以满足居住环境的舒适度，并举出了既能保持室内舒适度又节能环保的外窗应用实例，可与新建零能耗建筑接轨。

关键词　热流量；热损失；冷辐射；室内舒适度要素；空气相对湿度；窗室内表面不结露、不发霉的温度；窗框与整窗的传热系数

1　前言

　　节能降碳、绿色环保是我国的基本国策，全国城镇 2018 年采暖能耗为 2.1 亿吨标准煤，二氧化碳（CO_2）等污染气体排放总量为 3.5 亿吨，相当于 3500 亿立方米，而采暖产生的 70％ 的热量由于建筑外窗的保温性能低而流失，因此，提高建筑外窗的保温性能对行业来说是重要的责任和义务，也是创新发展的机遇。

　　本文吸收了德国"被动房"建筑的理念。由于德国地处中欧，受墨西哥暖流影响空气相对湿度较大，约为 65％，气候潮湿，而我国为大陆气候，采暖地区空气湿度较小，气候干燥，因此不能生搬硬套德国理论，应结合我国气候特点因地制宜采取措施。

2　建筑外窗热损失的起因

　　在冬季采暖期，居民早上常会见到建筑外窗室内玻璃表面有露水，靠近建筑外窗会感觉凉，有不舒服的感觉，往往以为供暖温度不足导致，其实也有可能是窗户保温性能不足导致的。

　　热量传递有三种形式：辐射、对流和传导。

　　采暖地区太阳热辐射可以通过窗玻璃增加室内的温度，建筑外窗室内玻璃表面温度也随室外温度下降而下降，温度低到一定程度，会对人体产生冷辐射，使人感觉到不舒服，如果窗的保温性能不好，冷辐射会更加严重。

　　室内外热量对流大部分被建筑外窗隔断，但可以通过窗户的缝隙产生热交换，造成热量损失，其损失计入整窗的热损失中。

　　采暖期热传导是从温度高的室内流向温度低的室外，它与室内外温差、窗的热传导系数

大小和窗的面积成正比。

由此分析可知，三种热量传递形式对室温或居住舒适度的影响中，除太阳辐射增加室内温度外，其余均与建筑外窗热传导有关。室内温度和建筑外窗室内表面温度会影响居住舒适度，而建筑外窗的热传导性能会很大程度影响室内温度和建筑外窗室内表面温度。

3　室内、外温度与外窗室内表面温度、传热系数的关系

按热工学原理，在稳态传热条件下，构件每层表面之间单位面积的热流量必须相等。对外窗来说，室内、外温度与外窗室内玻璃表面温度和传热系数（图1）的关系如下：

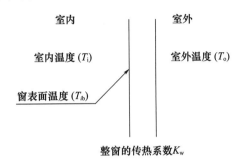

图1　室内、外温度与外窗室内玻璃表面温度和传热系数关系示意图

（1）外窗室内表面每 $1m^2$ 热流量为：

$$\frac{1}{R_{si}}(T_i - T_{ib}) \tag{1}$$

式中　R_{si}——窗室内表面热阻，按我国标准为 $0.125m^2 \cdot K/W$，则 $\frac{1}{R_{si}} = 8W/(m^2 \cdot K)$；

　　　　T_i——室内温度（℃）；

　　　　T_{ib}——窗室内表面温度（℃）。

即每 $1m^2$ 热流量为：$8 \times (T_i - T_{ib})$

（2）室内向室外热流量为：

$$K_W \times (T_i - T_o) \tag{2}$$

式中　K_W——整窗的传热系数 $[W/(m^2 \cdot K)]$；

　　　　T_i——室内温度（℃）；

　　　　T_o——室外温度（℃）。

（3）按热流量相等原理

$$K_W(T_i - T_o) = 8(T_i - T_{ib}) \tag{3}$$

$$则\ K_W = \frac{8(T_i - T_{ib})}{(T_i - T_o)} \tag{4}$$

按式（4）即可得出这些参数之间的关系。

4　室内居住舒适度相关要素分析

建筑物的主要目的就是为居住者提供舒适的室内气候环境，根据上述公式，对室内舒适环境起决定作用的是室内温度（T_i）、室外温度（T_o）和窗室内表面温度（T_{ib}），对这三个

要素说明如下：

（1）室内温度。根据我国相关标准要求，采暖区域室内温度为 18～23℃。

（2）建筑外窗室内表面温度。由于整窗是由型材、玻璃、五金、密封件等组成，窗框包括型材密封件等是整窗保温能力薄弱环节，因此，要求在窗框不结露的温度前提下，整窗室内表面的温度对人体没有冷热辐射和不舒服的感觉为室内表面的最低温度要求。

（3）室内空气相对湿度

室内空气相对湿度影响舒适度，在冬季相同的室温下，我国南方空气相对湿度偏高则有潮湿偏凉的感觉，我国北方采暖地区空气相对湿度偏低，则有干燥偏暖的感觉，室内空气相对湿度在 40％～60％为舒适度范围。

我国采暖地区，处于偏大陆性气候，其空气相对湿度偏低，采暖期室内可采取加湿措施，使室内相对湿度达 40％～50％。

（4）保证窗框、玻璃室内表面不结露的温度

玻璃和窗框室内表面结露与室内温度和空气相对湿度有关，即不同温度下的饱和水蒸气压是不一样的，随着温度的升高，空气中所能达到的饱和水蒸气压就增大，达到饱和水蒸气压 P_s 时，相对湿度就达到 100％，就会产生结露水珠。若室内空气相对温度为 50％时，则其水蒸气压为饱和气压的 50％，与 50％的水蒸气压相对应的温度即为露点温度。

举例：若室内温度为 20℃、室内相对湿度为 50％时，查表 20℃时的饱和水蒸气压为 17.53mmHg，在空气相对湿度为 50％时，则这时的蒸气压为 17.53×50％＝8.765mmhg。8.765mmHg 在表 1 中介于 9℃和 10℃的饱和水蒸气压之间。

当 $t=9℃$ 时　$P_s=8.609$；

当 $t=10℃$ 时　$P_s=9.209$；

用补差法求得 8.765mmhg 相对应的饱和水蒸气压温度为：

$$t=9℃+\frac{8.765-8.609}{9.209-8.609}=9.26℃$$

表 1　不同温度的饱和水蒸气压

T（℃）	1	2	3	4	5	6	7	8	9	10	11	12	13
P_s（mmHg）	4.926	5.294	5.685	6.101	6.543	7.013	7.513	8.045	8.609	9.209	9.844	10.51	11.23
T（℃）	14	15	16	17	18	19	20	21	22	23	24	25	26
P_s（mmHg）	11.98	12.78	13.63	14.53	15.47	16.47	17.53	18.65	19.82	21.06	22.37	23.75	25.21

室内舒适温度为 18～23℃，现分别取 18℃、20℃、23℃的室内温度，按上例计算方法得出的结果见表 2。

表 2　窗室内表面不结露的温度

室内温度（℃）	18	20	23
室内空气相对湿度为 50％时外窗室内表面不结露的温度（℃）	>7.4	>9.26	>12.03

（5）靠近外窗内表面时人体感觉无冷辐射的温度

这个问题与室内空气相对湿度和室外温度有密切关系，室内空气相对湿度越大、室外温度越低，则对窗室内表面的温度要求越高。为了解决这个问题，我们在沈阳居室做了实际测

试，并与理论计算互相验证。

测试条件与结果：

①温度计、湿度计；

②室内空气温度为 23℃，室内地热采暖；

③室内空气相对湿度 50%；

④室外温度 −7℃（通过各种温度测试得出）；

⑤中空玻璃的传热系数为 2.8W/（m² · K）；

将以上数据代入等热流量式（3）中：

$8 \times (23 - T_{ib}) = 2.8 \times [23 - (-7)]$

$T_{ib} = 12.5℃$

经实际体验，该温度时，在窗边上无冷辐射的感觉。

（6）建筑外窗室内表面不发霉的温度

在室内相同温度下，建筑外窗室内表面的发霉点温度要高于结露点温度，露点水蒸气压＝霉点水蒸气压×80%。

举例：若室内温度为 20℃，室内相对湿度为 50%，求其不发霉点温度。

20℃时的饱和水蒸气压为 17.53mmhg；

空气相对湿度为 50%时，饱和水蒸汽压为：

$17.53 \times 50\% = 8.765$（mmhg）；

空气相对湿度为 50%时的发霉点水蒸汽压为：

$8.765 / 0.8 = 10.956$（mmhg）。

10.956mmhg 在表 1 中介于 12℃和 13℃时的饱和水蒸气压值之间。

当 $t = 12℃$时　$P_s = 10.51$mmhg；

当 $t = 13℃$时　$P_s = 11.23$mmhg。

用补差法求得相对应的饱和水蒸气压温度为

$$t = 12℃ + \frac{10.956 - 10.51}{11.23 - 10.05}℃ = 12.6℃ 。$$

故分别取室内温度为 18℃、20℃和 23℃，按上例计算方法得到的结果见表 3。

表 3　室内窗表面不发霉的温度

室内温度（℃）	18	20	23
室内空气相对湿度为 50%窗室内表面不发霉的温度（℃）	＞10.72	＞12.6	＞15.45
室内空气相对湿度为 40%窗室内表面不发霉的温度（℃）	＞7.4	＞9.26	＞12.03

从表 3 来看，只有室温是 20℃和 23℃，在室内空气相对湿度 50%的条件下的窗室内表面不发霉温度大于测试不产生冷辐射的温度 12.5℃。

3）室外温度

按不同采暖地区的室外温度来确定。

5　窗框与整窗的保温性能

当室内温度和建筑外窗室内表面温度确定后，这时对窗框和整窗的保温性能的要求就与室外温度有关。对建筑外窗的保温性能要求越高，对建筑外窗的传热系数数值要求就越小。具体计算传热系数时，将室外温度、室内温度和建筑外窗室内表面温度代入等热流公式即可得出热流公式见式 4：

$$K = \frac{8(T_i - T_{ib})}{(T_i - T_o)} \tag{4}$$

（1）窗框的传热系数 K_f

按上述公式，分别将室内温度、室外温度和空气相对湿度 50% 相对应的建筑外窗室内表面不结露的温度代入，按下述举例计算方法得到的结果见表 4。

表 4　窗框的传热系数 K_f

室外温度（℃）			−9	−19	−26
室内温度（℃）	18	窗框的传热系数 K_f [W/(m²·K)]	<3.1	<2.29	<1.93
	20		<2.96	<2.20	<1.89
	23		<2.74	<2.09	<1.79

计算举例：室内温度 18℃，空气相对湿度 50%，建筑外窗室内表面不结露温度为＞7.4℃，室外温度 −9℃时的窗框传热系数 K_f 为：

$$K_f = \frac{8 \times (18 - 7.4)}{[18 - (-9)]} = 3.1 W/(m^2 \cdot K)。$$

（2）整窗的传热系数 K_w

（1）由于室内温度 18℃，其空气相对湿度为 50% 时的窗室内表面发霉温度小于测试的温度 12.5℃，故在该温度计算整窗传热系数 K_w 时采用 12.5℃。由于室内温度 18℃，相应的空气相对湿度也降为 40%，12.5℃ 均高于室内温度 20℃、23℃时的空气相对湿度 40% 的不发霉温度。

（2）室内温度 20℃、23℃时的建筑外窗室内表面温度在空气相对湿度 50% 时的不发霉温度均大于测试温度 12.5℃，故采用最大值。

（3）这样选定结果，既保证了建筑外窗室内表面对人体无冷辐射感觉，又保证了建筑外窗室内表面除窗框外不发霉的效果。

分别将室内温度、室外温度和空气相对湿度 50% 相对应的室内窗表面不发霉的温度和室内温度 18℃时用 12.5℃温度代入公式计算所得值见表 5。

表 5　整窗的传热系数 K_w

室外温度（℃）			−9	−19	−26
室内温度（℃）	18	整窗的传热系数 K_w（W/m²·K）	≤1.63	≤1.18	≤1.0
	20		≤2.04	≤1.52	≤1.28
	23		≤1.88	≤1.44	≤1.23

计算举例：室内温度 20℃，空气相对湿度 50% 时的建筑外窗室内表面不发霉湿度为 ＞12.6℃，室外为 −19℃时的整窗传热系数 K_w 为：

$$K_w = \frac{8 \times (20 - 12.6)}{[20 - (-19)]} = 1.518[W/(m^2 \cdot K)]。$$

（3）窗框和整窗的传热系数的选用

在采暖地区室外温度确定后，选用的传热系数应当满足室内舒适温度为18～23℃变化的要求，故从表4和表5中选取。

表6　保证室内舒适度的窗框和整窗的传热系数 K_f、K_w

室外温度（℃）	−9	−19	−26
窗框的传热系数 K_f [W/ (m² · K)]	<2.7	<2.1	<1.8
整窗的传热系数 K_w [W/ (m² · K)]	≤1.6	≤1.2	≤1.0

如果考虑节能要求，可选用整窗的传热系数 K_w 小于表内数据，如北京市2021年1月1日起执行《居住建筑节能设计标准》（DB11/891—2020）中要求建筑外窗的传热系数为 1.1W/ (m² · K)，对建筑外窗热损耗要求提高，符合国家战略，增加人民居住环境健康、舒适度和幸福感。

6　旧房节能外窗改造

我国采暖地区，涉及15个省市区，人口达5亿以上，采暖面积超过147亿平方米，大部分都是20世纪90年代以后建造，房龄超过20年，因此贯彻节能减排建造零能耗建筑也不可能一步到位，只能逐渐改造和新建。

现有建筑的小区或住户室内温度不够，我们分析可能有以下两种原因：一是暖气供应不足；二是建筑外窗的保温性能不好，传热系数大。

由于建筑外窗散热量占采暖热量的70%以上，所以建筑外窗的保温性能非常重要。如果传热系数大，热量散失就多，同时室内窗表面温度就低，产生结露、结冰和冷辐射，使人体感觉不舒服。

对于室内温度不够问题，只要按上述指标对窗改造即可达到室内的舒适、健康要求。以沈阳为例，现有建筑大部分建筑外窗的传热系数在3.5W/ (m² · K) 左右，我们在采暖期间考察了一些小区，常见到外窗室内表面玻璃上一般在上午有结露或不透明现象，有时甚至结冰，当室外温度低时，整天都这样，如果采用传热系数 K_w≤1.2～1W/ (m² · K) 的建筑节能外窗，则每1m² 热损失从3.5W/ (m² · K) 降至1.2～1W/ (m² · K)，即节省66%～70%能耗，沈阳年采暖耗煤达700万吨左右，而建筑外窗占整个建筑的能耗约70%，约490万吨煤。建筑外窗改造后可节约用煤300多万吨以上，不但保证了居住环境舒适健康，还实现了节能减排。

7　结语

通过以上论证，在既有建筑上采用低能耗的窗进行改造既节能环保，又能满足室内舒适度要求，是比较切实可行的办法，并可与新建零能耗建筑接轨。

门窗防渗漏工艺措施

夏双山

北京金诺迪迈幕墙装饰工程有限公司　北京　101109

摘　要　建筑门窗是建筑物重要的外围护结构，属于装饰装修工程范畴，在建筑物上起到"眼睛"的作用，在实现建筑物美观、环保、节能、安全等方面起到非常重要的作用，但最重要的还是其自身的防雨、防风功能，即门窗的水密性能及气密性能。本文主要说明门窗在加工、安装过程中的工艺做法（注胶组角、中梃软连接结构、中梃注胶角片结构、门窗塞缝、披水板等），通过对施工工艺和施工材料的控制，达到整体门窗质量的综合控制。有利于提高企业素质，参与市场竞争；促进全面质量管理工作的快速发展。门窗防渗漏的加工工艺、施工工艺已转化为成果，在工程项目中得到广泛应用，并得到建设单位、检测单位等的一致好评，对公司市场竞争起到关键作用。百年大计，质量第一，质量是企业立足的核心因素，是决定企业发展的关键。本文在借鉴其他参考文献的同时，创新性地列举新的工艺节点并附图加以说明，对门窗质量控制进行了详细的论述。

关键词　门窗工程；水密性能；气密性能；加工工艺；注胶组角；中梃软连接；中梃注胶角；施工工艺；门窗塞缝；披水板

　　门窗是建筑的重要组成部分，门窗加工、安装质量对建筑工程的整体质量会产生很大影响，门窗工程是建筑工程中操作较为简单、施工难度较小、工期较短的工程环节，所以在具体施工时比较容易。但正由于这些特点的存在，生产厂家往往对这一环节的重视程度不够，造成门窗在加工、安装过程中存在很多问题，不利于建筑工程质量的提高。在门窗工程中最重要的一项施工技术就是防渗漏技术，门窗出现渗漏现象大大降低了建筑工程的质量，会对建筑门窗完整性造成一定程度破坏，同时还会给居民的正常生活带来很大影响。门窗出现渗漏问题还会增加施工成本，门窗的后期维护及修理也需要耗费大量的人力、物力和财力，对工程施工效率和资金投入数量产生很大影响。本文将对门窗工程加工及施工中的渗漏防治技术进行简要分析。这些技术的应用能够有效提高门窗工程的质量，进而促进工程整体质量提高。

1　基本概念

　　建筑门窗的质量控制在工程项目建设中是一个很重要的环节，它的好坏直接影响到工程的企业的效益、信誉，产品的寿命。正确理解产品的基本概念，对于在源头上提高产品质量起到了非常重要的现实意义。

　　（1）铝合金门窗：采用铝合金建筑型材制作框、扇杆件结构的门、窗的总称。

　　（2）气密性能：外门窗在正常关闭状态时，阻止空气渗透的能力。

（3）水密性能：外门窗正常关闭状态时，在风和雨同时作用下，阻止雨水渗漏的能力。

（4）严重渗漏：雨水从试件室外侧持续或反复渗入外门窗试件室内侧，发生喷溅或流出试件界面的现象。

2 门窗防渗漏质量控制意义

门窗工程项目质量控制是一项综合性的指标，防渗漏是其中的一条重要指标，体现了合同中规定的或隐含的需要与需求的功能，其重要意义主要有以下几个方面。

（1）稳定保证门窗企业项目质量

对于最基本的门窗性能要求，是每个门窗企业追求的第一目标，但真正做到"零"渗漏的项目，也是对门窗企业最好的质量证明案例，所以提高门窗抗渗漏性能也就稳定了门窗企业的质量。

（2）有利于提高企业素质，参与市场竞争

在投标过程中，投标企业出示其质量保证手册，证明建立了质量管理体系，具有对工程质量进行有效控制和保证能力，尤其是能够提供对门窗防渗漏的工艺做法，达到零渗漏的项目案例，更可以提高自己的信誉，取得招标单位的信任，提高自己在工程市场的品牌影响力。因此，企业应该从自身的经济利益出发，全面有效地建立和健全质量控制体系。

3 门窗防渗漏的重点描述

门窗工程的渗漏特点是点多面广，防治难度大，但从渗漏产生的根源来看，还是有一定的规律可循。只有掌握规律，有针对性地加强技术实施及施工管理，才能达到渗漏防治效果。具体有以下几点：

（1）设计问题

由于设计未完全执行国家标准或设计虽执行了国家标准，但和现场情况不贴切，容易从源头上造成渗漏。

（2）材料问题

设计要求采用的材料，但因采购的材料达不到相应标准，而产生渗漏。

（3）加工及施工工艺问题

加工及施工工艺是保证门窗抗渗性的重中之重，采用先进实用的工艺做法，能有效地保证门窗的防渗漏功能。

（4）施工问题

施工中的门窗防渗漏也是非常重要的环节，由于涉及到多个施工队伍共同完成防水作业，对各施工队伍的把控就变得更加重要。

4 门窗防渗漏的保障措施

针对门窗工程中渗漏问题的通病，要有效地进行防治，做到真正的零渗漏工程，就要采取有效的保障措施，具体如下：

4.1 合理的设计保证门窗的防渗漏功能

铝合金门窗型材要采用等压腔原理进行设计，设计合理的排水通道及排水孔、气压平衡孔尺寸数量，胶条形状设计合理，以保证整个窗体能堵能疏。

4.2　保证材料质量

铝合金门窗防渗漏的材料主要涉及胶条、组角胶、发泡胶及耐候胶，采购的材料必须满足设计图纸的要求，并有材料质量证明文件，确保材料质量符合要求。

4.3　采用先进的加工工艺

（1）注胶组角工艺

铝合金门窗角部组装采用冲铆形式，属于硬连接形式，很容易出现组角不严现象，即使在工厂组装严密，但在装卸车或运输过程中，也有可能出现角部开裂现象，针对这个问题，采用专业的注胶组角工艺，能起到有效的防渗漏作用（图1）。采用导流片＋铝角码＋导流片的组合角码形式组角，组角前在型材断面涂抹断面胶。组角后在注胶孔［图1（c）中已圈出］处注入双组分组角胶，并采用注胶组角钢片，能大大提高组角强度及防渗漏性能。

（2）中梃注胶角及软连接

中梃与框的连接采用90°直角对接，也属于硬连接形式，在框与梃的连接处也会出现渗漏现象，针对这个问题，采用专用的胶条及注胶角工艺，能起到有效的防渗漏作用（图2）。在中梃与框连接的端面处加入胶条，使其成为软连接形式，既增加其防水性能又增加它的耐腐蚀性能，且在框与中梃的内角处开模定制专用注胶角件，以防止中梃两侧的窜水，提高窗的整体密封性能。

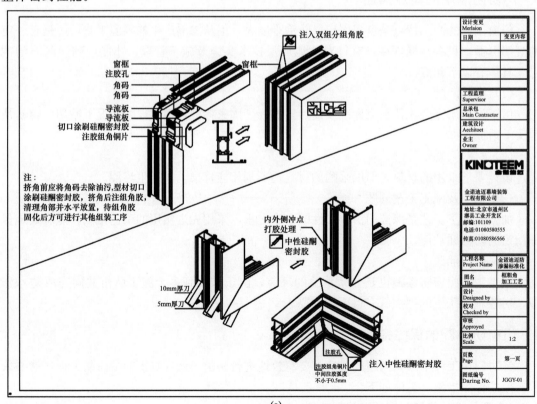

(a)

图1　注胶组角工艺

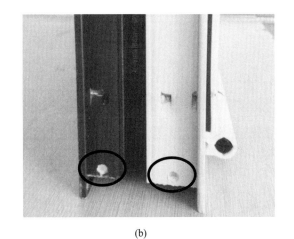

(b)

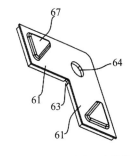

(c)公司专利《一种窗框连接结构》

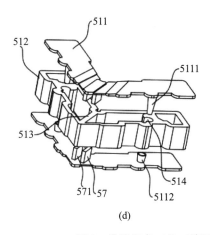

(d)

图1　注胶组角工艺（续图）

（3）合页处发泡胶条密封

铝合金内平开窗一般采用合页作为开启的转轴，但在加工过程中，由于胶条占用了合页通道的位置，为了保证合页能正常安装到位，合页下面的胶条需要割掉，这样就会造成此位置的水密性能和气密性能降低，最常见的就是合页部位室内的墙体经常出现灰尘现象。针对此问题，要专门开发一款发泡胶条粘贴在合页部位（图3），这种胶条柔软（图3圈出位置），耐久性长，密封性能好，能有效提高门窗的气密性能和水密性能。

4.4　采用先进的施工工艺

（1）施工塞缝处理及打胶处理

门窗一般采用后塞口形式安装，即干法施工，但在施工过程中，由于要求赶工期，有些情况下要求进行湿法作业，即外墙保温、涂料等还没有施工，为了室内精装作业，要求门窗先进行安装封闭。由于门窗的加工尺寸都要小于门窗的洞口尺寸（一般情况每边最小15mm），这样窗框与洞口之间的缝隙填充就很难处理完好，可采用发泡胶填充，但发泡胶只起到阻水的作用，并不能真正做到防水，还是会存在渗漏隐患，针对此问题，我公司开发了几种门窗安装的工艺做法（图4和图5）。

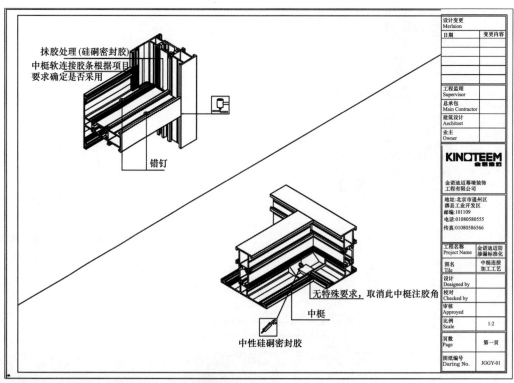

抹胶处理(硅硐密封胶)
中梃软连接胶条根据项目
要求确定是否采用

错钉

无特殊要求，取消此中梃注胶角

中梃

中性硅硐密封胶

设计变更 Merlaion	
日期	变更内容
工程监理 Supervisor	
总承包 Main Contractor	
建筑设计 Aechitoet	
业主 Owner	

KINOTEEM 金诺迪

金诺迪迈幕墙装饰
工程有限公司
地址:北京市通州区
漷县工业开发区
邮编:101109
电话:01080580555
传真:01080586566

工程名称 Project Name	金诺迪迈防 渗漏标准化
图名 Tile	中梃连接 加工工艺
设计 Deaigned by	
校对 Checked by	
审核 Approved	
比例 Scale	1:2
页数 Page	第一页
图纸编号 Daring No.	JGGY-01

(a)

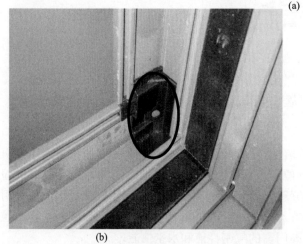

(b)

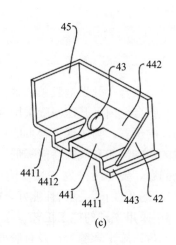

45
43 442
4411
4412 441 443 42
4411

(c)

图 2 中梃注胶角及软连接

窗框安装后，在框与墙体之间填充发泡胶，待发泡胶表干后按入框与墙体间，要求室内侧按压与框齐平，室外侧按压入框与墙体间隙 10mm 左右，发泡胶全干后，将中性硅硐密封胶打入框与墙体间隙，深度约 10mm，形成第一道防水密封，外墙保温收口后，在框与装饰面层之间打中性硅硐密封胶，形成第二道防水密封。此施工工艺做法已在多个项目实施，并取得显著效果。

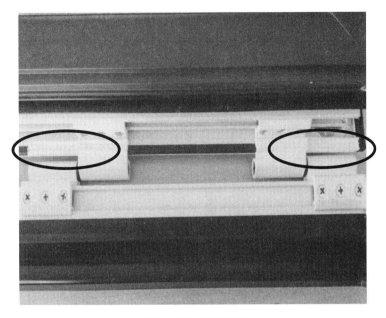

图 3　发泡胶条密封

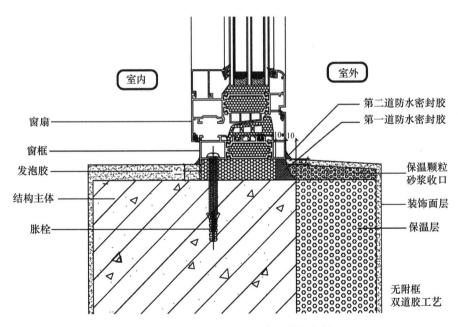

图 4　窗安装工艺做法（防水密封胶密封）

　　窗框安装后，在框与墙体之间填充发泡胶，待发泡胶表干后按入框与墙体间，要求室内、外侧按压与框齐平。发泡胶全干后，在室外侧将防水透气膜粘贴在框与墙体上，宽度约为 100mm，与墙体粘贴宽度不小于 50mm，与框粘贴宽度 15mm，形成第一道防水密封。外墙保温收口后，在框与装饰面层之间打中性硅硐密封胶，形成第二道防水密封。此施工工艺做法多在超低能耗建筑门窗项目实施，效果显著。

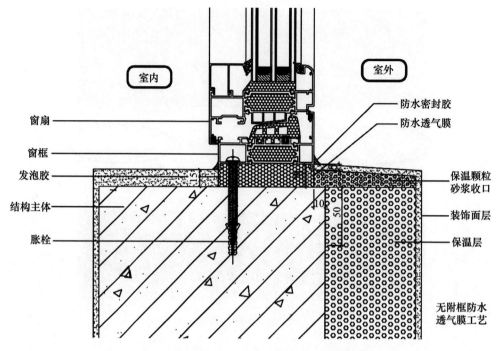

图 5 窗安装工艺做法（防水密封胶与防水透气膜组合）

（2）室外下窗台增加披水板工艺

门窗最容易渗漏的位置就是窗的下口位置，在室外侧安装披水板（窗台板材质一般采用铝合金板或不锈钢板），披水板的坡度不小于 5%，披水板与窗下框和外墙之间的缝隙采用中性硅硐建筑密封胶进行防水密封。现在此工艺在国内使用的项目并不是很多，北方主要集中在被动房建筑上，若所有的项目均采用此工艺做法，对门窗的防渗漏性能会有很大的提高。

5 结论

门窗工程质量控制是对现代门窗企业的必然要求，而门窗防渗漏性能的提高又是门窗企业必须保障的基本内容，对企业的生存发展来说，细节工艺做法将是企业取胜的法宝。虽然门窗并不是高精尖的产品，但真正能做好，达到地产行业对门窗各项性能的要求，还是需要对产品不断优化提升。要想在后续的工程项目中占有一席之地，就要提高产品的质量，改善传统的工艺做法，采用先进的加工施工工艺，不断提高门窗的各项性能，为人们的安居生活提供完美的门窗产品。

百年大计，质量为本。企业要树立"以质取胜"的观念，只有在严格的质量控制之下，才能建设出优质的工程，才能使企业的知名度提高，增强市场竞争力，为企业带来更多的经济效益。

参考文献

[1] 中华人民共和国国家市场监督管理总局，中国国家标准化管理委员会. 建筑外门窗气密、水密、抗风压性能分级及检测方法：GB/T 7106—2019[S]. 北京：中国标准出版社，2019.

［2］ 中华人民共和国国家市场监督管理总局，中国国家标准化管理委员会．铝合金门窗：GB/T 8478—2020［S］．北京：中国标准出版社，2020．

［3］ 北京市住房和城乡建设委员会，北京市质量技术监督局．居住建筑门窗工程技术规范：DB 11/028—2013［S］．

［4］ 天津市住房和城乡建设委员会．民用建筑节能门窗技术标准：DB/T 29-164—2021［S］．

［5］ 铝合金门窗工程技术规范：JGJ 214—2010［S］．北京：中国建筑工业出版社．

［6］ 《万科铝合金门窗技术标准》

［7］ 夏双山，刘宝伟，苏志强．一种窗框连接结构．2017105756714［P］．2017-11-07．

［8］ 夏双山，苏志强，刘宝伟．一种中梃注胶连接结构．2017208611159［P］．2018-03-13．

［9］ 夏双山，苏志强，刘宝伟．一种注胶角码及其门窗组角结构．2017208611159［P］．2018-03-13．

［10］ 刘宝伟，夏双山，苏志强．一种注胶角片．201720861219×［P］．2018-01-30．

作者简介

夏双山，男，1979 年 1 月生，职称：中级中程师，研究方向：门窗行业技术推广；工作单位：北京金诺迪迈幕墙装饰工程有限公司，地址：北京市通州区漷县镇工业开发区四街 3 号；邮编：101109；联系电话：18910830936；E-mail：635353754@qq.com。

门窗封阳台的安全应用问题简析

石民祥

广东省建筑科学研究院集团股份有限公司　广东广州　510000

摘　要　本文分析了封阳台的安全问题并给出了相应建议。

关键词　阳台；外窗；安全

阳台是附设于建筑物外墙设有栏杆或栏板，可供人活动的室外空间。近年来许多家庭装修时用门窗封阳台，将阳台改造成封闭式的室内空间以改善居住环境，加装封阳台外窗也成为家装门窗行业的主要经营业务之一。然而，不少家装门窗企业在拓展阳台设计装修业务时，未能设身处地为用户的需求考虑，安装的阳台外窗不符合改造后的阳台空间使用需要，甚至出现很多阳台窗存在安全隐患，在台风天气时大面积整幅脱落，造成财产损失和人身伤害。图 1 照片所示的是 2017 年 7 月非台风地区的四川省广元市一小区某 10 楼住户客厅处的阳台窗，在 11 级风力和暴雨袭击中整幅脱落。

图 1　广元市某小区 10 楼阳台窗在 11 级风力和暴雨中整幅脱落

阳台是用来供人活动的室外空间，封闭阳台的窗户首先必须具有建筑外围护结构的承载能力，保证外窗及其锚固的结构安全性，才能满足封闭阳台空间设计的建筑物理环境要求，而不能像普通室内装修那样去定制安装，因为这涉及到使用者和社会公众的安全问题。因此，作为家庭装修封阳台的用户和家装门窗企业，供需双方都应认真考虑以下的问题。

1　首先应明确封阳台的目的是什么

为保证封阳台后的空间环境，应该采用什么外窗？用户首先要明确自己的需求，而家装企业不能只是为了扩展自己的业务，而盲目的鼓励用户用窗户封阳台并进行阳台空间的装饰装修。现在很多人喜欢把阳台原本的栏杆扶手拆掉，直接装一整块大落地玻璃，再在边上开两扇窗，成为"大固定小开启"的落地窗，没有经过任何的抗风及承重设计计算，这样的大视野外窗就会成为在台风暴雨天破坏坠落的安全隐患。

2　封阳台建筑地域和功能的需求分析

是北方建筑封阳台，还是南方建筑封阳台？是封南面的大阳台、还是封北面的小阳台？封阳台后的空间是做小书房、休闲小花园，还是做洗衣房、储物间？是形成全封闭的室内空间、还是半开放的空间？

北方天气寒冷，封闭阳台作为室内空间，就需要采用气密性能高、保温性能好、可开启面积较少的窗型，特别是北面小阳台；而南面大阳台宜采用透光和保温性能好的玻璃窗，形成可采光通风晒太阳的花园式休闲空间。

南方炎热多雨，沿海地区宜居的南北户型，北面厨房外的小阳台封闭作为洗衣房，就需要采用抗风性能高、可开启面积较大的窗型，以便于实现南北过堂风效果；而南面的大阳台，最好采用抗风雨性能高、遮阳隔热好而又能全开启和全关闭的玻璃窗，形成半开放的环境，夏日白天可遮阳隔热、晚间通风散热，冬天可享受阳光日晒的休闲空间。

3　怎样封阳台

是一面临空的凹阳台、还是三面临空的凸阳台？外窗如何与阳台建筑主体结构锚固连接以确保安全？阳台作为建筑设计的室外活动空间，设置了临空防护栏杆或栏板，没有设计外窗的安装锚固构造。因此，外窗封阳台，首先要搞清楚凸阳台和凹阳台在造型、结构和功能上的区别。

凸阳台是突出于建筑外墙立面的悬空构造，三个立面临空，底部是悬挑结构支撑，承重能力差，安装外窗难以锚固连接，且安装的外窗将面临非常恶劣的风雨环境，这样的阳台加装外窗，极易造成安全隐患，许多此类加装的阳台窗在大风天气破坏跌落的情况就已经得到证明。况且，这种凸阳台的功能就适宜晾晒衣服（中国人的传统习惯），种儿盆花卉，人们闲时晒太阳，不应封闭后作为室内空间使用。

凹阳台位于建筑外墙立面以内，只有一个立面临空，两个侧立面和地面均为主体结构，承载能力强，易于设置外窗安装的锚固连接构造，加装外窗后适于改造成小书房等室内休闲活动空间。南方地区的凹阳台，最好是采用可全关闭、可全开启的窗型，实现室内、室外空间的可转换，以适应不同季节天气的生活需要。

半凹半凸阳台（图 1）有两个临空立面，一侧立面是凹阳台型的主体结构墙体，另一侧立面是临空正面转角处的悬挑凸阳台临空侧面。这种阳台兼具凹、凸阳台的不同特点，封阳台改造设计方便灵活，视野和采光较凹阳台好，加装外窗的结构安全性又较三面临空的凸阳台好，但悬挑结构的凸出转角是窗户安装锚固和抗风压的薄弱环节，此处的局部风荷载体型系数大，窗户承受的风压强度高。图 1 所示的在大风暴雨下破坏脱落的 10 楼外窗就是这种具有凸阳台转角的加装外窗。四川广元市尚为非台风地区，如果在台风地区，此类阳台外窗将会破坏的更加严重。

总之，封闭阳台加装外窗，首要的问题是安全，北方的寒潮大风、冷风渗透，南方的台风暴雨、烈日骄阳，都是阳台外窗难以妥善处理的综合性问题。

家装用户首先要明白自己居住地的气候环境、阳台的结构形式、封阳台的目的和可能实现的效果，不能贪图便宜，随便请人加装不符合要求的阳台外窗，对难以处理的阳台窗应交给正规的专业公司进行专门设计，并应给予合理的造价。否则不但自己财产受损失，也可能会造成阳台窗坠落给社会造成危害。

家装门窗企业必须设身处地为用户着想，对南、北不同建筑气候，不同结构类型的阳台封闭后所能实现的适宜活动空间，进行精细的阳台空间设计，选择牢固、可靠、保温、隔热，力学和热工综合性能好的外窗封闭阳台，为用户充分利用阳台空间、实现高品质的生活提供优良服务。

参考文献

中华人民共和国住房和城乡建设部．民用建筑设计术语标准：GB/T 50504—2009[S]．北京：中国计划出版社，2009，12．

浅谈零能耗建筑中的光伏玻璃幕墙

梁曙光　梁书龙　胡　博　吴跃扩

浙江中南建设集团有限公司　浙江杭州　310000

摘　要　为实现建筑能源产需平衡，可再生能源应用必不可少。由于我国各气候区光照条件差别较大，光伏行业的产品更新速度较快，以及光伏系统涉及到的专业较多等问题，很难对建筑光伏系统的设计给出统一的方法及定量的数据要求。既往我国光伏发电系统在建筑上的使用，主要是在屋顶。本文通过分析光伏幕墙对于零能耗建筑的作用，对光伏玻璃幕墙在设计中的一些要点进行归纳总结，为建筑和幕墙设计师进行光伏幕墙设计提供指导。

关键词　光伏玻璃幕墙；零能耗建筑；节能；产能

0　引言

零能耗建筑因其节能性和环保性成为"双碳"目标下社会关注的热点。光伏玻璃幕墙因其兼具围护结构属性和清洁能源属性，在零能耗建筑的研究和应用里占有重要地位。但目前我国光伏玻璃幕墙尚未成为规模化的应用，一方面是由于光伏组件产品更新速度较快，规范体系相对不够完善；另一方面是对于光伏玻璃幕墙和零能耗建筑的关系，及如何将光伏组件作为建筑建材在建筑和幕墙设计中能较好的使用，需要为建筑师和幕墙设计师提供良好的知识支撑和软件支持，并且这些内容应当是系统化的。本文分析了光伏玻璃幕墙与零能耗建筑的关系，梳理了零能耗建筑设计中的光伏玻璃幕墙设计要点及流程。

1　光伏玻璃幕墙与零能耗建筑的关系

1.1　光伏玻璃幕墙对于零能耗建筑的重要性

在《2018 年中国建筑节能年度发展研究报告》中，2016 年城镇住宅（不含北方地区供暖）和农村住宅的建筑能耗分别为每年 $19.8kW \cdot h/m^2$ 和 $9.6kW \cdot h/m^2$，接近甚至低于德国的被动房设计标准每年 $15kW \cdot h/m^2$。如果不考虑舒适度标准，住宅建筑的能耗水平已经达到超低能耗建筑的能耗要求，但这并不能说明住宅建筑已经实现了超低能耗，因为能耗偏低是以牺牲部分居住舒适度为代价而实现的，像功能齐全的公共建筑则较难实现建筑的超低能耗要求。

现阶段零能耗建筑实现的技术路径，就是通过被动式设计降低建筑冷热需求和提升主动式能源系统的两种能效方式达到超低能耗，两种方式在同一建筑上往往采用两种或多种不同的产品结合应用实现。例如降低围护结构的传热系数，采用加厚保温层的方式，提升主动式能源系统的能效采用房屋顶部设置太阳能热水器的方式。实现方法分散，安装围护不便。

光伏玻璃幕墙设计过程中充分考虑设置的朝向、建筑的窗墙比、采光、通风、遮阳、传热系数的要求，建筑本身又可以产生清洁能源，这两种产品属性恰好符合两种实现超低能耗的方式，并且作为一种单一产品，可以集中高效地实现两种方法，使得在建筑上安装光伏玻璃幕墙成为实现零能耗建筑的选择。

1.2 光伏玻璃幕墙的节能特征

零能耗建筑的价值就在于它可以在保障室内舒适度的情况下，既能减少对化石能源的依赖，又实现了对供暖成本的节约，超过了建造增量成本。相对于通过高能源投入来平衡从热工性能较差的建筑围护流失热量的主动方式，被动式节能需要以良好的建筑外围护性能为支撑。以夏季和冬季为例，这种被动式的策略可被概括为：减少能量的获取和向外排出多余热量。

图 1 中体现的五个原则分别是隔热保温、被动式房屋窗户、高效舒适的热回收通风、气密性、无热桥。这五个原则是零能耗建筑的基础，其中有四个都和外围护结构相关。另《居住建筑节能设计标准》（DB 33/1015—2021）中对节能要求表明，建筑的节能综合指标都和外围护结构有关，包括建筑体形系数、围护结构各部分的传热系数、外围护结构透光部分的太阳得热系数、窗墙面积比。所以外围护结构的性能是零能耗建筑的关键。

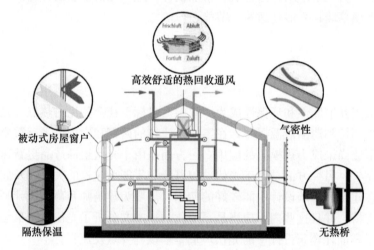

图 1　建造被动房要遵循的五个原则（来源：被动房研究所）

1.3 光伏玻璃幕墙的产能特征

零能耗建筑是近零能耗建筑的高级表现形式，其定义中明确说明可再生能源产能需大于等于建筑自身的用能。以我国北方建筑为例，不同节能建筑的可再生能源利用率见表 1。

表 1　不同节能建筑的可再生能源利用率

建筑类型	低能耗建筑	超低能耗建筑	近零能耗建筑	零能耗建筑
可再生能源利用率	—	—	≥10%	充分利用
节能率（2016 标准）	20%—30%	50%	70—75%	100%
节能率（1980 标准）	75%	82.50%	90%	100%

光伏玻璃幕墙发电面板以薄膜电池为主，转换效率略低，转换功率在 $150 \sim 180 W/m^2$，弱光发电性能好，可作为透光结构，适用于建筑立面。正在建设华为数字能源安托山基地，如图 2 所示，两座办公楼高 180m，光伏玻璃幕墙面积 3 万平方米，为全球最大的应用薄膜光伏

玻璃的光伏幕墙项目，也是全球最大的"光储直柔"近零碳园区之一，预计将在2022年投入使用。建成后，每年可生产150万kW·h光伏电，通过节能、综合能源管理等手段，建筑耗电量将从1192多万千瓦时降到589万千瓦时，年省电达51%，每年碳排放量中约5379t降至约1984t，降低碳排放超过63%。建筑应用建筑光伏幕墙产生的可再生能源完全可以满足建筑自身的用能。

图2　华为数字能源安托山基地效果图

2　零能耗建筑中的光伏玻璃幕墙的设计

2.1　零能耗建筑中的光伏玻璃幕墙设计组成

零能耗建筑中的光伏玻璃幕墙设计主要分为围护功能设计和光伏发电功能设计两部分。围护功能设计主要考虑节能方面的设计，包括隔热型材的规格选择、玻璃面板规格的优化以及新型节能产品的使用。光伏发电功能的设计通常理解是在传统幕墙的设计基础上，额外再考虑的增加光伏发电面板布置倾角、分格优化，龙骨构造，减碳量计算等工作。设计出的光伏玻璃幕墙要实现效果美观、发电效率优异，施工安装、拆卸、维护方便。

2.2　围护功能的设计

光伏玻璃幕墙主要安装在公共建筑的立面，办公建筑的主要使用空间对采光要求较高，这些空间对应的幕墙可用于安装透光的光伏组件。嘉兴科创服务中心光伏幕墙为全球第一个光伏玻璃达到Low-E玻璃效果的高层建筑项目。商业、文化建筑的建筑形体整体性较强，立面元素较为规整，多为大面积墙面或玻璃幕墙；而室内采光主要靠电气照明解决，对自然采光的要求稍低，因此可充分利用立面资源安装不透光大面幕墙。嘉兴秀洲光伏科技馆外立面采用了大量的不透光光伏幕墙。

以《杭州市（近）零、超低能耗建筑示范项目关键技术要求》为例，文件对居住建筑和公共建筑的主要围护结构热工性能进行了要求。其中公共建筑部分对透光幕墙的热工要求见表2。

表2　公共建筑部分对透光幕墙的热工要求

参数及单位	性能参数	
外窗（包括透光幕墙）传热系数 $[W/(m^2 \cdot K)]$	平均窗墙面积比≤0.70	≤2.0
	平均窗墙面积比>0.70	≤1.9

透光幕墙的传热系数的要求 $U_f \leqslant 2.0$，使用常用材料组装光伏玻璃幕墙的配置至少为C40隔热条，三玻两腔的玻璃配置，见表3。

表3 共建筑部分对透光幕墙的热工要求

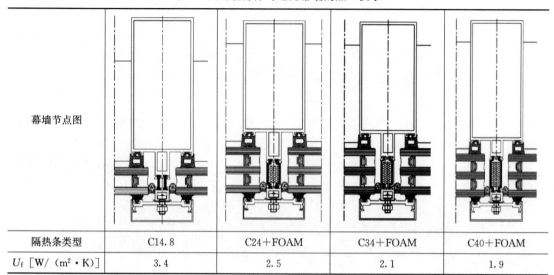

幕墙节点图	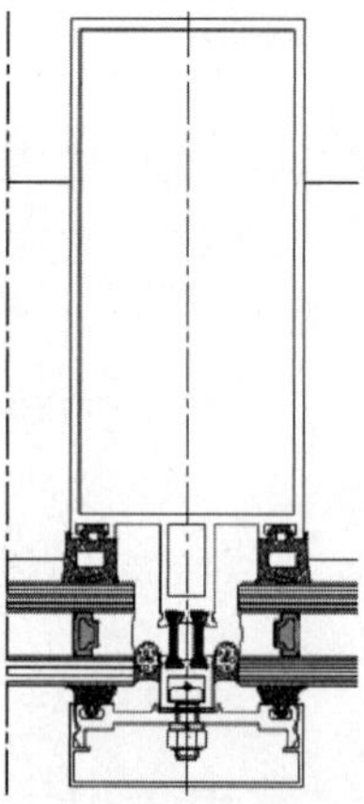	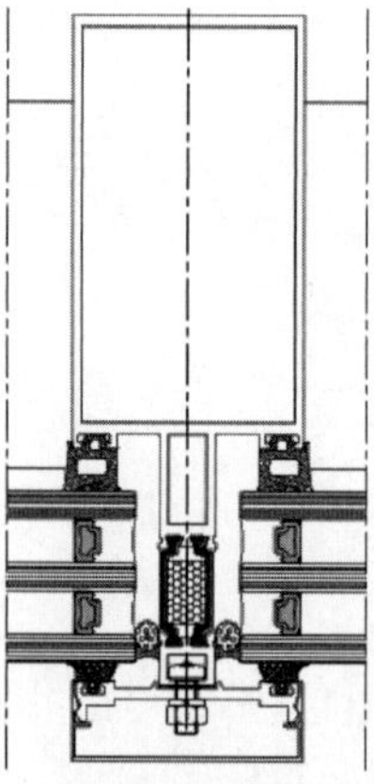	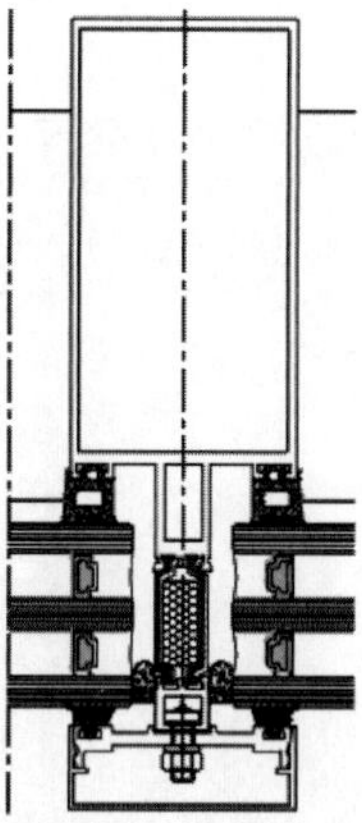	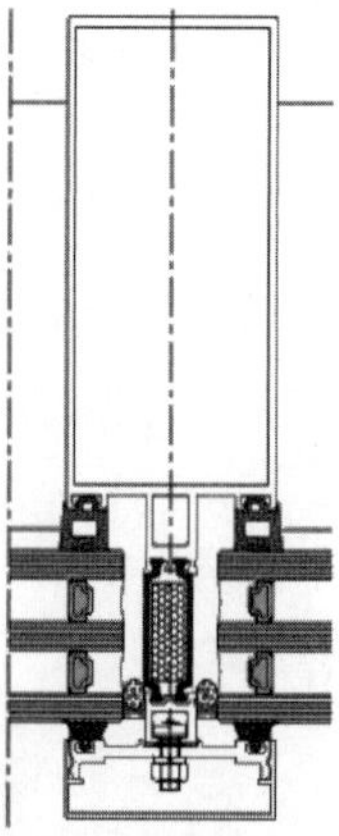
隔热条类型	C14.8	C24+FOAM	C34+FOAM	C40+FOAM
U_f [W/(m^2·K)]	3.4	2.5	2.1	1.9

随着产品的进步，越来越多的节能产品问世，这些节能产品的使用可以使光伏幕墙以较低的配置实现较好的节能效果。以中空玻璃暖边条为例，可以降低标准节点传热系数0.15～0.2W/(m^2·K)，大大提高中空玻璃内表面温度，能有效改善玻璃边部结露。

2.3 光伏发电功能的设计

2.3.1 光伏幕墙的分格设计

光伏发电功能从光伏幕墙分格设计、发电量优化计算、光伏幕墙构造设计三个方面展开分析。

光伏幕墙分格设计以晶硅和薄膜两种不同材质的面板展开分析。因为光伏组件的尺寸并未强制规定，而且每个厂家的大批量生产的光伏标准组件尺寸均存在不同，所以具体设计时，应先与厂家沟通交流待使用组件的尺寸，避免设计完成后，没有对应的可以购买的光伏组件产品。首先建议幕墙分格尺寸按照组件厂家的标准组件尺寸设计，因为加工工艺及加工方式等原因，加工定制不同尺寸的光伏组件，有时并不能得到想要的尺寸，还可能对工程工期造成影响。因此了解光伏组件加工原理，使得设计师可以在工程前期把握建筑分格调整的方向。

对晶硅组件来讲，太阳能电池片是光电转换的最小单元，常见的尺寸有156mm×156mm、166mm×166mm、182mm×182mm、210mm×210mm。一般情况下，标准晶硅组件的尺寸约为2000mm×1000mm。定制光伏组件尺寸，首先确定电池片的规格，然后确定电池片之间的间隙尺寸及电池片与玻璃边缘的尺寸，电池片之间的空隙可以透光、电池片不可以透光、空隙的尺寸直接影响组件的透光率。

透光率公式为：

$$T=\frac{S_T}{S} \tag{1}$$

式中，T 为透光率，S_T 为组件透光部分面积，S 为组件总面积。

经过简单的排布计算，组件尺寸就可以确定了，使用定制组件前务必与光伏组件厂家沟通交流。图 3 为定制晶硅光伏组件。

对薄膜组件来讲，标准薄膜组件的尺寸为 1200mm×600mm。小于 1200mm×600mm 的尺寸可以通过裁切薄膜获得，大于 1200mm×600mm 的尺寸，发电薄膜需要拼接，例如想获取 1500mm×800mm 的组件，则可以选用 3 个 800mm×500mm 的发电薄膜拼接获得。因为工艺要求限制，拼接位置往往会有一道明显的黑色拼缝。同样使用定制组件前务必与光伏组件厂家沟通交流的原因。图 4 为定制薄膜光伏组件。

图 3　定制晶硅光伏组件

图 4　定制薄膜光伏组件

2.3.2　发电量的优化设计

发电量的计算是建筑开发单位和设计单位很重视的参数，因为建筑和光伏结合的根本目的是发电，发电越多，能够节省更多的能源，减少更多的碳排放。在建筑设计的前期方案阶段，发电量可以粗估计算，光伏幕墙具体设计阶段，要详细准确计算系统的发电量。发电量计算的公式通常采用《光伏发电站设计规范》（GB 50797—2012），中发电量计算公式：

$$E_P = H_A \times \frac{P_{AZ}}{E_S} \times K \qquad (2)$$

式中　H_A——水平面太阳能总辐射量（kW·h/m²，峰值小时数）；

E_P——上网发电量；

E_S——标准条件下的辐照度（常数=1kW·h/m²）；

P_{AZ}——组件安装容量（kWp）；

K——综合效率系数。

综合效率系数 K 包括：光伏组件类型修正系数、光伏方阵的倾角、方位角修正系数、光伏发电系统可用率、光照利用率、逆变器效率、集电线路损耗、升压变压器损耗、光伏组件表面污染修正系数、光伏组件转换效率修正系数。

（1）水平面太阳能总辐射量可以去气象站购买，也可以通过专业的气象软件模拟，如 NASA，Solargis，Meteonorm 等。对于没有软件的人员，可以通过整理好的经验表格进行粗略查询。

（2）组件安装容量公式：

$$P_{AZ} = P \times N \tag{3}$$

式中　P_{AZ}——每块组件的峰值功率；

　　　　N——组件的数量。

（3）综合效率系数与很多参数有关，一般通过专业软件计算，在发电量估算时，光伏方阵倾角之外的系数可以按照 80%～82% 取值。因为光伏幕墙角度变化较大，光伏方阵倾角系数需单独考虑。以浙江地区为例，从图 5 可以粗估，90°立面的幕墙损失量大概在 40% 左右。也可以通过 Perez 模型、HDKR 模型或者 Hay 模型计算倾斜面太阳辐射量。

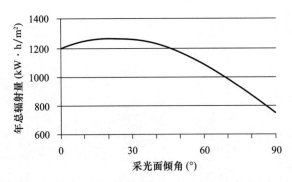

图 5　杭州地区不同角度阵列面年平均太阳辐射量相对于水平面的比值

浙江中南幕墙设计院针对光伏设计流程及设计常见问题开发专为建筑师和甲方提供产品及设计选型的计算软件，配合 PVsyst、Solar PV、archelios、Solar edge 等光伏相关软件，为甲方和建筑师提供较为精准的光伏发电量计算服务。

2.3.3　光伏幕墙构造设计

光伏幕墙构造设计对于光伏幕墙产品的落地起着至关重要的作用。光伏组件背后设置接线盒，幕墙构件的组装需避开接线盒，避免干涉。太阳能电池组件主要作用是将太阳能电池产生的电力与外部线路连接。接线盒根据放置位置的不同分为背部接线盒和侧边接线盒。背部接线盒位于光伏幕墙组件背面端部或中部，侧边接线盒位于光伏幕墙组件前后或左右端部玻璃切割面。不同厂家设置的接线盒尺寸不一，不同幕墙系统接线盒优先选用的位置不同，见表 4。

表 4　不同幕墙系统接线盒优先选用的位置

幕墙系统		明框幕墙	半隐框幕墙	点式幕墙
接线盒位置	背部			●
	侧面	●	●	

注："●"表示推荐的部位

光伏面板设置接线盒的一侧与幕墙构件的距离要大于接线盒的尺寸，横梁上安装光伏幕墙组件时所用垫块应高于光伏幕墙组件的接线盒高度。

幕墙具有装饰属性，光伏电缆的走线应当隐藏处理，传统的幕墙构造很难做到隐藏线缆的效果。而且因为没有预留线仓，走线需要在幕墙构件打孔，破坏了幕墙原本的构造，也给构件加工和现场安装增加了难度。所以在光伏幕墙设计初期就应当将布线考虑到构造设计中。

隐藏线缆的方式有三种，一是部分幕墙自身结构满足隐藏线缆的要求，比如隐框幕墙的面板附框中可以走线，如图6所示，此种走线方式，不便于线缆维修；二是幕墙龙骨自身设置线仓，如图7所示。图7是浙江中南幕墙设计院的专利构造，布线完毕后，采用压盖将线仓封闭，这样保持原幕墙的效果，并且便于检修。需要维修的时候，拆开压盖即可；三是额外设置线仓，如图8所示，将线缆隐藏到线仓里面，用于对于效果要求不高的位置，或者对于非透光的幕墙部位，线缆采用绑扎的方式梳理后放置到线仓中。

满足大众对艺术美的追求，异形建筑的建造使用率在国内的建筑中占比率越来越多。异形建筑对构造的最主要要求就是幕墙面板可以实现任意角度拼接。一般采取设置可以旋转的铝合金附框转接框的方式吸收角度变形，如图9所示。异形光伏幕墙每块幕墙面板的角度和方位角均存在差异，在角度、方位角差异不大的情况，电气部分的逆变器采用器具有MPPT（最大功率点跟踪）功能，采用多路MPPT组串式逆变器可解决光伏幕墙组件因安装位置或环境影响所造成电路并联。在角度、方位角差异大的情况，每个光伏幕墙组件可以单独设置微型逆变器，使每块可组件的输出功率都在最大功率点附近，大大削弱短板效应，减少发电量损失。

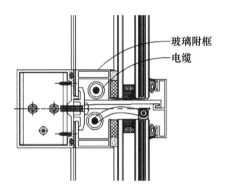

图6　龙骨自身构造隐藏线缆

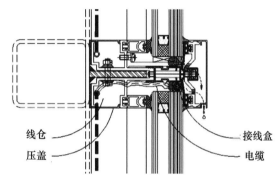

图7　龙骨自身设置线仓（嘉兴光伏科技馆）

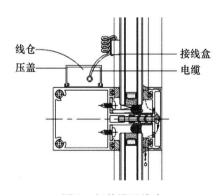

图8　额外设置线仓

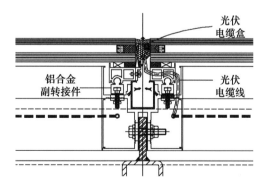

图9　具有角度调节的光伏幕墙系统

3　结论

光伏幕墙从节能和绿色产能的角度上讲，是零能耗建筑设计必须掌握的内容。本文仅针对发电和节能两个要点对光伏玻璃幕墙在设计中的注意事项进行了分析，但光伏玻璃幕墙作为幕墙的一个子系统，且作为建筑的重要组成部分，还应当充分考虑到其快速关断、电弧防护等安全性内容，充分保障消防安全。此外，对于光伏幕墙系统，建议通过综合性强制验收单位来对项目进行整体验收，在流程上进一步规范并促进光伏幕墙的健康发展。

参考文献

[1] DB 33/1015—2021，居住建筑节能设计标准[S].

[2] GB 50797—2012，光伏发电站设计规范[S].

[3] T/CCMSA 70228—2022，光伏幕墙应用指南[S].

[4] JGJ 102—2003，玻璃幕墙工程技术规范[S].

[5] 刘常平. 中国零能耗居住建筑与光伏系统能源匹配特性研究[D]. 西安建筑科技大学.

[6] 鲁永飞，鞠晓磊，张磊，设计前期建筑光伏系统安装面积快速估算方法[J]. 建设科技，2019，02.

[7] 张仲平，宣施超. 分布式光伏设计要点分析[J]. 发电与空调，2012，01：10-13.

[8] 白建波. 太阳能光伏系统建模、仿真与优化[M]. 北京：电子工业出版社，2014.

[9] Deline C. Partially shaded operation of a grid-tied PV system. in Photovoltaic Specialists Conference (PVSC)，2009 34th IEEE，2009：001268-001273.

[10] 王德勤，异型金属板幕墙和屋面在设计中的难点解析[J]. 中国建筑防水-屋面工程，2013，23.

作者简介

梁曙光（Liang Shuguang），男，浙江中南建设集团有限公司建筑幕墙设计研究院院长，全国幕墙联盟委员会副理事长，浙江省五一劳动奖章获得者，中国金属结构协会铝门窗幕墙委员会专家，杭州市优秀党员，多次被国家及协会授予荣誉称号。

梁书龙（Liang Shulong），男，高级工程师，杭州市太阳能光伏产业协会副会长，杭州市太阳能光伏产业协会光电建筑委员会秘书长。

胡博（Hu Bo），女，浙江中南建设集团有限公司幕墙设计研究院标准化管理部经理，高级工程师，毕业于英国 Newcastle 大学土木工程与地球科学系。

吴跃扩（Wu Yuekuo），男，幕墙设计师，工程师。

二、设计与施工篇

多腔中空玻璃最佳热工性能设计准则

刘忠伟

北京中新方建筑科技研究中心　北京　102206

摘　要　本文详细分析了多腔中空玻璃传热机理，并给出了多腔中空玻璃最佳热工性能设计准则。

关键词　多腔中空玻璃；热工性能；设计准则

1　前言

建筑节能是永久主题，要求会越来越严格。《建筑节能与可再生能源利用通用规范》（GB 55015—2021）自2022年4月1日起实施。该规范为强制性工程建设规范，全部条文必须严格执行。现行工程建设标准相关强制性条文同时废止。现行工程建设标准中有关规定与该规范不一致的，以该规范的规定为准。该规范执行力度非常大，此前实施的《公共建筑节能设计标准》（GB 50189—2015）、《严寒和寒冷地区居住建筑节能设计标准》（JGJ 26—2018）、《夏热冬冷地区居住建筑节能设计标准》（JGJ 134—2010）和《夏热冬暖地区居住建筑节能设计标准》（JGJ 75—2012）等相关强制性条文废止，与该规范不一致的，以该规范的规定为准。

该规范不仅执行力度大，且门窗热工技术指标要求更加严格。近期有些地方标准也相继出台严格节能标准，如北京市地方标准《居住建筑节能设计标准》（DB 11/891—2020）中规定，外窗和透明玻璃幕墙的传热系数不得大于 $1.1W/(m^2 \cdot K)$，且为强制性条文。由于门窗幕墙金属边框传热系数远高于玻璃，对于如此低的传热系数要求，玻璃的传热系数则应更低。因此，传统的单腔双玻中空玻璃已无法满足要求，采用多腔中空玻璃势在必行。由于多腔中空玻璃影响因素较多，如何正确选择玻璃配置，以获得最佳玻璃热工性能极为重要，为此本文提出多腔中空玻璃最佳热工性能设计准则，供工程上使用。

2　设计准则

2.1　充氩气

空气的导热系数为 $2.576 \times 10^{-2}W/(m \cdot K)$（20℃条件下），氩气的导热系数为 $1.734 \times 10^{-2}W/(m \cdot K)$（20℃条件下），因此充氩气的中空玻璃中空腔中气体的热导比同等条件下空气的热导低。一般情况下，双玻单腔中空玻璃传热系数充氩气比不充氩气低 $0.2 \sim 0.3W/(m^2 \cdot K)$。对于多腔中空玻璃，充氩气的效应更明显，因为氩气的占比更大。因此为获得最佳中空玻璃热工性能，充氩气是第一准则。

2.2　中空玻璃间隔层厚度

长期以来，行业里有些人认为，中空玻璃间隔层厚度以12mm为最佳，理论与实验证明，中空玻璃间隔层厚度 15mm、16mm 为最佳。目前多腔中空玻璃间隔层采用 9mm 较多，尽管对于多腔中空玻璃间隔层采用 15mm 可能会造成中空玻璃太厚，但 9mm 间隔层应不是好的选择，至少应采用 12mm 间隔层。加大间隔层是第二准则。

2.3 暖边

尽管中空玻璃采用暖边对于其自身的传热系数没有贡献，但对于构成门窗幕墙后暖边是有明显贡献的，因此采用暖边是第三准则。

2.4 镀膜

降低中空玻璃传热系数采用 Low-E 镀膜玻璃是必须的。对于多腔中空玻璃 Low-E 膜的数量和位置非常重要，正确采用 Low-E 膜可收到事半功倍的效果。

2.4.1 单膜

对于多腔中空玻璃，可采用一片离线 Low-E 膜，其位置应放在中空玻璃第二面，这样做的目的不仅其传热系数最优，其太阳得热系数也最优。

2.4.2 双膜

如果采用一片离线 Low-E 膜，中空玻璃的传热系数仍然不能满足要求，可再增加一片在线 Low-E 膜，其位置应放在室内侧，目的是为了降低玻璃内表面换热系数，进而降低中空玻璃的传热系数。

2.4.3 多膜

如果采用双膜仍然不能满足要求，可再增加离线 Low-E 膜，其位置应放在无膜的空腔中。

采用 Low-E 玻璃是第四准则。

3 多腔中空玻璃传热系数计算方法

多腔中空玻璃传热系数可按（1）式计算：

$$\frac{1}{U}=\frac{1}{h_e}+\frac{1}{h_t}+\frac{1}{h_i} \tag{1}$$

式中 U——多腔中空玻璃传热系数 [W/（m²·K）]；
　　h_e——玻璃外表面换热系数 [W/（m²·K）]；
　　h_i——玻璃内表面换热系数 [W/（m²·K）]；
　　h_t——多层玻璃系统导热系数 [W/（m²·K）]。

多层玻璃系统导热系数按式（2）计算：

$$\frac{1}{h_t}=\sum_{s=1}^{N}\frac{1}{h_s}+\sum_{m=1}^{M}d_m r_m \tag{2}$$

式中 h_S——气体空隙的导热系数 [W/（m²·K）]；
　　N——空气层的数量；
　　M——材料层的数量；
　　d_m——每一个材料层的厚度（m）；
　　r_m——每一层材料的热阻（玻璃的热阻为 1m·K/W）。

气体空腔的导热按式（3）计算：

$$h_s=h_r+h_g \tag{3}$$

式中 h_r——辐射导热系数 $[W/(m^2 \cdot K)]$；

h_g——气体的导热系数（包括传导和对流）$[W/(m^2 \cdot K)]$。

辐射导热系数由式（4）给出：

$$h_r = 4\sigma\left(\frac{1}{\varepsilon_1} + \frac{1}{\varepsilon_2} - 1\right)^{-1} \times T_m^3 \tag{4}$$

式中 σ——斯蒂芬-波尔兹曼常数，$5.67 \times 10^{-8} W/(m^2 \cdot K^4)$；

ε_1 和 ε_2——间隙层中玻璃界面在气体中平均绝对温度 T_m 下的校正发射率。

气体导热系数由式（5）给出：

$$h_g = N_u \frac{\lambda}{s} \tag{5}$$

式中 s——气体层的厚度（m）；

λ——气体导热率 $[W/(m \cdot K)]$；

N_u——努塞特准数，由式（6）给出：

$$N_u = A(G_r \cdot P_r)^n \tag{6}$$

式中 A——一个常数；

G_r——格拉斯霍夫准数；

P_r——普兰特准数；

n——幂指数。

如果 $N_u < 1$，则将 N_u 取为 1。

格拉斯霍夫准数由式（7）计算：

$$G_r = \frac{9.8s^3\Delta T^2\rho}{T_m\mu^2} \tag{7}$$

普兰特准数按式（8）计算：

$$P_r = \frac{\mu c}{\lambda} \tag{8}$$

式中 ΔT——玻璃两侧的温度差（K）；

ρ——气体密度（kg/m^3）；

μ——气体的动态黏度 $[kg/(ms)]$；

c——气体的比热 $[J/(kg \cdot K)]$，

T_m——玻璃平均温度（K）。

对于垂直空间，其中 $A = 0.035$，$n = 0.38$；水平情况：$A = 0.16$，$n = 0.28$；倾斜 45 度：$A = 0.10$，$n = 0.31$。

对于多腔中空玻璃，每一单元的平均温度和平均温差通过迭代法计算得出。

例如：6Low-E（离线，第二面）＋12Ar＋6Low-E（离线，第四面）＋12Ar＋6Low-E（在线，第六面），其传热系数仅为 $0.7W/(m^2 \cdot K)$，已经非常低了。

4 结语

降低玻璃的传热系数在理论上没有障碍，只要增加空气间隔层的数量，并配以 Low-E 膜即可。工程实践中，如何在控制成本的条件下，设计符合标准要求的中空玻璃需求具体情况具体分析，但本文给出的设计准则是最佳技术路线。

曲面异形玻璃幕墙节点设计方案解析

王德勤

北京德宏幕墙工程技术科研中心　北京　100062

摘　要　本文对异形玻璃幕墙及采光顶、自由曲面玻璃体等具有双曲面玻璃造型的外围护结构项目，在节点设计和施工中碰到的技术难题及解决方案作了详细的介绍，特别是对特殊节点在实际工程中的处理作了阐述。这些节点在二十多年的使用和运行中已经经受了考验，状态良好。部分节点已经应用在各种的异形幕墙的项目中，对异形玻璃幕墙的结构制作和面板安装起到了重要的作用。使得双曲面的玻璃造型流畅顺滑，很好地实现了异形曲面的建筑效果。

关键词　异形玻璃幕墙；平板拟双曲；单曲板拟双曲面；双曲面异形玻璃。

1　引言

建筑外观的新、奇、特艺术效果，出现了不少三维自由曲面造型的建筑立面。其基本表现手法是利用通透的异形玻璃这种媒介，通过对玻璃面板曲面的变化形式来表现的，这就给了建筑幕墙的技术人员和科研研发提出了不小的挑战和巨大的契机。可以说，异形幕墙的出现和发展给了幕墙设计师们发挥其聪明才智的空间，促使建筑幕墙的设计与施工技术向前发展。

本文想通过对实际工程应用中，经过时间考验的成熟节点进行介绍和分析，进一步提高我们对异形玻璃幕墙节点的设计和理解能力。

1.1　双曲面异形幕墙工程案例（多块双曲面玻璃组拼而成的自由曲面）

异形曲面玻璃幕墙的形式很多，有由多块双曲面玻璃组拼而成的自由曲面玻璃幕墙，如北京长安中心的索结构双曲面玻璃体（图1）。北京天文馆新馆南北立面入口处的双曲面玻璃洞口和马鞍体玻璃通道的异形自由曲面夹胶玻璃（图2）等。

(a) 双曲面玻璃体照片　　　　(b) 内部索结构照片　　　　(c) 东立面双曲面玻璃

图1　北京长安中心的索结构双曲面玻璃体照片

(a) 北立面双曲面玻璃幕墙   (b) 双曲面马鞍体玻璃通道   (c) 南立面入口

图 2　北京天文馆新馆双曲面玻璃幕墙照片

本文所提到的第一个项目是北京长安中心的索结构双曲面玻璃体。该案例是我在 2005 年完成的一项预应力索结构支承自由曲面玻璃幕墙的探索。其支承结构是利用水平布设的反向预应力支承索桁架结构与单向单索结构组合形成自由曲面玻璃幕墙。其水平跨度为 24m。竖向为单向单索支承最大垂直跨度为 8m，幕墙结构的受力特征为竖向单索首先承受水平风荷载，再传递给横向水平钢索桁架，由横向水平钢索桁架交给钢结构，最后传递到地面或者建筑主体结构。

在实际工程中，空间曲面玻璃面板的支承结构系统，除异形钢结构外也可以通过索、杆的空间合理布设，将钢索布置出个性鲜明的造型，形成合理的受力体系。通过点支式玻璃连接系统来支承双曲面玻璃面板，形成建筑造型中理想的自由曲面（图 1）。

北京新天文馆南北立面入口处和马鞍体玻璃通道，是典型的双曲面玻璃幕墙。从工程竣工到现在已有近二十年的时间了。位于南、北立面的夹胶中空玻璃双曲面幕墙和马鞍形玻璃通道的异形夹胶玻璃面板，已经经受到了时间的考验。

在该项目的异形幕墙中从玻璃幕墙到玻璃旋体造型，以及玻璃采光顶、屋顶玻璃体造型等相关于异形幕墙的特殊构造节点有二十种之多。由于节点设计的比较合理，针对性和可实施性强，对异形玻璃幕墙的结构安装和面板安装起到了决定性的作用，使得双曲面的玻璃造型流畅顺滑（图 2）。

寿光文化中心玻璃椭球形剧场（由单曲板拟合双曲面玻璃幕墙的典型项目）的长轴是 60m 短轴为 40m 由多根相互平行的立柱支撑在 8m 高的空中。球形剧场的一端是通过通道与大堂连接，球形剧场的结构是由钢管通过经纬线的布置形成的球壳。外层的玻璃是中空彩釉夹胶热弯玻璃，是典型的"单曲板拟双曲面"的做法（图 3）。

整个椭球体外饰面的双曲面玻璃是通过彩釉点密度的变化实现透光率的变化。玻璃与钢结构的连接节点是通过玻璃之间的空隙将内片玻璃固定在结构上，实现了机械连接的隐框效果。

1.2　异形幕墙项目平板拟双曲面（采取平板拟双曲面的做法）

北京天文馆新馆内的四个空间钢结构玻璃旋体。无论从设计和施工的技术难度都超乎想象，采用了上、下玻璃板块对接，左右玻璃板块错位搭接的连接方式。其曲率半径变化不同，都是典型的平板拟双曲面的工程案例（图 4）。

图 3　寿光文化中心玻璃球形剧场照片

(a) 玻璃旋体局部照片　　　　　(b) 玻璃旋体西立面照片　　　　　(c) 玻璃旋体北立面照片

图 4　北京天文馆新馆双曲面玻旋体照片

北京天文馆新馆整体建筑物由五层钢筋混凝土结构、钢结构、玻璃幕墙及采光顶、马鞍形玻璃通道和四个各具象征意义的玻璃旋体组合而成。四个玻璃旋体的最大直径为 25m，最小直径为 13m，总高度为 38.5m；旋体的玻璃为上、下两点支承和边部四点支承，玻璃之间为开缝式，上、下玻璃板块对接，左、右玻璃板块错位搭接的连接方式。其建筑创意新颖、造型别致、层次分明，用玻璃与钢结构的有机结合体现了过去与未来、艺术与自然的和谐统一。

哈尔滨大剧院是哈尔滨标志性建筑（图 5），剧院的设计力图从剧院、景观、广场和立体平台多方位给市民及游人提供不同的空间感受。考虑到观演和观光的需要，大剧场采用了世界首创的将自然光引入剧场的方式，丰富了非演出时段的照明方式，创造了节能环保新模式。

剧场中部采光顶的流线造型与建筑外造型的整体风格相统一。其群锥式玻璃采光顶的玻璃完全采用了平板玻璃折线拼接的方式塑造出高低起伏群体堆积大流线的视觉效果。

更为典型的采取平板拟双曲面玻璃幕墙是凤凰卫视北京总部大楼（图6~图8）。屹立在朝阳公圆旁，外型有些奇特，有人说造型像个"窝"，建筑的大小线条都是螺旋立体双曲线。这个整体双曲面的建筑幕墙，是采用了铝合金框架型材支承，平板玻璃折线安装的工艺方案成型的，是典型的"平板拟双曲面"玻璃幕墙。建筑具有极强的视觉震撼效果。

图5　哈尔滨大剧院中部的群锥式玻璃采光顶照片

图6　凤凰卫视北京总部玻璃幕墙照片

图7　凤凰卫视北京总部南口玻璃幕墙照片

图8　凤凰卫视北京总部立面玻璃幕墙照片

2　异形玻璃幕墙节点设计

这类玻璃幕墙的节点可以说在每个项目都会由于外形的变化而有所不同，都需要进行具体分析来对连接节点的功能适应性作单独设计。其设计的基本原则是，有效地传递荷载，将面板与支承结构之间有机结合，使得支承体系在稳定的同时能适应多角度的荷载变化对幕墙曲面带来的影响。还要充分考虑到其视觉效果，造型美观有一定的观赏性。

双曲面异形幕墙节点应用案例

北京天文馆新馆在南、北立面的马鞍通道入口处，由于外形和玻璃分割线所限，使钢结构龙骨的加工和玻璃的加工安装碰到很大的难题。固定玻璃的次龙骨是曲线形，而固定玻璃的槽口又要与玻璃的边缘对应，这就出现了次龙骨为曲线扭曲形状；异形边双曲面玻璃最大长度达3680mm×1200mm，这在当时国内的玻璃加工业是从未遇到过的难题。突破难题的方案是在异形双曲面玻璃的加工时采用网格式空间模形确定玻璃下料尺寸。在模具制作时按网格横竖向线条的曲度将钢管加工弯曲并组拼成型（图9、图10）。

图 9　加工成型双曲面玻璃照片　　　　图 10　安装在现场的双曲面玻璃照片

　　幕墙结构系统采用了横向由 T 形钢龙骨支承，在外部增加了铝合金装饰扣条。使其既作为外视横线条也作为玻璃面板的水平支承结构。北立面异形玻璃幕墙节点图中所示的为大面的基本节点，在转角处和曲面幕墙处的节点是在此基础上进行了加强改造（图 11、图 12）。

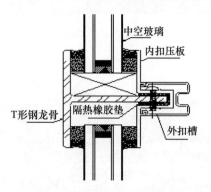

图 11　北立面异形玻璃幕墙节点图　　　　图 12　北立面马鞍形玻璃通道入口

　　在旋体玻璃与结构连接节点设计过程中，玻璃板块之间采用上下玻璃板块对接，左右玻璃板块错位搭接的连接方式，在板块之间打胶处理使之形成闭缝式连接的特殊双层玻璃点驳接节点也叫"双头连接驳接头"。该节点申请了国家实用新型专利，为这类连接形式找到了出路（图 13 和图 14）。

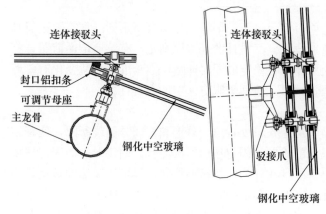
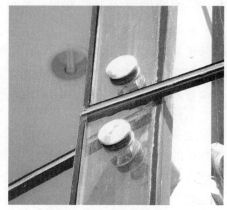

图 13　旋体玻璃与结构连接节点图　　　　图 14　旋体节点实体照片

为解决技术难题，在设计中根据工程特点发明了新的节点并使用在本工程上："双头连接驳接头""可调式转角支承爪件""双层玻璃定位夹"等，都是针对本工程设计的特殊节点。既解决了设计与施工难题，又满足了建筑造型的要求。在结构设计上充分利用先进的结构计算软件建立四个旋体的空间模型，对旋体的每一杆件都进行静力学和动力学的分析，确保结构的安全性。

由于造型的需要，在玻璃旋体上也有玻璃板块为上、下两点支承的玻璃旋体的双曲面造型。由于玻璃板块与旋体的空间钢结构的连接是采用在玻璃板块的中部固定的，用玻璃板块的上、下两点来支承板块所受的荷载（图15）。

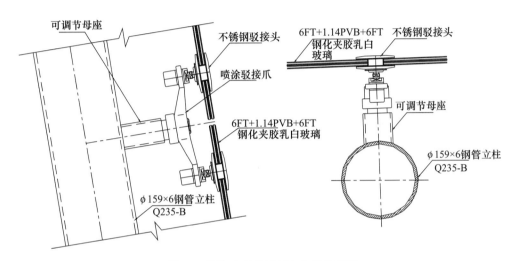

图 15　旋体玻璃面板两点支承节点图

这种连接方式虽然解决了玻璃板块自重和水平荷载的传递问题，但同时又出现了板块平面外不稳定的问题。为了能在不增加结构连接件的情况下，解决玻璃板块平面外固定的问题，我们专门为该项目设计了玻璃面板卡扣式连接节点，也叫"双层玻璃定位夹"（图16～图19）。

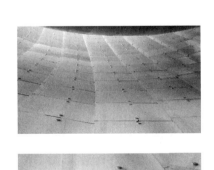

图 16　旋体玻璃面板两点支承节点实体照片

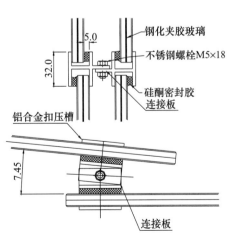

图 17　旋体玻璃面板卡扣节点图

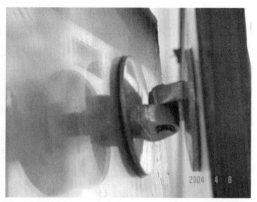

<table>
<tr><td>图 18　旋体玻璃面板两点支承节点细部照片</td><td>图 19　旋体玻璃面板卡扣节点实体照片</td></tr>
</table>

在北京天文馆新馆玻璃幕墙和玻璃旋体施工中采用了多项新工艺、新材料、新技术，其难度之大精度之高为国内钢结构和幕墙的设计、安装所不多见的，其中许多地方都打破了常规，为国内幕墙特殊异型钢结构的安装积累了丰富的经验。

寿光文化中心玻璃椭球形剧场的隐框曲面玻璃幕墙采用了"隐形夹板式连接装置"。该连接装置结构包括母座、转接件、托板件、销轴、压板、紧定螺钉等；安装时将母座固定在支承结构上，转接件通过螺纹旋入母座中，托板件通过销轴和锁紧螺母固定在转接件上。压板装在中空玻璃的空腔内，压板上装有橡胶压条，在中空玻璃空腔内设置有铝槽，中空玻璃安装后，压板通过连接螺钉固定在托板上，压板压合在铝槽上将玻璃面板固定。

这种用于椭球体全隐框曲面玻璃板固定的节点，发明后立即应用在了寿光文化中心玻璃椭球形剧场上。解决了曲面板四点不共面的固定安装难题。该节点申请了国家发明专利（利号：ZL 2008 1 0024546.5）（图 20、图 21）

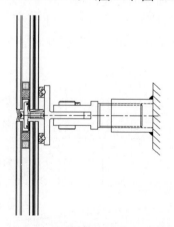
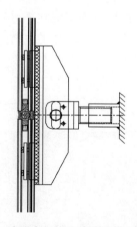

<table>
<tr><td>图 20　隐形夹板式连接装置竖向剖视图</td><td>图 21　隐形夹板式连接装置横向剖视图</td></tr>
</table>

在这里想强调的是，这种"隐形夹板式连接装置"在使用过程中应该注意内片玻璃应该是夹层玻璃其受力体系为点支承受力。

由于北京长安中心的索结构双曲面玻璃体工程的外形是采用不规则的双曲面体，支承结构又是不对称的鱼尾式索桁架和竖向单索结构，再加上主体结构只能承担水平荷载不能承受竖向力，这就要求每个节点构造都要适应结构性能的要求。

　　竖向索的顶部节点比较复杂，由于受力变形的要求钢索与钢桁架的连接节点必须能够在钢索受水平荷载变位时自由转动，同时又要能吸收索材料的轴向长度误差和安装误差。我们在此处安装了球形脚支座和误差调节器。

　　由于水平索桁架的钢索内力极大，在设计时采用了双索同时受力的方案。为了解决双拉索与杆的在工作状态时能牢固连接又能相对位移，设计了特殊节点（图22～图24）。

图 22　实体照片

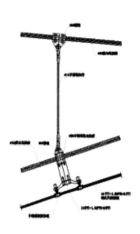
图 23　特殊连接节点图

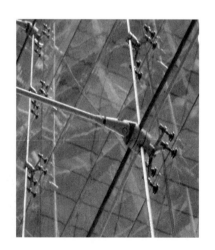
图 24　节点实体照片

3　结语

　　近年来，异形建筑和异形幕墙在国内有了快速的发展，这就为特殊幕墙节点的使用提供了一个更大的空间，对幕墙工程师们在幕墙节点设计上提供了一个又一个的新的富有挑战的课题。总结和介绍过去二十年来，我所经历的双曲面异形玻璃幕墙项目在特殊节点的设计施工技术经验，旨在为了给新的，更复杂的异形项目在节点设计与施工时提供有针对性的参考。为幕墙设计师们利用当今数字化高科技的手段解决技术难题提供借鉴的方案和依据。

文章中所涉及的项目都已经经受了时间的考验。北京天文新馆项目、寿光文化中心玻璃椭球形剧场、哈尔滨大剧院群锥式玻璃采光顶、凤凰卫视北京总部大楼、北京长安中心的索结构双曲面玻璃体项目都已经成为当地的典范工程和地标项目，成为双曲面异形玻璃幕墙可以借鉴的样板。

参考文献

[1] 王德勤. 复合型空间索结构在自由曲面玻璃幕墙项目中的应用技术解析[J]. 幕墙设计，2021，1.
[2] 王德勤. 北京天文馆新馆幕墙结构相关技术[C]. 铝门窗幕墙论文集，2005.
[3] 王德勤. 北京天文馆设计与施工技术[J]. 建筑技术，2005，9.
[4] 王德勤. 异型玻璃幕墙工程施工测量技术探讨[J]. 中国建筑装饰装修，2005.

作者简介

王德勤，男，1958 年 4 月出生，教授级高级工程师，北京德宏幕墙工程技术科研中心，主任；中国建筑装饰协会专家组成员；中国建筑金属结构协会幕墙委员会专家组成员；中国钢结构协会空间结构分会索结构专业委员会成员。

被动式低能耗建筑门窗的性能化设计与系统化安装

孙文迁

南昌职业大学门窗学院　江西安义　330500

摘　要　低能耗、超低能耗及零能耗建筑节能标准的相继推出，对建筑门窗的节能性能提出了更高的要求。建筑门窗作为建筑围护结构的重要部分，其节能性能的设计及安装对建筑物整体节能性能的影响起到重要的作用。性能化设计，系统化安装是建筑门窗提高节能性能的重要措施。

关键词　性能化设计；系统化安装；低能耗建筑；零能耗建筑

1　前言

建筑能耗约占我国社会总能耗的 40%。作为建筑外围护结构的建筑门窗，其能耗约占建筑能耗的 50%，因此，建筑门窗的节能是建筑节能的关键。

我国的建筑节能工作经历了自 1986—2016 年逐步实施的节能 30%、50%、65% 的建筑节能设计标准。经过 30 年发展，建筑节能 65% 的设计标准已经基本普及实施。建筑节能工作减缓了我国建筑能耗随城镇建设发展而持续高速增长的趋势，并提高了人们居住、工作和生活环境的质量。为了推动建筑节能设计标准向更高的目标实施，国家以 2016 年国家建筑节能设计标准为基准，制定了 2025、2035、2050 中长期建筑能效提升目标。其中，2016 年执行的国家建筑节能设计标准包括《公共建筑节能设计标准》（GB 50189—2015）《严寒和寒冷地区居住建筑节能设计标准》（JGJ 26—2010）《夏热冬冷地区居住建筑节能设计标准》（JGJ 134—2010）《夏热冬暖地区居住建筑节能设计标准》（JGJ 75—2012）。

1.1　低能耗建筑

以 2016 年为基准，在此基础上，建筑能耗降低 25%～30% 的建筑可称为"低能耗建筑"。已经修订实施的《严寒和寒冷地区居住建筑节能设计标准》（JGJ 26—2018）、《温和地区居住建筑节能设计标准》（JGJ 475—2019）及正在修订的《夏热冬冷地区居住建筑节能设计标准》（JGJ 134—2010）和《夏热冬暖地区居住建筑节能设计标准》（JGJ 75—2012），其目标为 75% 节能率，相对于 2016 年国家建筑节能设计标准，其能耗降低 30%，属于"低能耗建筑"标准。

1.2　近零能耗建筑

适应气候特征和场地条件，通过被动式建筑设计最大幅度降低建筑供暖、空调、照明需求，通过主动技术措施最大幅度提高能源设备与系统效率，充分利用可再生能源，以最少的能源消耗提供舒适室内环境，且其室内环境参数和能效指标符合本标准规定的建筑，其建筑能耗水平应较 2016 年执行的国家建筑节能设计标准降低 60％～75％以上。

其中，严寒和寒冷地区，近零能耗居住建筑能耗降低 70％～75 以上，不再需要传统的供热方式，夏热冬暖和夏热冬冷地区近零能耗居住建筑能耗降低 60％以上；不同气候区近零能耗公共建筑能耗平均降低 60％以上。

1.3 超低能耗建筑

超低能耗建筑是近零能耗建筑的初级表现形式，其室内环境参数与近零能耗建筑相同，能效指标略低于近零能耗建筑，其建筑能耗水平应较 2016 年执行的国家建筑节能设计标准降低 50％以上。

超低能耗建筑是实现近零能耗建筑的预备阶段，除节能水平外，均满足近零能耗建筑要求。以 2016 年为基准，在此基础上，建筑能耗降低 25％～30％的建筑可称为"低能耗建筑"。

超低能耗建筑是较"低能耗建筑"更高节能标准的建筑，是现阶段不借助可再生能源，依靠建筑技术的优化利用可以实现的目标，其建筑能效在 2016 年国家建筑节能标准水平上有较大水平的提升，建筑室内环境也更加舒适，其供暖、通风、空调、照明、生活热水、电梯能耗应较 2016 年国家建筑节能设计标准降低 50％以上。

1.4 零能耗建筑

零能耗建筑能是近零能耗建筑的高级表现形式，其室内环境参数与近零能耗建筑相同，充分利用建筑本体和周边的可再生能源资源，使可再生能源年产能大于或等于建筑全年全部用能的建筑。

1.5 被动式设计

建筑设计应根据气候特征和场地条件，通过被动式设计降低建筑冷热需求和提升主动式能源系统的能效达到超低能耗，在此基础上，利用可再生能源对建筑能源消耗进行平衡和替代达到近零能耗，有条件时，宜实现零能耗。

被动式设计。近零能耗建筑规划设计应在建筑布局、朝向、体形系数和使用功能方面，体现节能理念和特点，并注重与气候的适应性。通过使用保温隔热性能更高的非透明围护结构、保温隔热性能更高的外窗、无热桥的设计与施工技术，提高建筑整体气密性，降低供暖需求，通过使用遮阳、自然通风、夜间免费制冷等技术，降低建筑在过渡季和供冷季的供冷需求。

2 建筑门窗设计

2.1 建筑门窗节能设计

建筑门窗的节能设计应从建筑节能的整体节能性能设计方面考虑，包括建筑门窗的性能化设计和建筑门窗的系统化安装设计两方面。

性能化设计建筑门窗是以建筑室内环境参数和规范设计参数为性能目标，利用模拟计算工具，对建筑门窗设计方案进行逐步优化，最终达到建筑门窗预定性能目标要求的设计过程。

性能化设计方法的核心是以性能目标为导向的定量化设计分析与优化。面向建筑性能，给出满足性能目标的参数和指标要求，门窗的关键性能参数选取基于性能定量分析结果，而不是从规范中直接选取。

性能化设计建筑门窗的节能性能，对于室内环境参数要求较高的建筑，还应包括应根据建筑物的不同朝向，针对性的设计特殊位置、特殊要求的门窗。

门窗的建筑设计应选用与建筑保温隔热系统设计性能要求相匹配的门窗系统。门窗方案设计应根据建筑功能和环境资源条件，以气候环境适应性为原则，以建筑室内环境及技术性能参数要求为目标，充分利用天然采光、自然通风以及外门窗保温隔热等设计手段。

近零能耗建筑应采用保温隔热性能较好的外窗系统窗。外窗是影响近零能耗建筑节能效果的关键部件，其影向能耗的性能参数主要包括传热系数（K 值），太阳得热系数（$SHGC$ 值）以及气密性能。影响外窗节能性能的主要因素有玻璃层数，Low-E 膜层、填充气体、边部密封、型材材质、截面设计及开启方式等。应结合建筑功能和使用特点，通过性能化设计方法进行外窗系统的优化设计和选择。

2.2 建筑门窗技术设计

随着我国建筑节能的要求不断提高，极大地推动了建筑门窗行业的发展。从构成建筑门窗的材料，到建筑门窗的使用功能和性能要求，再到建筑门窗的生产技术，都存在着现代新技术对建筑门窗行业的影响。

建筑新材料的不断研发使得建筑门窗的技术设计，不再仅仅是门窗形式的简单拼装。建筑门窗的技术设计包括对构成门窗的材料、构造、门窗形式、技术、性能等要素构成的相互关联的技术体系设计，其中：

材料设计包括型材、增强、附件、密封、五金、玻璃等构成门窗的各种原、辅材料；

构造设计包括各材料组成的节点构造、角部以及中竖框和中横框连接构造、拼樘构造、安装构造、各材料与构造的装配逻辑关系等构成门窗的所有构造；

门窗形式设计包括门窗的材质、功能结构（如形状、尺寸、材质、颜色、开启形式、组合、分格等）及延伸功能结构（如纱窗、遮阳、安全防护、新风及智能控制等）；

技术设计包括建筑门窗的工程设计规则、加工工艺与工装及安装工法等所有设计、加工及安装方面的技术；

性能设计包括安全性、节能性、适用性和耐久性。安全性主要包括抗风压性能、平面内变形性能、耐火完整性、耐撞击性能、抗风携碎物冲击性能、抗爆炸冲击波性能等；节能性能包括气密性能、保温性能、隔热性能等；适用性能包括启闭力、水密性能、空气声隔声性能、采光性能、防沙尘性能、耐垂直荷载性能、抗静扭曲性能等；耐久性包括反复启闭性能等。

3 性能化设计

门窗的性能化设计与其它设计方法最大的不同点在于根据目标建筑室内环境及技术性能参数要求，通过定量化计算，确定满足性能要求的方案设计。

3.1 室内环境参数

健康、舒适的室内环境是建筑设计的基本前提。室内热湿环境参数主要是指建筑室内的温度、相对湿度，这些参数直接影响室内的热舒适水平和建筑能耗。空间环境参数以满足人体热舒适为目的。

根据国内外有关标准和文献的研究成果，当人体衣着适宜且处于安静状态时，室内温度 20℃比较舒适，18℃无冷感，15℃是产生明显冷感的温度界限。冬季热舒适（$-1 \leqslant PMV \leqslant 1$）对应的温度范围为：18～24℃。基于节能和舒适的原则，本着提高生活质量、满足室内舒适度的条件下尽量节能，将冬季室内供暖温度设定为 20℃，在北方集中供暖室内温度 18℃ 的基础上调高 2℃。

《近零能耗建筑技术标准》（GB/T 51350—2019）对建筑室内主要房间热湿环境参数要求见表 1，居住建筑内噪声昼间≤40dB（A），夜间≤30dB（A）。

表 1　建筑主要房间室内热湿环境参数

室内热湿环境参数	冬季	夏季
温度（℃）	≥20	≤26
相对湿度（%）	≥30	≤60

建筑门窗的性能设计要求：满足室内环境参数要求及规范设计要求，且室内环境参数应满足较高的热舒适水平。

门窗结露就是在门窗的室内表面凝聚着露水或水雾。当玻璃、窗框表面温度较周边临近潮湿空气的露点温度低时，空气中的水蒸汽变为液体的水，凝结在冷的固体表面，就会产生结露现象。当结露部位温度在 5~50℃，相对湿度达到 80% 以上时，就容易发生霉变。因此，露点温度和霉变温度是建筑门窗节能设计必须考虑的因素。

3.2　规范设计技术参数

我国地域广阔，气候分区多，不同气候分区建筑节能设计对外门窗均有相应的规范设计参数要求，国家标准《近零能耗建筑技术标准》（GB/T 51350—2019）中对近零能耗下的节能门窗要求如下。

（1）外门窗气密性能不宜低于 8 级；

（2）居住建筑外窗（包括透光幕墙）及公共建筑外窗（包括透光幕墙）热工性能参数分别见表 2 和表 3。

表 2　居住建筑外窗（包括透光幕墙）传热系数（K）和太阳导热系数（SHGC）表

性能参数		严寒地区	寒冷地区	夏热冬冷地区	夏热冬暖地区	温和地区
传热系数 K [W/（m²·K）]		≤1.0	≤1.2	≤2.0	≤2.5	≤2.0
太阳得热系数	冬季	≥0.45	≥0.45	≥0.40	—	≥0.40
	夏季	≤0.30	≤0.30	≤0.30	≤0.15	≤0.30

表 3　公共建筑外窗（包括透光幕墙）传热系数（K）和太阳导热系数（SHGC）表

性能参数		严寒地区	寒冷地区	夏热冬冷地区	夏热冬暖地区	温和地区
传热系数 K [W/（m²·K）]		≤1.2	≤1.5	≤2.2	≤2.8	≤2.2
太阳得热系数 $SHGC$	冬季	≥0.45	≥0.45	≥0.40	—	—
	夏季	≤0.30	≤0.30	≤0.15	≤0.15	≤0.30

注：太阳得热系数为包括遮阳（不含内遮阳）的综合太阳得热系数。

3.3　建筑门窗的性能化设计方法

（1）采用协同设计的组织形式；

（2）根据设定目标（建筑地区）要求，设定室内环境参数及节能指标要求，并利用模拟计算软件等工具，优化设计方案；

（3）性能化设计程序。

①设定室内环境参数；

②通过定量计算，制定设计方案；

③利用模拟计算软件等工具进行设计方案的定量分析及优化；

④制定加工工艺和工装；

⑤试制产品并进行性能测试、优化，直至满足目标设计要求；

⑥确定优选设计方案；

⑦制定工程设计规则；

⑧制定安装工艺；

⑨技术总结。

外门窗是影响建筑节能效果的关键部件，其影响能耗的性能参数主要包括传热系数（K 值）、太阳得热系数（$SHGC$ 值）以及气密性能。影响外窗节能性能的主要因素有玻璃层数、Low-E 膜层、填充气体、边部密封、型材材质和截面设计及门窗开启方式等。

建筑门窗的性能化设计是以定量分析及优化为核心，进行塑料建筑门窗组成要素的关键参数对门窗性能的影响分析，在此基础上，结合门窗的经济效益分析，进行技术措施和性能参数的优化。

4　系统化安装

建筑门窗的系统化安装是指建筑门窗安装设计时应满足建筑物整体节能方案设计要求，安装时保证热桥设计的一致性（等温设计）和气密层的连续完整性。

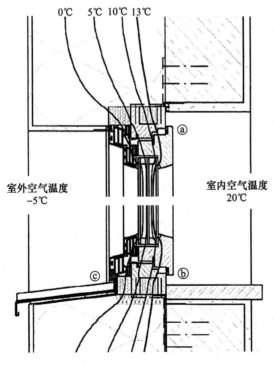

图 1　安装位置等温设计

建筑物节能系统设计，充分考虑了构成建筑物的构配件及各构造节点的节能性的整体设计与施工安装。

建筑门窗作为建筑外围护结构，其性能要求应首先服务于建筑物、满足建筑物功能和性能要求。因此，建筑门窗的安装应满足建筑物整体节能性能的系统化安装要求，确保建筑物节能要求中的等温线和气密线的连续性。

门窗的安装位置应进行建筑热工优化后确定，设计出合理的安装施工工艺，进而确保建筑门窗与建筑物节能性能的一致性。

门窗的等温设计应与建筑物整体等温设计保持一致性，即保持等温线的连续性，如图 1 所示，避免安装节点构造产生热桥。

外门窗及其遮阳设施热桥处理应符合下列规定：

（1）外门窗安装方式应根据墙体的构造方式进行优化设计。当墙体采用外保温系统时，外窗可采用整体外挂式安装，框内表面宜与基层墙体外表面齐平，门窗位于外墙外保温层内。装配式夹心保温外墙，外门窗宜采用内嵌式安装方式，外门窗与基层墙体的连接件应采用阻断热桥的处理措施。

（2）外门窗外表面与基层墙体的连接处宜采用防水透汽材料密封，门窗内表面与基层墙体的连接处应采用气密性材料密封。

（3）窗户外遮阳设计应与主体建筑结构可靠连接，连接件与基层墙体之间应采取阻断热桥的处理措施，如图 2 所示。

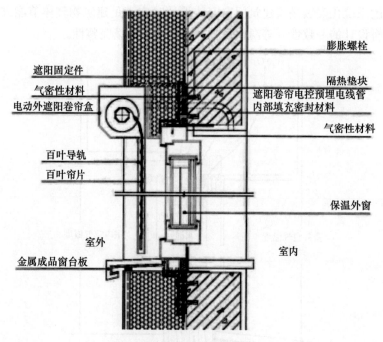

图 2　活动外遮阳及外窗安装方法

建筑物气密性是影响建筑供暖能耗和空调能耗的重要因素，对实现近零能耗目标来说，由于其极低的能耗指标，由单纯围护结构传热导致的能耗已较小，这种条件下造成气密性对能耗的比例大幅提升，因此建筑气密性能更为重要。良好的气密性可以减少冬季冷风渗透，降低夏季非受控通风导致的供冷需求增加，避免湿气侵入造成的建筑发霉、结露和损坏，减少室外噪声和室外空气污染等不良因素对室内环境的影响，提高居住者的生活品质。建筑围护结构气密层应连续并包围整个外围护结构如图3所示。

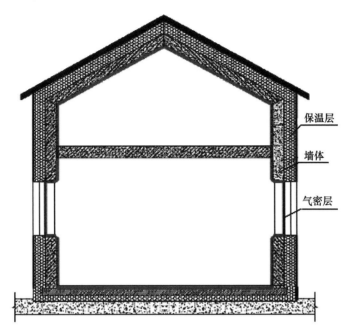

保温层

墙体

气密层

图3　气密层标注示意图

从图3中可以看出，外门窗的气密性是建筑整体气密性的重要一环，对近零能耗建筑整体的气密性有较大的影响，因此，外门窗的气密性安装施工是实现建筑整体气密性目标的基础保证。

5　结语

建筑门窗的性能设计与安装是被动式低能耗建筑节能性能设计与安装的重要一环，将建筑门窗的性能化设计和系统化安装与被动式低能耗建筑的性能化设计与系统化安装整体性考虑，才能保证被动式低能耗建筑整体节能的整体节能效果。

参考文献

[1]　王波，孙文迁．建筑系统门窗研发设计[M]．北京：中国电力出版社，2022.1.
[2]　孙文迁，等．铝合金门窗设计与制作安装（2版）[M]．北京：中国电力出版社，2022.1.

作者简介

孙文迁（Sun Wenqian），男，1965年10月生，工学学士，研究员，研究方向：建筑门窗幕墙节能技术；工作单位：南昌职业大学门窗学院；地址：江西省安义县前进东路8号；邮编：330500；联系电话：13964065031；E-mail：swq5288@sina.com。

错缝式单元幕墙结构受力浅析

曾学岚

深圳市方大建科集团有限公司 广东深圳 518057

摘 要 本文对错缝式单元幕墙的插接位置受力不均匀性进行分析，并结合在建项目对错缝式单元幕墙横梁的局部连接设计思路和方案进行了剖析，以供幕墙行业的工程技术人员探讨或借鉴。

关键词 错缝；不均匀性；单元式幕墙

1 引言

工程案例中错缝式单元幕墙常见的有三种情况，标准单元立柱错缝、带中立柱形式一错缝、带中立柱形式二错缝，本文分别对以上三种错缝形式进行受力分析（为方便受力模型简化，本次受力分析忽略板块自身层间玻璃对连接处支座反力的影响）。

2 错缝式单元幕墙横梁连接受力不均匀性设计解析

2.1 标准单元立柱错缝分析

板块错缝样式（图1），标准单元板块 A、板块 B 的单元阴阳料通过水槽料插接在标准下单元板块 C、板块 D、板块 E 的上横梁上，上单元的插接受力点落在下单元上横梁位置，板块传力清晰，对力学模型进行简化分析如下。

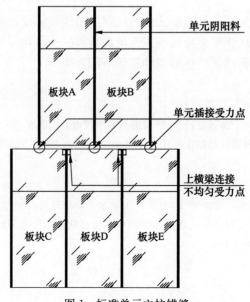

图1 标准单元立柱错缝

图1标准单元立柱错缝，上横梁连接受力简图（图2），荷载作用点距支座距离可变；据力学受力分析如下。

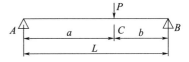

节点 A 反力：

$$R_A = \frac{P \cdot b}{L} \qquad (1)$$

图2 标准单元错缝受力简图

式中　R_A——节点 A 反力（N）；

　　　P——集中荷载（N）；

　　　L——横梁长（m）；

　　　b——集中荷载作用点距支座 B 距离（m）。

节点 B 反力：

$$R_B = \frac{P \cdot a}{L} \qquad (2)$$

式中　R_B——节点 B 反力（N）；

　　　a——集中荷载作用点距支座 A 的距离（m）。

节点 A、节点 B 反力受到荷载偏心影响与作用位置的距离成反比关系，连接处节点设计时应选取最不利荷载进行受力分析，根据计算结果对连接节点 A、节点 B 采取不同的连接措施。

2.2　带中立柱形式一错缝分析

板块错缝样式（图3），单元板块 A、板块 B 的单元阴阳料及中立柱两者通过水槽料分别插接在标准下单元板块 C、板块 D、板块 E 的上横梁上，上单元的插接受力点落在下单元上横梁位置（形式一），板块传力清晰，对力学模型进行简化分析如下。

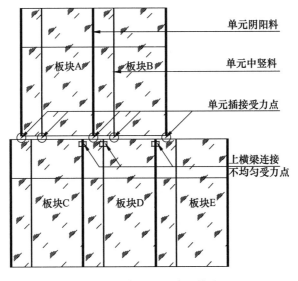

图3　带中立柱形式一错缝

带中立柱形式一错缝上横梁连接受力简图（图4），荷载作用点距支座距离可变，且 $a_1 < L_1$；

此时单元上横梁受力模型变成超静定体系，受力分析较复杂，以下根据《机械设计手册》

115

中双跨梁受力公式（图5～图8）及按同等条件下的几组有限元模型计算结果进行对比印证。

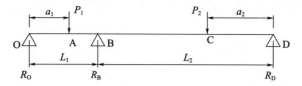

图4　带中立柱形式—错缝受力简图

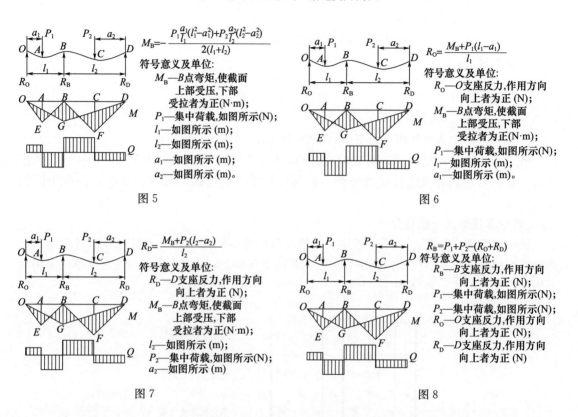

根据几组计算数据分析（表1），简化公式计算值比有限元模型反力值偏大＋1.7％～＋6.4％，两者偏差较小，可以认为两者计算的上横梁连接反力是可相互印证的，设计过程中可按计算出的节点反力对连接节点O、节点B、节点D位置采取不同的连接措施。

表1　双点错缝数据分析（L_2＝1800mm，$a_1<L_1$）

	a_2	L_1		
		600mm	900mm	1200mm
①	300mm	＋5.2％	＋3.3％	＋2.5％
②	600mm	＋6.3％	＋3.8％	＋2.7％
③	900mm	＋6.4％	＋3.8％	＋2.1％
④	1200mm	＋5.8％	＋3.4％	＋2.3％
⑤	1500mm	＋4.2％	＋2.5％	＋1.7％
		①	②	③

2.3 带中立柱形式二错缝分析

板块错缝样式（图9），单元板块 A、板块 B 的单元阴阳料及中立柱两者通过水槽料分别插接在标准下单元板块 C、板块 D、板块 E 的上横梁上，上单元的插接受力点落在下单元上横梁位置（形式二），板块传力清晰，对力学模型进行简化分析如下。

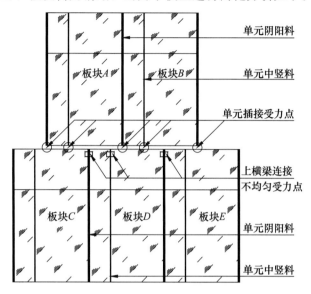

图 9　带中立柱形式二错缝

带中立柱形式二错缝上横梁受力简图（图10），荷载作用点距支座距离可变，且 $a_1 > L_1$；

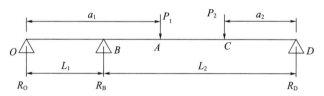

图 10　带中立柱形式二错缝受力简图

单元上横梁受力模型也是超静定体系，根据《机械设计手册》中双跨梁受力公式计算出的反力结果，与同等条件下的几组有限元模型计算结果对比印证（表2）发现，两者计算结果偏差较大，可知当 $a_1 > L_1$ 后，不能直接套用公式。

表 2　双点错缝数据分析（$L_2 = 1800\text{mm}$，$a_1 > L_1$）

	a_2	L_1		
		600mm	900mm	1200mm
①	200mm	−403%	−90.50%	−49.60%
②	500mm	−12.90%	−7.50%	−5.30%
③	800mm	+4.7%	+2.5%	+1.5%
④	1100mm	+5.3%	+2.8%	+1.7%
		①	②	③

此时我们可以根据叠加原理将形式二错缝受力简图拆分计算（图 11），将 P_1、P_2 分别进行计算并叠加求出双跨梁连接位置反力，并与同等条件下有限元模型结果进行对比验证，分析如下。

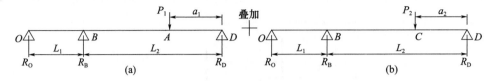

图 11　带中立柱形式二错缝受力叠加简图

据图 5～图 8 中公式，令其中一个荷载自变量为 0，可对公式进行简化，对图 11 中（a）公式简化为式 3～式 6。

P_1 对 B 点弯矩：
$$M_{Ba}=-\frac{P_1 \cdot \frac{A_1}{L_2} \cdot (L_2^2-A_1^2)}{2(L_1+L_2)} \tag{3}$$

P_1 对 D 点集中力：
$$R_{Da}=\frac{M_{Ba}+P_1 \cdot (L_2-A_1)}{L_2} \tag{4}$$

P_1 对 O 点集中力：
$$R_{Oa}=\frac{M_{Ba}}{L_1} \tag{5}$$

P_1 对 B 点集中力：
$$R_{Ba}=P_1-(R_{Oa}+R_{Da}) \tag{6}$$

对图 11 中（b）公式简化为式 7～式 10。

P_2 对 B 点弯矩：
$$M_{Bb}=\frac{P_2 \cdot \frac{a_2}{L_2} \cdot (L_2^2-a_2^2)}{2(L_1+L_2)} \tag{7}$$

P_2 对 D 点集中力：
$$R_{Db}=\frac{M_{Bb}+P_2 \cdot (L_2-a_2)}{L_2} \tag{8}$$

P_2 对 O 点集中力：
$$R_{Ob}=\frac{M_{Bb}}{L_1} \tag{9}$$

P_2 对 B 点集中力：
$$R_{Bb}=P_2-(R_{0b}+R_{Db}) \tag{10}$$

综上简化整理，当 $a_1>L_1$ 时，形式二错缝 P_1、P_2 对横梁连接处集中力进行叠加计算有 P_1、P_2 对 B 点弯矩：

$$M_B=M_{Ba}+M_{Bb}=-\frac{P_1 \cdot \frac{A_1}{L_2} \cdot (L_2^2-A_1^2)+P_2 \cdot \frac{a_2}{L_2} \cdot (L_2^2-a_2^2)}{2(L_1-L_2)} \tag{11}$$

P_1、P_2 对 D 点集中力：
$$R_D=R_{Da}+R_{Db}=\frac{M_B=P_1 \cdot (L_2-A_1)+P_2 \cdot (L_2-a_2)}{L_2} \tag{12}$$

P_1、P_2 对 O 点集中力：
$$R_O=R_{Oa}+R_{Ob}=\frac{M_B}{L_1} \tag{13}$$

P_2 对 B 点集中力：
$$R_{Bb}=R_{Ba}+R_{Bb}=P_1+P_2-(R_O+R_D) \tag{14}$$

分别与同等条件下的有限元模型计算结果对比印证，简化后见表 3 和表 4，叠加后见表 5。

表3 简化后 P_1 单点数据结果对比

		单点错缝数据分析（$L_2=1800$mm）		
	a_2	L_1		
		600mm	900mm	1200mm
①	800mm	+9.1%	+5.3%	+3.5%
②	1100mm	+8.1%	+4.6%	+2.9%
③	1400mm	+6.2%	+3.4%	+2.1%
④	1700mm	+2.3%	+1.1%	+1%
		①	②	③

表4 简化后 P_2 单点数据结果对比

		单点错缝数据分析（$L_2=1800$mm）		
	a_2	L_1		
		600mm	900mm	1200mm
①	200mm	+9.8%	+5.8%	+3.8%
②	500mm	+9.7%	+5.6%	+3.7%
③	800mm	+9.1%	+5.3%	+3.5%
④	1100mm	+8.1%	+4.6%	+2.9%
		①	②	③

表5 叠加后 P_1、P_2 双点数据结果对比

		双点错缝叠加法数据分析（$L_2=1800$mm）		
	A_1/a_2	L_1		
		600mm	900mm	1200mm
①	200mm/800mm	+9.3%	+5.4%	+3.6%
②	500mm/1100mm	+8.7%	+4.9%	+3.2%
③	800mm/1400mm	+7.5%	+4.2%	+2.6%
④	1100mm/1700mm	+5.3%	+2.8%	+1.7%
		①	②	③

计算数据对比发现，简化公式计算值相较于有限元模型反力值偏大+1.7%～+9.3%，两者偏差较小，设计过程中可按叠加法式11～式14计算出形式二错缝的节点反力，并对连接位置采取不同的连接措施。

3 错缝式单元幕墙横梁连接受力不均匀性方案选择

错缝式单元幕墙荷载受偏心影响连接节点集中力变化区间较大，以下列出几种横梁连接方案供参考（图12、图13），也可根据工程实际需要选择增大装配螺丝钉的直径、改变螺丝材质等其他加强方式以满足受力要求。

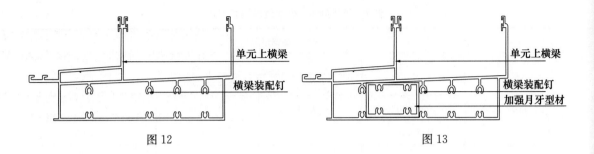

图 12   图 13

4 结语

现今建筑的外立面效果丰富多样，幕墙结构的受力也显现复杂化，本文通过对错缝式单元幕墙横梁连接设计剖析，总结一些体会与大家分享，以供借鉴和参考：

（1）在错缝式幕墙设计初期应考虑错缝式整体性效果，合理地布置错缝位置。

（2）在进行复杂受力体系分析时，尽量简化受力体系，并对计算数据结果进行验证。

参考文献

[1] 姚谏，董石麟. 建筑结构静力计算实用手册[M]. 北京：中国建筑工业出版社，2014.

[2] 数字化手册编委会. 机械设计手册[M]. 北京：化学工业出版社，2008.

大跨度玻璃幕墙支承结构的力学性能分析

徐 栋 罗永增 徐 叶

中建八局装饰工程有限公司 上海 201206

摘 要 某商业大跨度玻璃幕墙立面跨度为 22m，其中钢框架支承结构采用了吊柱形式，每根立柱顶端标高一致，立柱底端标高不同。本文从建筑幕墙的角度阐述了支承结构的设计思路，根据结构静力分析结果，并结合多个国标、地标与幕墙相关的规范，得出挠度限值指标以降低玻璃变形幅度；通过动力特性分析和特征值屈曲分析，结果显示结构以平动振型为主，在恒载和活载的标准组合作用下不会发生失稳破坏；最后对销轴连接进行有限元精细化实体建模分析，确保关键节点满足承载力极限状态下的使用要求。

关键词 玻璃幕墙；特征值屈曲分析；钢结构；实体单元

1 工程概况

项目为某商业裙房幕墙工程的玻璃盒子钢结构部分。主体结构类型为钢筋混凝土框架结构，其中与玻璃幕墙支承结构连接的屋盖部分为钢框架结构。主体结构建筑高度为 39.5m，支承结构位于标高 17～39m 之间，跨度最大为 22m。该钢框架支承结构采用吊柱形式，给幕墙设计带来了不利影响。建筑幕墙效果如图 1 所示。

图 1 建筑幕墙效果图

2 设计思路

一般而言，幕墙立柱的边界条件为顶部约束 X、Y、Z 三个方向的位移，底部只约束 X、Y 两个方向的位移，通过吊挂的形式使得幕墙立柱处于受拉状态。与压弯构件相比，拉弯构件长细比容许值提高使得构件在选型时可以尽量地满足建筑师的外观效果，同时也避免了正常使用过程中的压弯失稳破坏。本文分析的构件为商业裙楼中玻璃盒子西侧立面幕墙的支承结构，最大跨度为 22.5m，根据幕墙分格条件，分别从左至右设置了五根不同截面尺寸、不同长度的钢立柱，五根钢立柱顶部标高均为 39m，其最大间距达 8.8m；水平方向则设置钢横梁作为玻璃幕墙中铝立柱的主要支承构件，其中钢横梁间距最大为 7.5m。由于钢立柱吊挂于屋顶主体结构的巨型实腹式矩形钢梁上，主体构件的位移势必会传至立柱，此时钢立柱将从围护结构的支承构件转变为与主体构件协同受力的压弯构件。为了适应主体结构变形，钢立柱顶部与主体巨型实腹式钢梁采用销轴连接，底部采用销轴连接的同时在耳板上设置椭圆形长孔释放竖向约束，以避免支承结构立柱承受主体钢梁的变形。

3 整体分析

在结构选型过程中，作为主要受力部位的立柱采用了实腹式矩形钢管和平面桁架两种形式进行试算，初步计算结果：钢桁架的矢高接近 1000mm，矩形钢管截面高度则为 750mm。笔者综合建筑师效果需求和项目经济性指标，选择矩形钢管作为立柱的截面形式。本小节主要介绍利用有限元软件 SAP2000 对支承结构的建模过程、静力计算、动力特性分析和整体稳定性分析，其中结构重要性系数取 1.1。图 2 为构件的立面布置图，该支承结构传力机理清晰，结构受力明确，构造简单易实现，不再进行抗连续倒塌分析。

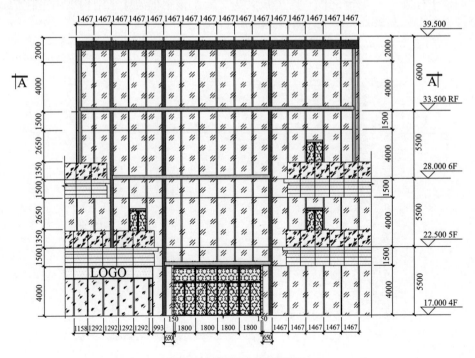

图 2　支承结构三维模型图

3.1 建模参数

建模参数见表1。

表 1 SAP2000 建模参数

参数名称	取值内容
恒荷载	钢构件自重由软件自动考虑；考虑玻璃面板及铝合金型材的自重均布恒荷载取 0.75kN/m²。
风荷载	基本风压：0.45kN/m²（重现期为 50 年）；立面风荷载体型系数按照《建筑结构荷载规范》（GB 50009—2012）表 8.3.3 第 1 项进行取值，大面区域局部体型系数取－1.0，角部区域局部体型系数取－1.4，同时考虑《建筑结构荷载规范》（GB 50009—2012）第 8.3.4 条根据构件从属面积对局部体型系数进行折减，且风荷载最小值不低于 1.0kPa；地面粗糙度类别为 B 类
温度效应	由于玻璃面板采用中空夹胶超白 Low-E 玻璃，极大地降低了热传导、热辐射对室内温度变化的影响，同时商场内空调设备也使得室温常年变化不大，因此给结构只施加 0～30℃温度荷载的变形影响
地震作用	南昌抗震设防烈度为 6 度，按照 6 度（0.05g）施加地震荷载。地震分组：第一组；特征周期值：0.25s；场地类别：二类
边界条件	该支承结构共设置 10 个支座，分别为上部 5 个固定铰支座、下部 5 个固定滑动支座，其中顶部支座固定在主体钢梁上，下部支座通过预埋件与主体混凝土梁连接

3.2 静力计算

根据《建筑结构荷载规范》（GB 50009—2012）以及《建筑结构可靠性设计统一标准》（GB 50068—2001）的规范条文，对 4 种荷载工况进行相应的组合进行分析计算。荷载取值见表 1，恒荷载以线荷载的形式直接施加于钢横梁上以贴近实际使用时的工况特征，地震荷载则采用幕墙规范中动力放大系数转换为静力荷载，再将其与风荷载分别施加于双向导荷的虚面上。钢立柱截面尺寸从左至右截面尺寸依次为：矩形钢管 550mm×300mm×8mm×8mm、矩形钢管 550mm×300mm×12mm×12mm、矩形钢管 750mm×300mm×20mm×20mm、矩形钢管 750mm×300mm×20mm×20mm、矩形钢管 550mm×300mm×8mm×8mm，钢横梁尺寸均采用矩形钢管 300mm×400mm×10mm×10mm。钢柱节点局部位移计算结果如图 3 和图 4 所示。支承结构应力和位移云图如图 5 和图 6 所示。

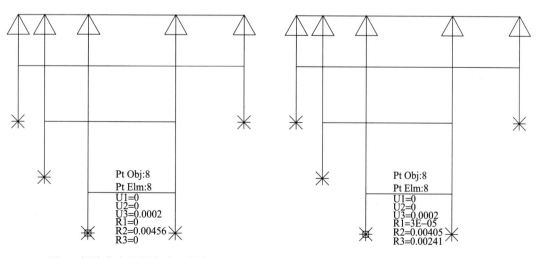

图 3　钢柱节点局部位移（铰接）　　　图 4　钢柱节点局部位移（刚接）

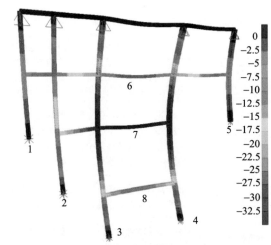

图 5　支承结构应力云图（MPa）　　　　　图 6　支承结构位移云图（mm）

　　图 7 为支承结构位于标高 34.0m 处立柱和横梁上各点水平坐标与荷载方向位移的曲线。根据图 7 分析可得：梁柱节点采用铰接约束时，支承结构位移绝对值在水平坐标 1.06～21.3m 区间内均大于节点刚接约束时的位移，且最大位移与最小位移相差为 25mm；梁柱节点采用刚接约束时，支承结构的最大位移与最小位移相差 18mm，曲线峰值相较于节点铰接约束下降更加平缓。位移曲线切线斜率反应在支承构件上就是整体立面幕墙玻璃面板的变形从四周向中心扩散所形成的坡度，在众多实际项目中，玻璃面板之间的硅酮密封胶撕裂正是由于面板间位移变化的较大差异导致，因此梁柱刚接的连接方式在降低立面整体变形的同时，也有效保证了硅酮胶使用过程中的耐久性。支承结构的杆件采用 S3 级弹塑性截面，依据《钢结构设计标准》（GB 50017—2017）第 3.5.1 条受弯构件的截面板件宽厚比等级及限值，左右两端的钢立柱壁厚采用 6mm 即可满足自身的变形要求，但在节点采用刚接约束后，采用更大壁厚的杆件截面可使荷载产生的外力与杆件刚度产生的抗力匹配得当，以促进立柱之间的协同变形，这在图 7 中体现为刚接约束曲线两端的纵坐标绝对值大于铰接约束的曲线纵坐标绝对值，即两端立柱多分配走了外力荷载，使得中间立柱顶部铰支座的反力减少，提升了钢框架整体性能。在节点刚接约束的情况下，立柱之间的不同受荷面积势必导致

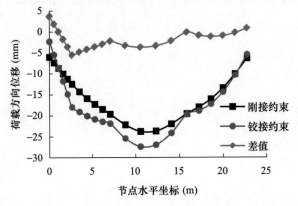

图 7　梁柱节点不同约束时的结构变形

左右两根钢梁产生不平衡弯矩，从图3、图4对比分析可知，该弯矩引起了立柱绕自身的扭转，扭转弧度为0.00241rad，因此在销轴支座设计时需预留释放扭转位移的空间。图5支承结构应力云图中各立柱最大应力分别为：62.8MPa、67.6MPa、82.8MPa、81.5MPa、67.2MPa，中间向四周逐渐增大的趋势体现了刚柔并济设计思路，此处的"刚"指减少幕墙整体立面四周的位移值，"柔"指不过分加大中间立柱的截面尺寸，与拉索幕墙的设计有异曲同工之处。

作为支承围护结构的钢框架属于位移敏感型结构，外荷载作用下的水平位移是计算时着重考虑的因素。针对大跨度幕墙立柱的挠度限值在相关规范中差异性较大，此处笔者查阅并列出了与幕墙相关的国标、地标中挠度限值的条文内容，见表2。其中《玻璃幕墙工程技术规范》（JGJ 102—2003）、天津市施行的《建筑幕墙工程技术规范》（DB 29-221—2013）、浙江省施行的《建筑幕墙工程技术标准》所列出的立柱变形限值与实际出入过大，《钢结构设计标准》（GB 50017—2017）则未考虑玻璃面板间胶缝的变形，《建筑幕墙》（GB/T 21086—2007）、上海市施行的《建筑幕墙工程技术标准》（DG/T 08-56—2019）、江苏省施行的《建筑幕墙工程技术标准》（DB 32/T 4065—2021）比较符合该支承结构立柱变形的限值条件，因此采用挠度 $d_{f,\mathrm{lim}}$ 不大于 $l/500$（44mm）进行限制立柱的位移，此外支承结构的钢横梁最大绝对挠度为34.5mm，也仍然在44mm限值范围以内。

表2　幕墙国标及地标中立柱挠度限值

规范名称	条文内容	变形限值（$l=22$m）	计算位移
《玻璃幕墙工程技术规范》 JGJ 102—2003	第6.2.7条：钢型材立柱的挠度限值 $d_{f,\mathrm{lim}}=l/250$	88mm	
《建筑幕墙》 GB/T 21086—2007	第5.1.1.2条：钢型材相对挠度要求 $L/250$，跨距超过4500mm绝对挠度要求30mm	30mm	
《钢结构设计标准》 GB 50017—2017	第B.1.1条：墙架构件（风荷载不考虑阵风系数）的支柱挠度容许值为 $l/400$	55mm	
上海市《建筑幕墙工程技术标准》 DG/TJ 08-56—2019	第13.5.7条：钢型材立柱计算跨度大于15000mm时，$d_{f,\mathrm{lim}}$ 不大于 $l/500$	44mm	28mm
江苏省《建筑幕墙工程技术标准》 DB32/T 4065—2021	第8.5.7条：钢型材 $d_{f,\mathrm{lim}}=l/250$，钢立柱 $d_{f,\mathrm{lim}}$ 绝对值不大于30mm	30mm	
浙江省《建筑幕墙工程技术标准》 DB33/T 1240—2021	第7.4.8条：钢型材立柱的挠度限值 $d_{f,\mathrm{lim}}=l/250$	88mm	
天津市《建筑幕墙工程技术规范》 DB 29-221—2013	第7.3.8条：当立柱跨度大于4500mm时，$d_{f,\mathrm{lim}} \leqslant l/250+7$	95mm	
四川省《玻璃幕墙工程技术标准》 DBJ51/T 139—2020	第7.4.8条：钢型材 $d_f \leqslant l/250$，且 $d_f \leqslant 30$mm（$l>4500$mm）。	30mm	

3.3 动力特性分析

由于结构在动力荷载作用下的响应是结构破坏的主要原因，这使得对框架结构进行动力特性分析意义重大。笔者通过有限元软件SAP2000中特征向量法对钢框架支承结构进行模态分析，同时根据《建筑抗震设计规范》（GB 50011—2010）条文规定分别对自重和附加恒载的系数设置为 1.0，对活荷载的系数设置为 0.5。本文分别对梁柱铰接和刚接两种不同的连接方式进行模态分析，为了满足计算振型数应使振型参与质量不小于总质量的 90%，这在 SAP2000 中主要查看 SumX、SumY、SumRZ 数值进行判断，其中铰接和刚接连接方式的结构分别在第 68 阶振型和第 93 阶振型满足了 SumX、SumY 累加值大于 0.9。为了便于通过质量参与系数表格中 UX、UY 和 RZ 三者之间的关系来确定振动形式，笔者提取了前 9 阶模态分析数据见表 3。

根据图 8、图 9、表 3 和表 4 进行分析，铰接模型的前 9 阶振型均表现为平动振型，且为结构平面内方向的水平振动；刚接模型在前 9 阶中也均表现为平动振型，但第一、六、七阶振型为结构平面外方向的水平振动，其余振型均为结构平面内的水平振动。由此可见，结构设计过程中，不同跨度构件所对应的截面尺寸使得结构整体刚度分配相对均匀，未出现以扭转为主的振型。对比表 3 与表 4 第一阶振型质量参与系数，可知连接节点的不同约束方式改变了结构在第一阶的振型，但支承结构的基本振动形式未发生改变。刚接形式下的 RZ 方向质量参与系数相比于铰接更大，即刚接结构在平动振型中有着更加明显的扭转，这是因为梁柱刚接节点加剧了非轴对称结构的平面外刚度分布不均的情况。铰接模型的前 3 阶自振周期分别为 0.3368s、0.2504s、0.2335s，刚接模型的前 3 阶自振周期分别为 0.23256s、0.21122s、0.17209s，所反映出的自振周期符合一般钢结构的周期特性，且结构刚度随着阶数提高而增大，也表明了按照计算模型中边界条件进行实际工程中支座的设置具有合理性。

(a) 第一阶振型　　　　　　　　(b) 第二阶振型　　　　　　　　(c) 第三阶振型

图 8　自振周期与振型（铰接）

(a) 第一阶振型　　　　　　　　(b) 第二阶振型　　　　　　　　(c) 第三阶振型

图 9　自振周期与振型（刚接）

表3　铰接模型质量参与系数

振型	T（周期）/s	UX	UY	RZ	SumUX	SumUY	SumRZ
1	0.3368	0.7900	0.0000	0.0000	0.7900	0.0000	0.0000
2	0.2504	0.0000	0.6200	0.0030	0.7900	0.6200	0.0030
3	0.2335	0.0000	0.0048	0.3300	0.7900	0.6300	0.3300
4	0.1754	0.0000	0.0910	0.1600	0.7900	0.7200	0.4900
5	0.1282	0.0042	0.0000	0.0000	0.7900	0.7200	0.4900
6	0.0838	0.0000	0.0444	0.1800	0.7900	0.7600	0.6700
7	0.0792	0.0000	0.0000	0.0000	0.7900	0.7600	0.6700
8	0.0789	0.0000	0.0000	0.0000	0.7900	0.7600	0.6700
9	0.0789	0.0000	0.0000	0.0000	0.7900	0.7600	0.6700

表4　刚接模型质量参与系数

振型	T（周期）/s	UX	UY	RZ	SumUX	SumUY	SumRZ
1	0.2325	0.0000	0.6842	0.0200	0.0000	0.6842	0.0200
2	0.2112	0.7456	0.0000	0.0000	0.7456	0.6842	0.0200
3	0.1723	0.0000	0.0288	0.5109	0.7456	0.7130	0.5309
4	0.1002	0.0240	0.0000	0.0000	0.7695	0.7130	0.5309
5	0.0940	0.0000	0.0539	0.0686	0.7695	0.7669	0.5995
6	0.0748	0.0000	0.0228	0.1690	0.7695	0.7897	0.7685
7	0.0657	0.0000	0.0054	0.0014	0.7695	0.7951	0.7699
8	0.0601	0.0733	0.0000	0.0000	0.8428	0.7951	0.7699
9	0.0561	0.0000	0.0000	0.0142	0.8428	0.7951	0.7841

3.4　整体稳定性分析

　　该结构钢立柱边界条件为上端固定铰支座，下端为竖向滑动支座，属于拉弯构件，且在大跨度面外方向主要受风荷载作用，为考察结构在拉弯扭的复合受力状态下结构的整体稳定性，笔者将此幕墙立面的钢框架支承结构类比于单层网壳结构进行计算分析。通过SAP2000软件对进行特征值屈曲分析，经计算在恒载＋活载标准组合作用下，临界荷载系数见表5。该支承结构自重及附加恒载通过立柱上方销轴支座进行传递，立柱处于受拉状态，来自于面外的风荷载使得所有构件受弯产生压应力。一般情况下，临界荷载系数为正值，而表5中临界荷载系数为负数表示在相反方向的恒载＋活载标准组合作用下乘以荷载系数的绝对值时，结构发生失稳破坏，也就是相当于立柱从吊挂式变为座立式时，自重及附加恒载使得立柱处于受压状态，结构更易发生失稳破坏。由此可见，采用吊挂式的支承结构在承载能力极限状态下不会发生失稳破坏。

表5　弹性屈曲分析临界荷载系数

模态编号	1	2	3	4	5	6
临界荷载系数	−133	−184	−212	−248	−384	−417

4　节点计算

　　钢框架支承结构与主体钢梁通过销轴进行连接，该销轴需要传递结构的自重、附加恒载和水平风荷载，销轴耳板连接的主要破坏形式为净截面拉断破坏、端部截面剪切破坏和孔壁承压破坏，耳板端距和边距是影响破坏形式的主要因素。作为结构重要性系数为 1.1 的结构关键节点，笔者首先通过《钢结构设计标准》（GB 50017—2017）第 11.6 小节对销轴及耳板进行简化的初步设计，将不同方向的力进行矢量叠加后按照公式直接进行计算，设计尺寸如图 10（a）所示。为了研究实际工况中耳板的受力情况，笔者采用通用有限元软件 ABAQUS 对耳板采用 C3D8R 实体单元进行精细化建模分析，模型如图 10（b）所示；约束铰支座底座 6 个自由度，将底座与耳板设置为绑定约束，且销轴与耳板设置为无摩擦接触，按照实际受力情况将立柱反力施加于销轴，如图 10（c）所示；耳板分析结果的应力云图如图 10（d）所示，且通过切面查看内部应力，如图 10（e）、（f）所示。通过应力云图分析可得，耳板在合力方向应力最大，且应力沿着合力方向逐步扩散减小，洞口处局部应力最大为 272MPa；横切面与竖切面应力云图中清晰地显示出应力分布梯度大，耳板两侧和端部的钢材没有充分发挥强度，满足该结构的使用要求。

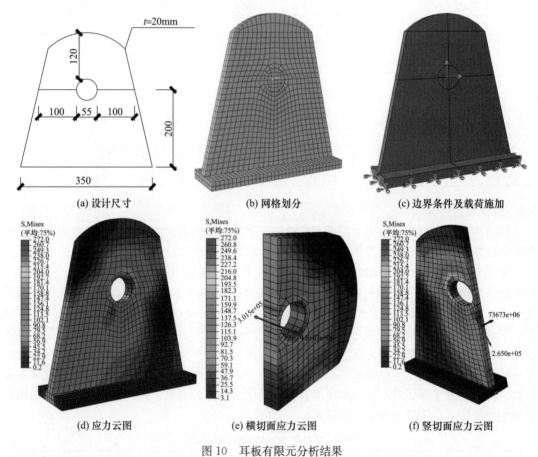

图 10　耳板有限元分析结果

5　结论

（1）通过合理设计不同钢立柱的截面尺寸，可以使得支承结构整体面外刚度分布更加均匀，以避免玻璃由于局部变形过大导致结构胶耐久性的降低。

（2）根据模态分析结果，验证了采用上端固定铰支座、下端竖向滑动支座和梁柱节点刚接边界条件的支承结构体系具有良好的动力特性，具备实际工程施工的计算依据。

（3）采用吊挂的结构形式不仅降低了立柱截面尺寸，也有效增强了支承结构的整体稳定性，但在施工过程中需确保立柱不承担主体钢梁的竖向力。

（4）耳板的设计尺寸能够满足结构在承载力极限状态下的使用要求，为重要节点部位保证了安全的冗余度。

参考文献

［1］ 中华人民共和国住房和城乡建设部，中华人民共和国国家质量监督检验检疫总局．建筑结构荷载规范：GB50009—2019［S］．北京：中国建筑工业出版社，2019．

［2］ 中华人民共和国建设部．建筑结构可靠性设计统一标准：GB50068—2018［S］．北京：中国建筑工业出版社，2018．

［3］ 中华人民共和国建设部．玻璃幕墙工程技术规范：JGJ 102—2003［S］．北京：中国建筑工业出版社，2003．

［4］ 天津市城乡建设和交通委员会．天津市建筑幕墙工程技术规范：DB29—221—2013［S］．2014．

［5］ 浙江省住房和城乡建设厅．浙江省建筑幕墙工程技术标准：DB33/T1240—2021［S］．北京：中国建材工业出版社，2021．

［6］ 中华人民共和国住房和城乡建设部，中华人民共和国国家质量监督检验检疫总局．钢结构设计标准：GB50009—2019［S］．北京：中国建筑工业出版社，2019．

［7］ 中华人民共和国国家质量监督检验检疫总局，中国国家标准化管理委员会．建筑幕墙：GB/T 21086—2007［S］．北京：中国标准出版社，2007．

［8］ 上海市住房和城乡建设管理委员会．上海市建筑幕墙工程技术标准：DG/TJ 08—56—2019［S］．上海：同济大学出版社，2020．

［9］ 江苏省住房和城乡建设厅，江苏省市场监督管理局．江苏省建筑幕墙工程技术标准：DB32/T4065—2021［S］．南京：江苏凤凰科学技术出版社，2021．

［10］ 陈志华，刘琦，刘红波，于敬海，钱思卿．索结构中销轴耳板连接破坏形式及承载力研究［J］．建筑结构学报，2022，43(10)：295-306．

作者简介

徐栋（Xu Dong），男，1995 年 9 月生，职称：助理工程师，研究方向：幕墙结构；工作单位：中建八局装饰工程有限公司；地址：中国（上海）自由贸易试验区世纪大道 1568 号 16 层 01、02、03 单元；邮编：201206；联系电话：18896577816；E-mail：277724615@qq.com。

罗永增（Luo Yongzeng），男，1972 年 1 月生，职称：中建八局装饰工程有限公司幕墙首席专家、硕士生导师、高级工程师，研究方向：幕墙结构；工作单位：中建八局装饰工程有限公司；地址：中国（上海）自由贸易试验区世纪大道 1568 号 16 层 01、02、03 单元；邮编：201206；联系电话：15618865938；E-mail：1716962330@qq.com。

徐叶（Xu Ye），男，1983 年 3 月生，职称：工程师，研究方向：幕墙系统；工作单位：中建八局装饰工程有限公司；地址：中国（上海）自由贸易试验区世纪大道 1568 号 16 层 01、02、03 单元；邮编：201206；联系电话：18602168005；E-mail：544641171@qq.com。

单层索网玻璃幕墙施工技术浅析

文 林

深圳市方大建科集团有限公司 广东深圳 518057

摘 要 本文结合国际金融论坛（IFF）永久会址项目国际会议中心东立面主入口单层索网玻璃幕墙的施工案例情况，对其施工技术进行了简单介绍，重点针对施工过程仿真分析、展索、挂索、分级张拉等工艺进行总结，供广大幕墙工程技术人员参考。

关键词 单层索网；施工准备；仿真分析；施工目标状态；找形分析；展索；挂索；分级张拉；超张拉；施工监测

1 引言

在当代建筑行业，单层索网玻璃幕墙因其无玻璃边框、无大型支承结构而深受建筑师的青睐，它轻盈通透，不仅让人们视野开阔，而且增强了建筑内外交融的美感，因而被广泛运用到办公楼大堂、会议中心、机场、会展等公共建筑的外立面。然而单层索网玻璃幕墙的支承结构由柔性钢索构成，其与传统幕墙结构相比具有受力复杂、现场张拉力大、施工难度高等特点。本文结合国际金融论坛（IFF）永久会址项目国际会议中心东立面主入口单层索网玻璃幕墙的施工案例情况，重点对柔性结构边界的索网施工仿真分析、展索、挂索、分级张拉等工艺进行分析和总结，供广大幕墙工程技术人员参考。

2 项目概况

国际金融论坛（IFF）永久会址项目选址于明珠湾起步区横沥岛尖东侧，是大湾区建设的标志性工程。该项目主要包含国际会议中心、国际会议服务酒店、政要公馆三个部分，总用地面积约 20 万 m^2，总建筑面积约 25 万 m^2。项目立足于南沙独特的自然要素与地域文脉，以木棉花开、鸿翔海丝为设计概念，体现花城之美；建筑线条飘逸飞扬，如鲲鹏展翼，有振翅欲飞之力，寓意国际金融论坛（IFF）永久会址助力南沙新区建设腾飞发展，在粤港澳大湾区发展中发挥示范性作用，面向世界，面向未来（图 1）。其中国际会议中心建筑面积约 15.1 万 m^2，具备一个 3000m^2 的主会场，3000m^2 的宴会厅，两个 1600m^2 的多功能厅、数十个中小型会议室及约 1.3 万 m^2 的专业展厅。主要幕墙包括 PTFE 膜及内侧玻璃幕墙、大跨度 Y 形柱框架玻璃幕墙、大跨度单层索网幕墙、UHPC 幕墙、采光顶等。

3 索网概述

本项目国际会议中心东立面的主入口采用单层索网幕墙，幕墙安装在托桁架与 A 字柱形成的门框结构中。主入口单层索网幕墙从顶部往下向内部倾斜的同时宽度缩减，平面形状为一内倾的梯形，下部宽 39m，上部宽 40m，两侧高 39m（图 2）。

图 1　南沙国际金融论坛永久会址项目整体效果图

图 2　国际会议中心东入口拉索幕墙效果图

单层索网玻璃幕墙的横向索和竖向索呈正交网状布置（图 3），典型分格尺寸宽为 2m，高为 3m（图 4）。其中竖向拉索为主受力索，上端锚固在托桁架下弦，下端锚固于地面预埋件；横向拉索为稳定索，两端锚固于 A 字柱（图 5）。托桁架弦杆和腹杆截面分别 $\phi700\text{mm}\times40\text{mm}$ 和 $\phi351\text{mm}\times25\text{mm}$，A 字柱截面为 □1300mm×1300mm×40mm×40mm。入口门斗的梁截面为钢管混凝土梁□800mm×800mm×40mm×40mm，柱截面为钢管混凝土柱□800mm×500mm×40mm×40mm，以及箱型柱截面□600mm×200mm×20mm×20mm。横向稳定索采用 1300 级 316 不锈钢 ϕ45 拉索，竖向承重索采用 1300 级 316 不锈钢 ϕ65 拉索。竖向拉索的索力为 950kN，横向拉索的索力为 320kN。

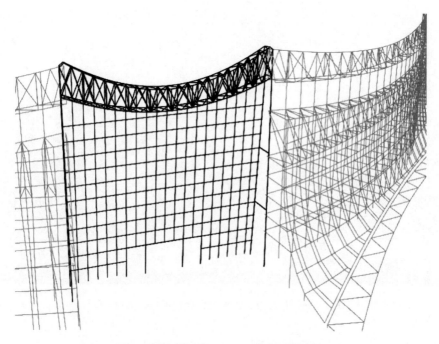

图 3　国际会议中心东入口幕墙轴侧视图

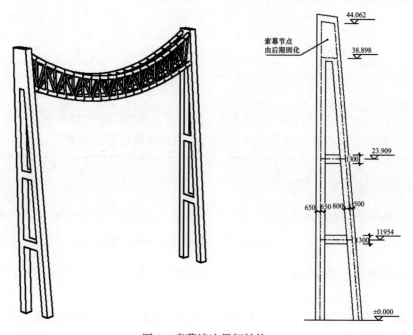

图 4　索幕墙边界钢结构

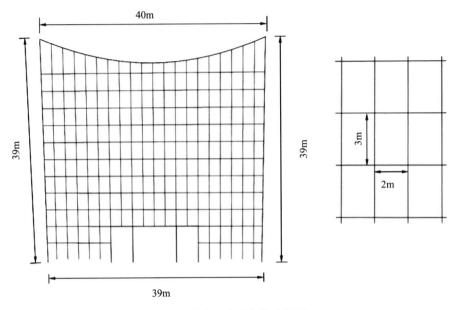

图5 幕墙尺寸及分格示意图

4 施工准备

预应力钢索施工专业化程度很高，前期需要大量的准备工作，包括深化设计方案、施工过程仿真分析、施工工器具设计、施工方案编制、与其他单位技术配合等。因索产品是在工厂加工的成品运至现场，一旦前期准备工作出现偏差将严重影响工程施工质量、进度和安全，故前期技术准备工作是索结构施工的核心环节，尤其是施工过程仿真分析，以下仅针对施工过程分析进行介绍，其余不再赘述。

施工过程仿真分析是通过计算机有限元仿真技术，提前将整个施工过程进行"预演"，了解各个施工阶段结构的受力状态以及施工过程结构非线性响应对结构最后成型状态的影响，为制定满足设计意图、安全经济的施工方案提供指导。

4.1 施工目标状态

本项目的索网结构特点鲜明，索网幕墙上部的屋盖钢桁架结构跨度超过40m，两侧为高大的A型柱，相较于锚固在混凝土主体结构之间的索网幕墙有较大差异，边界的刚度较柔，变形很大，且本项目幕墙面自然前倾5度，改变了垂直面索网幕墙的形态，受力状态相对更复杂。为了保证索幕墙在完工状态的建筑立面效果，保证璃幕墙完工状态横平竖直，即要求横向玻璃胶缝和竖向玻璃胶缝均应与建筑立面设计要求保持一致，而不应该出现弯扭或者曲线下垂效果，以此作为施工终态的目标状态（图6）。要达到此状态，对结构设计和索结构施工提出了较高的要求。

根据设计初始态要求，索网幕墙的最终目标状态包含了索力和位形两个主要的目标。所有横索张拉完毕索力控制在320kN；所有竖索张拉完毕索力控制在950kN；对位形的要求，考虑到建筑立面的效果，所有的玻璃在安装完毕后保证横平竖直，由于整个索网前倾5°，索网面外不可避免也会有一定变形。

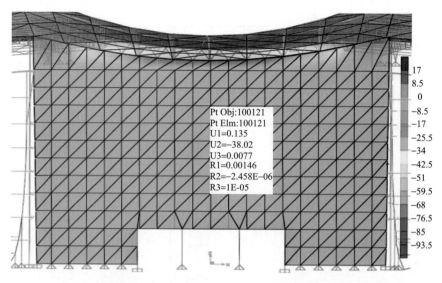

图 6   索网结构有限元找形示意图（玻璃安装完毕横平竖直）

4.2   主体结构屋盖影响分析

结合主体钢结构整体模型，充分考虑整体结构与索网的协同工作，以及主体结构屋盖的卸载对索网边界的变形影响，需要进行屋面施工过程不同阶段的位移分析，主要为吊装屋面钢结构、拆除屋面胎架、非采光顶区域屋面安装、采光顶区域屋面安装阶段位移分析。索施工前，屋面恒载作用下顶部桁架跨中已经有 −18mm 的竖向变形（图 7）。

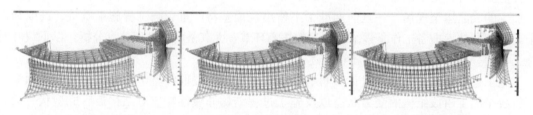

工况1.主体钢结构施工吊装屋面位移云图　　工况2.拆除第一类胎架屋面位移云图　　　　工况3.拆除第二类胎架屋面位移云图

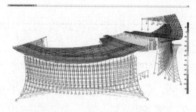 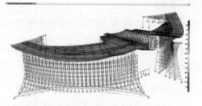

工况4.非采光顶区域屋面安装屋面位移云图　　　工况5.采光顶区域屋面安装屋面位移云图

图 7   主体结构屋盖影响分析

4.3   施工过程找形分析

根据索网施工过程，分析挂索预紧、一级张拉、二级张拉、三级张拉、安装完玻璃位移，并对索夹进行设计目标状态和找形后状态对比，张拉施工结束安装完玻璃所有拉索需达到横平竖直的结果（图8、表1）。

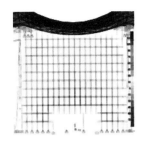
工况6.挂索预紧完索网位移云图

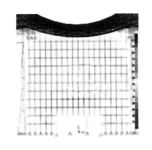
工况27.一级张拉完索网位移云图

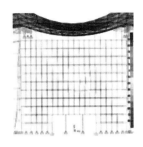
工况48.二级张拉完索网位移云图

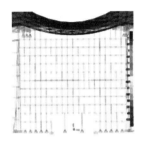
工况69.三级张拉完索网位移云图

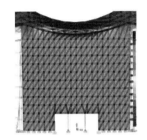
工况70.安装玻璃完索网位移云图

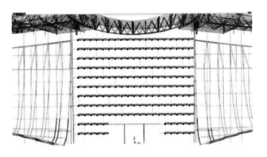
索夹编号图

图 8　施工过程找形分析

表 1　索网幕墙索夹位形对比表

索夹节点	设计目标状态变形结果			找形后目标状态变形结果		
	U_x (mm)	U_y (mm)	U_z (mm)	U_x (mm)	U_y (mm)	U_z (mm)
min	−51.7	−36.4	−79.6	−0.3	−42	−0.5
max	26	−4.8	−3	0	−4.2	0

4.4　关键工况索力分析

　　根据施工过程找形分析的结果，张拉施工安装完玻璃所有的拉索索力满足设计要求，最终横索索力范围 316～328kN，竖索索力范围 934～1040kN，其中三级张拉完毕状态对应设计初始态，索力结果基本一致（图 9）。

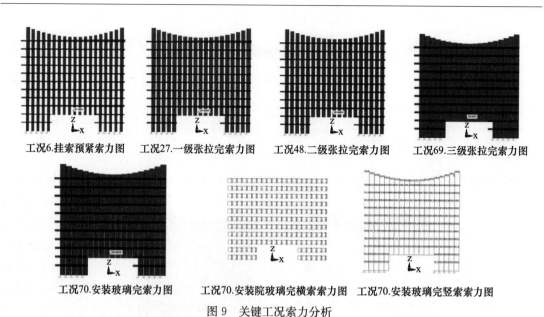

工况6.挂索预紧索力图　工况27.一级张拉完索力图　工况48.二级张拉完索力图　工况69.三级张拉完索力图

工况70.安装玻璃完索力图　工况70.安装院玻璃完横索力图　工况70.安装玻璃完竖索力图

图 9　关键工况索力分析

4.5　关键工况边界结构变形分析

根据施工过程找形分析的结果，顶部的悬链线形桁架在张拉过程中竖向变形从施工前−18mm 逐步发展到−88mm，反映出边界较柔，这么大的变形对拉索下料有非常大的影响，必须要根据施工过程的结果结合现场复测来确定拉索索长（图10）。

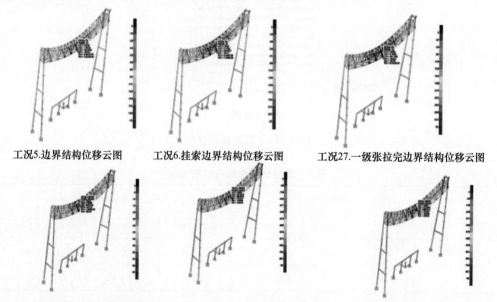

工况5.边界结构位移云图　工况6.挂索边界结构位移云图　工况27.一级张拉完边界结构位移云图

工况48.二级张拉完边界结构位移云图　工况69.三级张拉完边界结构位移云图　工况70.玻璃安装完边界结构位移云图

图 10　关键工况边界结构变形分析

5　施工工艺

索网施工工艺包括现场复测和放线、拉索下料、进场准备、搭设平台、展索、挂索、分级张拉、安装夹具、安装玻璃等，张拉过程中需进行张拉监测，自挂索开始至玻璃安装完成需由第三方监测单位对主体结构进行监测。上述除展索、挂索、分级张拉外，其他工艺与普通幕墙施工大同小异，以下仅针对展索、挂索、分级张拉进行介绍，其余不再赘述。

5.1 展索

展索的目的主要释放索内残余应力，拉索运输到现场后，展开拉索的盘圈直径不小于拉索直径的 30 倍，即本工程最大索直径为 65mm，盘圈直径不小于 2.0m。根据现场场地布置要求，在入口大门正下方摆放拉索，保证拉索在安装过程中避开障碍物，同时保证拉索顺利放开并安装，最后将所有拉索放置与成型后对应位置竖向投影位置处。展索时将索盘吊至展索盘上并将索头解开，用卷扬机牵引索头，为防止索体在移动过程中与地面接触，索头用软性材料包住，在沿放索方向铺设展索小车，以保证索体不与地面接触，拉索每隔 2m 间距宜布置方木用来搁置拉索，尽量保护拉索，避免与地面摩擦（图 11）。再将钢索在幕墙所在位置正下方附近的地面上慢慢展开。在放索过程中，因索盘绕产生的弹性和牵引产生的偏心力，索开盘时产生加速，导致弹开散盘，易危及工人安全，因此开盘时注意防止崩盘。

图 11　展索施工及立式索盘放索示意图

5.2 挂索

本项目拉索幕墙自然前倾 5°，综合考虑拉索索夹与拉索的关系，横索在内，竖索在外，结合现场实际情况，拟从下往上逐根安装横向拉索，待横索安装完毕再从左往右逐根安装竖向拉索。

5.2.1 横索安装与就位

横索选用 $\phi 45$ 的不锈钢拉索，单根长度约为 40m，单根质量最大约为 700kg，利用两台卷扬机通过 A 柱顶部悬挂的滑轮吊装，上人操作平台采用高空车，跨中采用 50t 吊车辅助吊装，待拉索到了指定位置，高空车上的工人通过吊带及葫芦将索头牵引到连接耳板附近，校准后完成销接。索头螺杆牵引就位时需要将锚杯顺着连接耳板插入，不得磕碰螺杆螺纹。拉索提升过程中需要采用木扁担保护拉索，如图 12 所示。

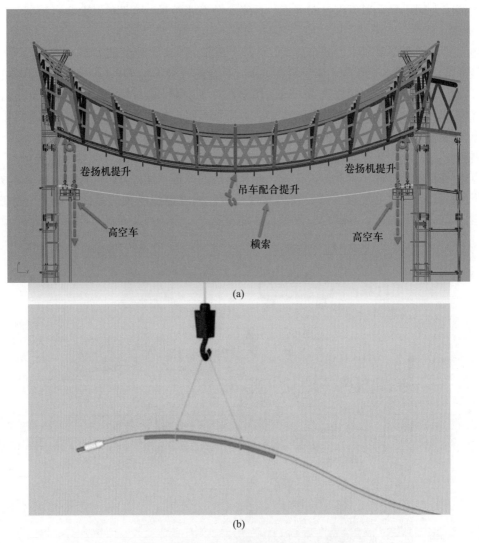

(a)

(b)

图 12　横索安装示意图及提升扁担示意图

5.2.2　竖向幕墙拉索安装

竖向拉索选用 $\phi 65$ 的不锈钢拉索，单根长度约为 39m，单根质量最大约为 1.2t，利用卷扬机提升拉索至待安装位置，高空车上人安装拉索如图 13 所示。

5.3　分级张拉

本工程特点为平面和立面均为不规则结构，为最大限度降低幕墙索预应力施加对结构的影响，且与整体计算模型相吻合，本方案拟定采用先张拉横索和竖索，然后再进行玻璃夹具的安装，该方案的优点是张拉结果与设计要求的设计索力吻合度较高，可以较好地减少主体结构施工偏差带来的不利影响。另外，为降低索预应力施加对周边结构或构件造成较大突变，本方案拟定张拉施工从刚度较大的区域逐渐向刚度较小区域发展，且张拉过程尽量均匀。

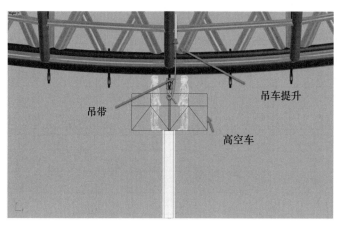

图 13　竖索安装示意图

5.3.1　张拉施工原则

张拉顺序：竖向拉索从两边往中间张拉，横向拉索从上往下张拉。

对称与同步张拉：竖索的空间位置分为 10 个张拉组，每一组内的索同步张拉；横索分为 11 个张拉组，每一组内的索同步张拉（图 14、表 2）。相邻两个张拉组的时间间隔 1.5～2h，两个张拉级间隔时间为一天，保证整体结构及连接节点受力变形到位，消除结构的间隙。

张拉分级：横向拉索和竖向拉索分别分三级张拉，张拉级分别为 30%、70% 和 100%。

张拉条件：主体结构幕墙框架主体构件 A 柱、桁架和拉索节点安装完成，主体结构屋面安装好，恒载到位后，节点连接焊缝探伤验收等满足要求后方可进行张拉施工。

张拉过程中横索挠度控制：最后一级张拉完成前进行玻璃夹具的安装，将夹具螺栓放松，让横索可以在夹具内滑动，最后一级张拉完成后再拧紧夹具螺栓。

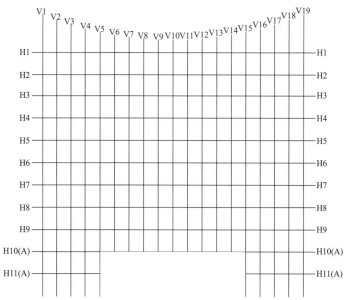

图 14　拉索编号图

表 2　预应力拉索施工分组表

序号	张拉分组	拉索编号	分类
1	第 1 组	V1、V19	竖索
2	第 2 组	V2、V18	竖索
3	第 3 组	V3、V17	竖索
4	第 4 组	V4、V16	竖索
5	第 5 组	V5、V15	竖索
6	第 6 组	V6、V14	竖索
7	第 7 组	V7、V13	竖索
8	第 8 组	V8、V12	竖索
9	第 9 组	V9、V11	竖索
10	第 10 组	V10	竖索
11	第 11 组	H1	横索
12	第 12 组	H2	横索
13	第 13 组	H3	横索
14	第 14 组	H4	横索
15	第 15 组	H5	横索
16	第 16 组	H6	横索
17	第 17 组	H7	横索
18	第 18 组	H8	横索
19	第 19 组	H9	横索
20	第 20 组	H10	横索
21	第 21 组	H11	横索

5.3.2　预应力张拉施工

根据横索和竖索的边界情况及拉索两头调节端的情况，拟在地面一侧张拉竖索，左侧 A 柱设置张拉端，进行张拉施工，张拉点如图 15 所示。其中横索的张拉施工由于条件较差，需要吊车及高空车的配合，同时结合顶部桁架挂工装索及吊带，用于辅助安装工装及千斤顶设备。

工人通过高空车在张拉端就位，首先吊装安装反力架，位于拉索锚具外侧，质量较小，直接可以套在锚具的耳板上固定；高空吊车将千斤顶和配套精钢螺纹杆，吊装到目标张拉端，安装过程中需注意千斤顶受力中心线和拉索轴线方向一致；再安装油泵，注意油泵的出油口和进油口需按照油泵说明书上安装；工装设备安装完成后，开始张拉，张拉之前需要标记拉索大螺母的位置；开始加压，加压的过程必须保证两台千斤顶同步进行，避免受力不均匀，如何保证千斤顶同步进行，加压的速度需缓慢，通常是 1MPa 为一个步级。张拉过程中，通过拧紧大螺母来使拉索受力，考虑到小钢棒转动可能力矩不够，需要采用对应的扳手，大螺母始终保持和锚垫板在一起便可（图 16）。张拉到设计要求力值后，测量结构等变形情况，张拉结束。

5.3.3　预应力损失及处理措施

张拉过程中预应力损失产生主要原因如下：钢索索体松弛；钢索索体锚具回缩变形，主要是调节螺杆变形；油压损失；节点摩擦使预应力产生损失。为保证张拉力达到设计要求，根据大量工程经验，实际张拉过程中，采取在理论张拉力基础上超张拉 5% 进行控制。

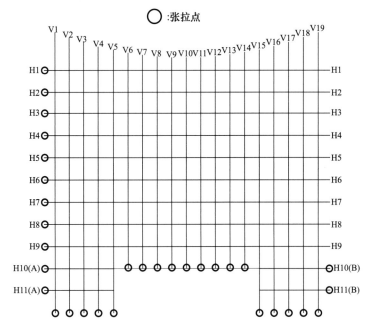

图 15　拉索张拉点示意图

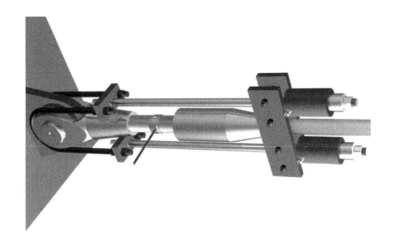

图 16　张拉工装设计组装及固定措施示意图

6　施工过程监测

通常预应力拉索，是从确定的一个初始状态开始的，习惯上是根据建筑要求和经验使结构具备一定的初始刚度。但是仅此而获得的结构刚度是不够的，这就必须对柔性的预应力钢索施加预应力，使结构进一步获得刚度，以便在荷载状态对各种不同的荷载条件下结构任何段钢拉杆的任一单元均满足强度要求及稳定条件。本工程经计算可得，预应力拉索的张拉结构位移控制可变因素多，故张拉施工过程中对结构"力"的控制极为重要。

6.1 监测原则

为满足预应力施工过程的需要，保证工程顺利进行，施工监测布点时采取以下原则：

索力监测：以索力监测为主，保证结构张拉完成的结构"力"与设计相符。

位移监测：本工程位移响应不敏感，位移监测相对误差较大，以位移监测为辅，通过监测结构位移情况来验证结构"力"的变化趋势情况。

6.2 位移监测

本工程预应力拉索的施工精度直接影响到玻璃幕墙的安装，而拉索的安装位置取决于主体钢结构的安装精度，主体钢构、拉索和玻璃幕墙三者紧密的结合，前后互相影响较大，故对本工程的测量监控技术要求较高。

拉索节点空间位置：本工程在索网均匀选取若干个区域，测量这区域的拉索节点，再放映到 CAD 图纸上，通过实际放样确定拉索的安装精度是否与设计相吻合。通过监控索夹处的三维坐标，把现场放映回来的实测数据与图纸上的 CAD 坐标进行比较。可以知道这个节点的位移变化值，进而确定拉索的安装与张拉精度。

张拉过程中监控点位移控制：通过监测索网节点在张拉施工过程最终的位移验证索网索力的变化（图 17、图 18）。

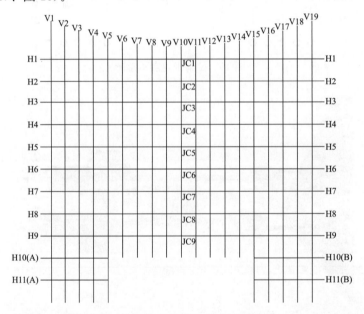

图 17　幕墙索网监控点位布置图

图 18　监测仪器

142

根据仿真分析，监测点最终标高数据见表3。

表3　监测点标高

位移监测	
监测点	目标标高
JC1	32874.3
JC2	29885.8
JC3	26897.2
JC4	23908.6
JC5	20920.0
JC6	17931.5
JC7	14942.9
JC8	11954.3
JC9	8965.7

最终的位形按照《玻璃幕墙工程技术规范》（JGJ 102—2003）的施工质量要求控制见表4。

表4　施工质量控制标准

竖缝的直线度	2.5mm	2m靠尺，钢板尺
横缝的直线度	2.5mm	2m靠尺，钢板尺
线缝宽度（与设计值比较）	±2mm	卡尺
两相邻面板之间的高低差	1.0mm	深度尺
玻璃面板与肋板夹角与设计值偏差	≤1°	量角器

6.3　索力监测

直接在张拉千斤顶油泵上的压力表直接读出（图19），这是施工过程中最直观的读数方法。钢索结构通常使用液压千斤顶张拉，由于千斤顶张拉油缸的液压和张拉力有直接关系，所以，只要测定张拉油缸的压力就可以求得钢索索力。

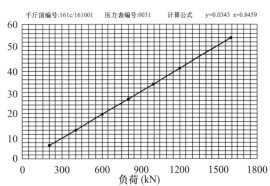

图19　千斤顶标定证书示意图

7 结语

索网结构的形成过程即施工过程，索网在安装过程中同时建立了预应力并使结构形成，若施工没有控制好，其可能形成的索网结构面目全非，甚至导致玻璃面板无法安装。其施工过程中应注意以下几点。

（1）前期技术准备工作是索结构施工的核心环节，重点做好施工过程仿真分析；

（2）索的下料长度、索的下料状态应力在施工仿真分析中得到计算和控制，并结合现场复测尺寸进行修正；

（3）施工方案确定好挂索顺序、张拉顺序、张拉分级及相应索力控制，必须与设计的预应力施加过程相一致，并严格按方案执行；

（4）控制预应力施加过程的速率，保证整体结构及连接节点受力变形与设计一致；

（5）预应力施加过程的监控十分重要，施工中应规定监控索力和位移的指标，同时监控一些重要结构构件的"形"和"力"。

参考文献

［1］ 中华人民共和国住房和城乡建设部．建筑施工高处作业安全技术规范：JGJ 80—2016[S]．北京：中国建筑工业出版社，2016．

［2］ 中华人民共和国住房和城乡建设部．索结构技术规程：JGJ 257—2012—2012[S]．北京：中国建筑工业出版社，2012．

深圳机场卫星厅建筑幕墙深化设计浅析

杨　云　　王伟明　　欧阳立冬　　花定兴

深圳市三鑫科技发展有限公司　广东深圳　518054

摘　要　深圳机场卫星厅位于 T3 航站楼北侧，总建筑面积约为 24 万 m^2，通过捷运系统连接 T3 航站楼和规划中的 T2 航站楼。卫星厅蛋卷形的建筑外壳，呈现出流畅、圆润的外观；与 T3 航站楼六角形表皮及流线造型遥相呼应。立面幕墙上设置白色鱼鳞形遮阳构件，在充分发挥遮阳、节能功效时，又为建筑带来灵动、活泼的气息。本文通过卫星厅项目，对场馆类幕墙特点及异形遮阳构件应用技术进行探讨，以供参考。

关键词　机场幕墙；遮阳装饰构件

1　工程概况

卫星厅项目整体呈 X 造型（图 1），主楼由四条直线指廊及弧形中央指廊组成；东北、西北指廊幕墙高 13.7～22m，中央及南面指廊幕墙高度 22m，呈南高北低的趋势。主要幕墙系统包括：指廊外幕墙、指廊端口幕墙、首层全玻幕墙、玻璃雨棚、吊顶格栅、遮阳构件等，工程总计约 8 万 m^2；其中指廊外幕墙面积约 4 万 m^2。

图 1　项目竣工实景图

本文以指廊玻璃幕墙系统为例，分析机场类幕墙系统设计特点，并对遮阳装饰构件的深化设计做探讨，以供类似项目参考。

项目位于沿海开阔地带，地面粗糙度为 A 类，基本风压 0.9kPa；建筑层数 5 层，屋面为钢结构网架屋面。指廊幕墙采用全明框系统，横竖龙骨均为钢结构，顶部玻璃内倾，底部玻璃外倒，玻璃外侧设置遮阳构件，外立面简洁、规整。

2 指廊玻璃幕墙深化设计

2.1 幕墙系统设计

本幕墙系统为全明框结构，包括：焊接钢立柱、钢横梁、型材底座、铝合金压板、铝合金装饰盖、防脱角码等。幕墙龙骨外侧，焊接"T型钢码件"；铝合金型材与幕墙龙骨之间，通过"T型钢码件""不锈钢螺栓"固定（图2）。立面玻璃包括：12TP（Low-E）＋12A＋10HS＋1.9PVB＋10HS 中空钢化（半钢化）夹胶超白 Low-E 玻璃（双银）、10HS＋1.9PVB＋10HS（Low-E）＋12A＋12TP 中空半钢化（钢化）夹胶超白 Low-E 玻璃（双银）。外倒玻璃的夹胶面向外，内倒玻璃的夹胶面向内；保证玻璃自爆后，碎渣不掉落伤人。

图 2　指廊幕墙典型立面及节点

2.2 幕墙结构分析

本系统立柱跨度大（13.5m）、间距大，建筑造型特殊（弧形），常规铝合金龙骨已不适用。采用焊接钢扁通作为幕墙立柱，氟碳喷涂处理（图3）。因屋面排水需求，每6个分格（约18m），设置一根落水管立柱（宽320mm）。其余为标准立柱（宽200mm），间距2.8～3.2m。钢立柱与建筑表皮一致，呈外凸的曲线造型。立柱的外缘与玻璃面平行，折线过渡，内缘为滚弯圆弧曲面。

幕墙横梁采用成品钢通，跨度2.8～3m，氟碳喷涂处理。标准横梁为 140mm×140mm×6mm 钢方通，间距 1.8～1.95m。幕墙与屋面交接处，顶部横梁两端与立柱焊接，规格为200mm×150mm×10mm 钢扁通。横梁与立柱通过焊接，三边角焊缝，焊高同横梁壁厚，形成幕墙网架。每根落水管立柱处，标准横梁通过插芯与立柱连接（滑动连接），以释放由温度引起的变形。

2.3 竖向传力体系

场馆类建筑的屋面结构形式，通常为钢结构网架结构，不承受立面围护结构的重量；幕墙重力由立柱底部混凝土结构梁承担，立柱为承压构件。常规设计是立柱底部开圆孔（铰接），顶部开长圆孔（滑动连接）。本工程幕墙具有"双向圆弧曲面造型"的特点，立柱安装方向多；为保证加工及施工的便捷性；立柱的顶部设置不锈钢连杆。立柱底部，通过销轴、耳板，与主体结构梁（预埋件）固定；立柱顶部，通过销轴、不锈钢连杆、耳板与钢屋架连接。主体结构梁、幕墙网架、不锈钢连杆、钢结构屋架依次铰接，使幕墙龙骨系统，形成"二连杆机构"；实现幕墙自重落地，减小幕墙自重对屋面结构的影响（图4）。

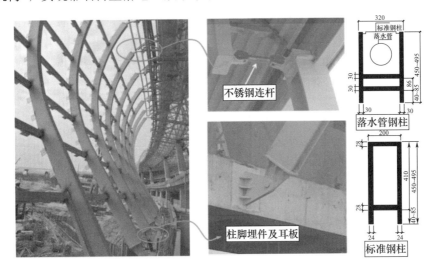

图 3　幕墙钢龙骨体系

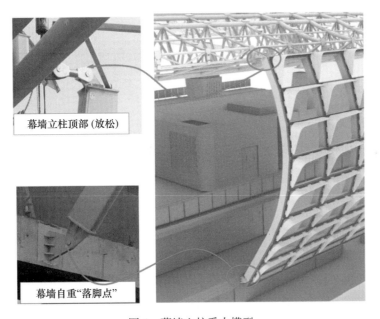

图 4　幕墙立柱受力模型

2.4　水平抗风体系

　　玻璃幕墙所受风荷载，通过横梁、立柱直接传递给主体结构，传力路径简洁。风荷载通过立柱顶部传至屋面结构时，为减小风荷载对屋面结构的"上推趋势"，不锈钢连杆需尽量保持"水平状态"。施工深化过程中，充分利用BIM技术，通过精细化建模设计；在屋面钢架与连杆之间设置"转接钢架（支座）"，以适应"高度尺寸"和"进出尺寸"的变化，保证连杆水平（图5）。

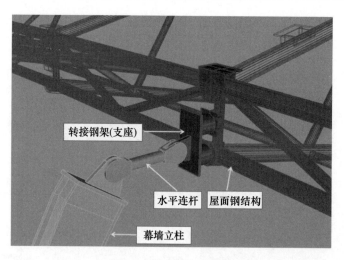

图 5　立柱顶部节点模型

2.5　侧向抗风体系

因建筑节能设计的需要，幕墙外侧设置遮阳装饰构件，标准立柱上包含 8 个遮阳件。遮阳件外挑尺寸 260～650mm，从下到上逐渐增大（图 6）。

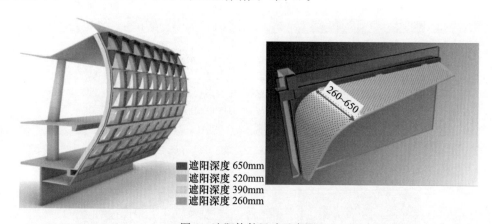

图 6　遮阳构件尺寸示意图

如图 6 所示，遮阳件整体呈"L 形"，水平面及侧向面直接受风。水平风荷载通过横梁，传递至幕墙立柱及埋件，传力途径清晰、结构可靠。但在竖直方向，单个遮阳件受风面积 0.32～0.63m² 不等。每根立柱上，受风面积达 3.8m²。项目位于临海开阔地带，构件数量多（4887 件），其侧向力不应忽视。经整体建模分析，立柱顶部侧向荷载 7.4kN。

为保证侧向荷载有效传递至主体结构，立柱底部耳板增加加强钢肋板。在每隔 18m 的立柱顶部，设置铰接斜撑杆（ϕ152mm×10mm 钢管），以抵抗遮阳件带来的侧向风荷载。斜撑杆两端，采用定制"万向球铰机构"，以适应平面角度的变化（图 8）。

3　遮阳构件深化设计

地处岭南沿海，融入深圳市花（三角梅）的设计灵感，鱼鳞形的遮阳构件赋予建筑动感及鲜明的特色，既充分发挥了遮阳、节能的效果，又契合了深圳沿海城市的气质。根据建筑朝向和日照角度的变化，遮阳构件尺寸和朝向各部相同。遮阳件空间异形、尺寸大、种类多，龙骨防腐和扭曲加工成为设计难点（图9）。

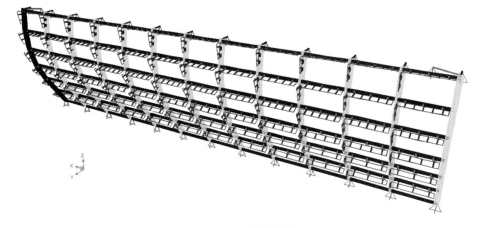

图 7　结构计算模型

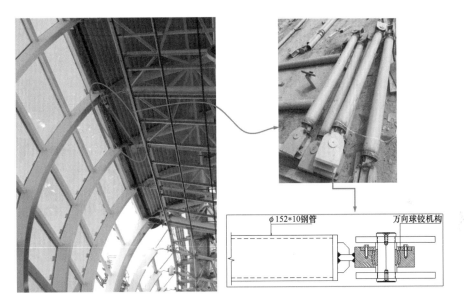

图 8　斜撑杆安装节点图

图 9　遮阳构件朝向图

3.1 全铝结构创新设计

初始设计方案中，遮阳件龙骨为氟碳喷涂钢通。钢骨架焊接成框架，加工简便、材料成本低，但项目位于沿海区域（受盐雾侵蚀），钢材耐腐蚀性能差、后期维护成本高。

遮阳件的弯弧过渡区域，为扭曲造型（双向曲面）。传统工艺中，可考虑铝板弯曲成型，或用铝圆管（ϕ50mm）弯扭、对剖切割。方案理论上可行，但通过样板验证，因构件弯曲半径小，尺寸多，加工成本高，不能满足工期要求（图10）。

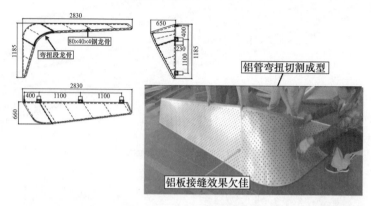

图10　遮阳构件加工样板

为解决上述难题，经理论分析及多次样板验证，创新采用了铝骨架、双曲弯弧铝铸件、整幅穿孔铝板的全铝结构体系，彻底解决防腐和加工难题。

3.2 细节深化设计

铝合金龙骨的连接，是受力杆件连接的关键点，通常有焊接、机械连接两种。

铝龙骨焊接，虽受力简单，但工艺要求高，角焊缝强度低（65MPa）。焊丝选择、焊接电流控制、气体保护等，均需严格控制；加工效率低，不满足工期和成本的要求。

机械连接，即通过螺栓、螺钉固定。受力途径复杂，传统简化计算，不能体现出实际受力工况。本系统计算思路：首先，通过电脑整体建模，采用有限元分析，确认最大应力点位和挠度。其次，结合铝材开模优点，型材之间采用卡槽式连接，加大接触面，减小螺栓连接处应力。

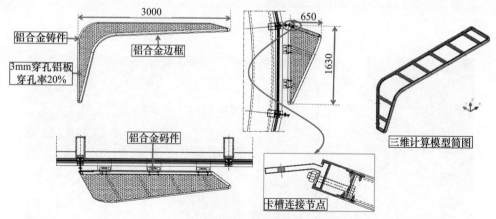

图11　遮阳构件计算模型

铸件细节设计上，在弯弧铸件的端部设凸台和耳板，铸件和铝合金骨架通过螺钉固定，组框安装方便避免了大面铝焊的风险。

面板设计上，面板在圆弧过渡处，不分缝；采用整体大板加工，利用"蒙皮效应"加强结构刚度。

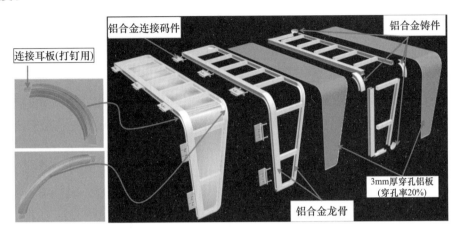

图 12　遮阳构件三维拆解图

4　结语

建设绿色低碳经济，全面提升建筑节能水平，是"十四五"节能减排工作的重要目标。卫星厅优雅、流畅的建筑外表皮上点缀灵巧的遮阳件，实现了节能与装饰的完美融合。科学的建造技术，将设计理念顺利落地，可供类似项目借鉴。

参考文献

[1]　中国国家标准化管理委员会．建筑幕墙：GB/T 21086—2007[S]．北京：中国标准出版社，2007.

[2]　住房和城乡建设部．建筑结构荷载规范：GB 50009—2012[S]．北京：中国建筑工业出版社，2012.

[3]　中国国家标准化管理委员会．铝合金压铸件：GB/T 15114—2009[S]．北京：中国标准出版社，2009.

新型石材蜂窝板遮阳系统在幕墙中的应用

李正明　杨　云　蔡广剑　花定兴

深圳市三鑫科技发展有限公司　广东深圳　518057

摘　要　在建筑外装饰立面，异形大尺寸石材蜂窝板遮阳构件系统的设计中，尝试通过一体成型铝壳骨架＋蜂窝石材面板＋连接铝铸件的组合形态，在能够适应多种石材造型构造需求的同时满足经济、轻盈、美观、耐久和结构稳定的需求，在加工组装和施工安装方面凸显优势。

关键词　遮阳构件；石材；异形；铝铸件；加工

1　前言

在建筑形态多元化和绿色节能发展的今天，建筑外装饰遮阳系统和遮阳材料得到了广泛的应用，其中石材的应用受限于耐久性和安全性，蜂窝石材复合装饰面板成为兼顾美观和安全性的主要选择，但由于现有铝蜂窝复合材料的复合工艺限制，蜂窝石材面板对于大尺寸和空间异形形态的适用存在局限性。

在大尺寸异形石材遮阳构件系统设计中，变换传统拼接骨架＋蜂窝石材面板的设计思路，采用一体折弯成型铝壳，作为蜂窝石材面板拼接基面和栓接骨架，极大提升了加工组装效率和整体安全性。

2　石材遮阳构件系统

作为"深圳市新时代十大文化设施"之一，深圳美术馆新馆、深圳第二图书馆（简称"两馆"，图 1），外覆鱼鳞状交错排布梭形蜂窝石材遮阳构件（图 2、图 3）。主要形态单个 3D 石材遮阳构件外观尺寸达到 4085mm×480mm，石材面为钢刷面石灰岩，两端连接于间距 2800mm 铝合金立柱。

图 1　建筑外观

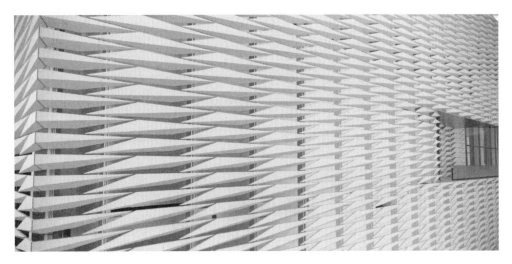

图 2　异形蜂窝石材遮阳系统外立面效果

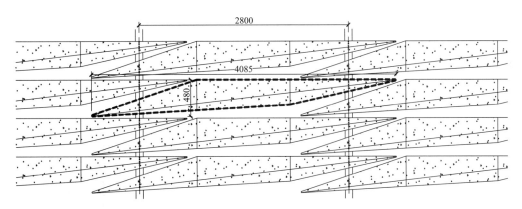

图 3　蜂窝石材立面排布尺寸

3　石材面板与骨架连接

3.1　面板拼接及连接

　　遮阳构件整体由 6 片蜂窝石材面板组成（图 4），异形多角度拼接断面对于板材切割工艺有较大的挑战。

　　面板采用 20mm 蜂窝芯＋5mm 厚石材面，2mm 缝隙密拼接，采用专用调制石材密封胶填缝，保证外观一致性，通过 25 颗 M8 异形预埋螺母与骨架形成机械连接，如图 4～图 6 所示。

　　蜂窝石材背栓布置间距≤400mm，通过长边 400mm、短边 300mm 近似模型计算得出，单颗背栓抗拉承载力设计值为：$N_{v.b}=1.047$kN。

3.2　背栓抗拉承载力测试，质量控制

　　通过多组破坏性抗拉承载测试（图 7），得到荷载-位移曲线关系图，通过测试结果可以看到背栓最大承载力可以达到 5kN 以上；在 0.6mm 变形位移范围内，即可满足承载力设计值；测试结果如图 8 所示。

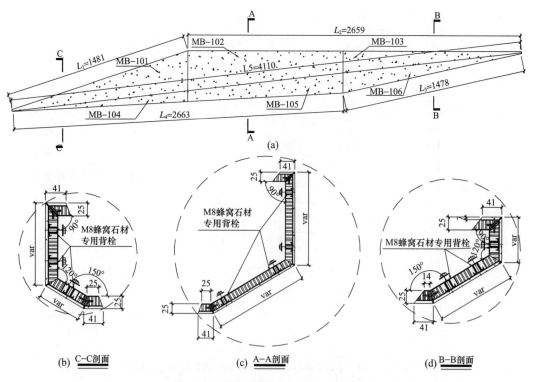

(b) C–C剖面　　　(c) A–A剖面　　　(d) B–B剖面

图 4　遮阳构件整体面板划分和拼接

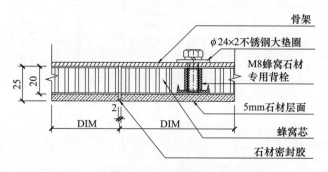

图 5　蜂窝石材面板预埋螺母背栓连接

满足GB/T 5267.1的规定,机械性能等级应达到GB/T 3098.2中规定的5级。

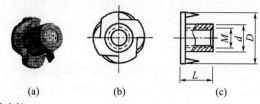

图中:
M——异形螺母螺纹直径;
d——异形螺母螺柱直径;
D——异形螺母底座直径;
L——异形螺母高度

图 6　《装饰用石材蜂窝复合板》(JG/T 328—2011) 规范中异形螺母图示

实际生产质量控制，每100块石材随机抽取5块试件进行拉力测试，并记录每一批次生产过程抽检照片数据形成质量管控二维码，粘贴至构件上运抵现场。

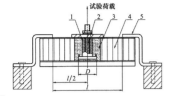
说明：
1—异形螺母；
2—安装螺栓；
3—胶粘剂；
4—石材蜂窝板试样；
5—卡具。

(a) 抗拉承载力试验示意

(b) 测试件

(c) 破坏性测试切片

图7 破坏性抗拉承载测试

(a) 测试结果

测试编号	最大荷重(N)	拉伸强度(MPa)
样板-200425-1	5377.383	2.151
样板-200425-2	6271.704	2.509
样板-200425-3	6250.146	2.500
样板-200425-4	6011.661	2.405
样板-200425-5	6305.052	2.522
样板-200425-6	6092.219	2.439

(b) 测试图片

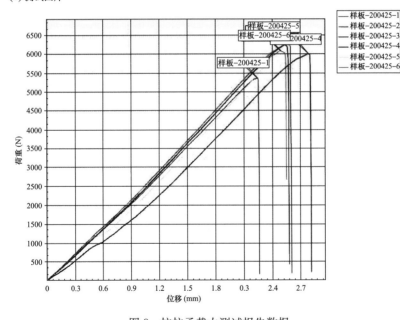

图8 抗拉承载力测试报告数据

4 石材骨架连接构造

4.1 骨架构造方案对比

方案一：龙骨采用8～12mm铝合金板和角码，全铝焊接成型（图9）。

优缺点：构造清晰，但组装空间定位和铝焊接质量要求极高，不易控制石材面拼接平整度，难以实现稳定批量化的组装生产流程。

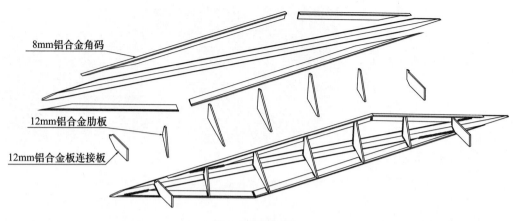

图 9　骨架方案一

方案二：龙骨采用开模铝合金型材，连接件采用铝合金铸造件与型材腔体连接，从而适应空间连接角度，再通过铝合金夹板、角码＋螺钉连接成型（图 10）。

优缺点：螺钉机械连接，型材加工拼接对空间尺寸定位较为精确，但组装工艺机械连接螺钉用量巨大，人工成本较高，同时理论计算难以模拟骨架真实的强度；夹板厚度对于蜂窝芯面板有一定侵蚀角，对面板强度有一定程度削弱。

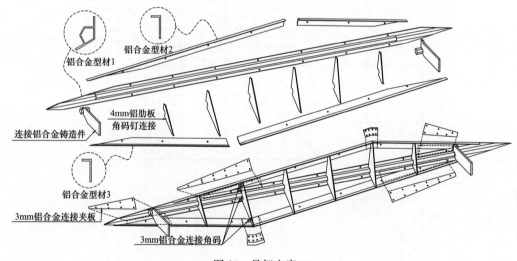

图 10　骨架方案二

方案三：龙骨及加强肋板采用铝板一体折边成型，连接件采用铝合金铸造件通过螺栓与铝壳骨架连接（图 11）。

优缺点：通过精确裁切铝板，一体折边成型空间铝壳，更易于控制空间尺寸和平整度；铝肋板加强筋、铝铸件连接件与铝壳采用螺钉、螺栓机械连接，稳定可靠，易于批量化加工组装生产和精度控制，对于铝板多道折边工艺的控制有一定难度。

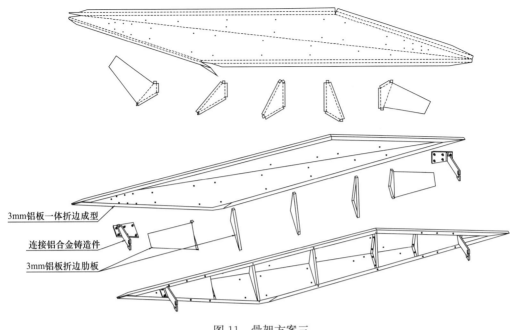

图 11 骨架方案三

4.2 铝壳连接骨架方案结构分析

选用方案三为全铝壳骨架，通过 ANSYS 有限元分析，选取立面转角区域标准石材遮阳构件，正、负风压组合设计值作用下，局部最大应力分别为 80.6MPa、95.4MPa，（图 12）满足强度设计值：100MPa；正、负风压组合标准作用下最大挠度变形分别为 7mm、7.8mm，满足挠度限值为 9.7mm（图 13）。

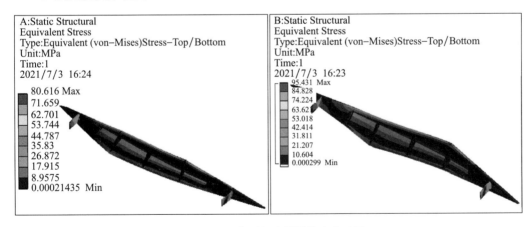

图 12 正、负风组合设计值应力云图

5 遮阳构件加工组装工艺

遮阳构件加工由深化加工模型为指导，主要由铝板壳骨架、加强铝肋板、蜂窝石材面板、铝铸件连接件、铝背板组成，分别在不同厂家加工，在石材加工厂整体组装成型。其中蜂窝石材面板的合成、切割以及拼装过程（图 14），为整个工艺流程中的重难点。

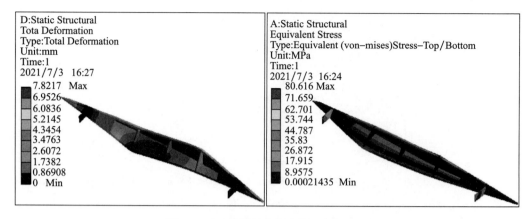

图 13   正、负风组合标准作用变形云图

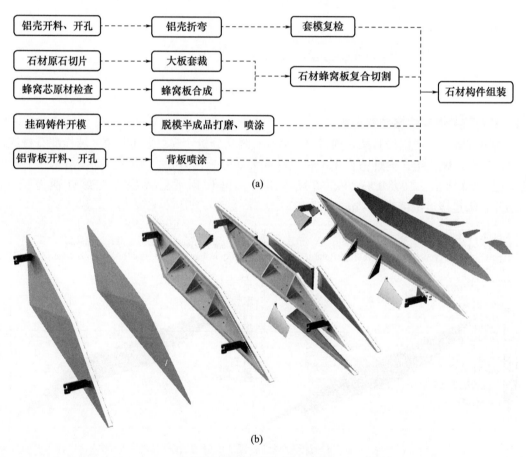

(a)

(b)

图 14   组装工艺三维拆解图

5.1   铝壳骨架

由模型 Rhino&Grasshopper 辅助深化加工形成铝壳、铝肋板以及螺栓孔位，摊平展开形成准确的轮廓尺寸，再根据模型角度折弯成壳体。为保证整体强度，折边不刨槽；成型后的尺寸通过靠模和量角器检测保证壳体尺寸精度（图 15）。

(a) 铝板开料   (b) 铝壳折成型   (c) 肋板及连接件
                                         组装（靠模检测）

图 15   铝壳骨架成形

5.2   铝合金连接铸件

连接件采用压铸铝合金，易于控制满足空间角度，适用批量化生产（图 16）。

图 16   铝合金连接铸件及加工成品

5.3   石材面板加工

由原石面板切割并与蜂窝芯真空复核形成 25mm 蜂窝石材面板，晾干后由水刀切割成拼接面板；由于不同面板的尺寸以及拼接斜面角度存在差异，整个切割过程需严格控制面板精度，也是面板加工工艺中的重难点（图 17）。

(a) 石材原料切割   (b) 水刀切割   (c) 成品蜂窝石材面板

图 17   石材面板加工

5.4 石材构件组装

蜂窝石材面板与铝壳复合，主面板通过背栓与铝壳形成机械连接，背板通过沉头螺钉与结构胶粘结，拼缝处和周边采用石材密封胶密封；同时在石材低位角部，铝壳和背板粘结处，预留 35mm×6mm 排水洞口，防止内部积水（图 18）。

(a) 石材面板拼装　　　　(b) 连接螺栓安装　　　　(c) 背板安装

图 18　石材构件组装

5.5 现场安装效果

石材蜂窝板遮阳系统现场安装效果如图 19 所示。

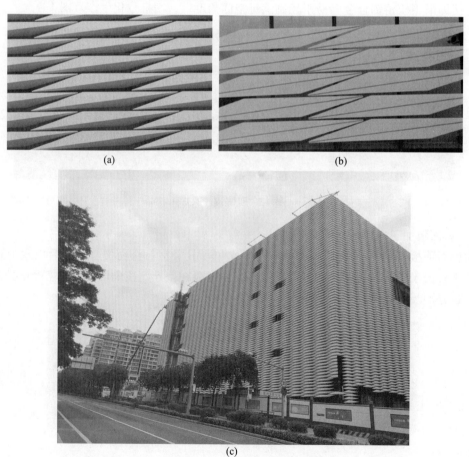

(a)　　　　　　　　　　(b)

(c)

图 19　安装效果图

6 结语

在大尺寸异形石材遮阳或装饰构件系统设计中，铝板一体成型骨架＋蜂窝石材面板构造思路，能够有效地提高异形骨架面板拼装精度和可靠性，并适应多种造型，极大地促进了生产组织和加工效率，同时精确地孔位，对外观精度质量控制和现场安装效率有很大的提升，在实际加工组装过程中对于蜂窝石材面板的切割和组装工艺精度控制有一定要求。

参考文献

[1] 中华人民共和国住房和城乡建设部. 建筑装饰用石材蜂窝复合板：JG/T 328—2011[S]. 北京：中国标准出版社，2011.

[2] 国家标准化管理委员会. GB/T 15114—2009：铝合金压铸件[S]. 北京：中国标准出版社，2009.

考虑冷弯效应的玻璃应力简化计算

汪婉宁　韩晓阳　王雨洲　邹　云

阿法建筑设计咨询（上海）有限公司　上海　200000

摘　要　为了营造建筑复杂表皮，越来越多的建筑外表面使用曲面玻璃幕墙，玻璃冷弯作为曲面玻璃的重要成型手段之一，由于其无须特殊的玻璃加工工艺以及模具开模，可达到实现建筑形体的效果和降低玻璃造价的双重目标。然而，对于玻璃冷弯产生的玻璃应力的计算，往往采用有限元模拟的方式，对于冷弯形态多样的异形建筑，全盘有限元验算将会花费巨大的计算开销，不利于设计初期的建筑迭代与几何优化。为此，本文以弯曲板面应力公式推导为基础，对于单点翘曲与长边起拱两种常见冷弯模式，通过变形后的几何形态方程，推导出玻璃冷弯产生的弯曲应力，并借用建筑幕墙规范中对于大挠度弯曲薄板的折减系数表格，推导出考虑薄膜应力后的总应力的简化计算公式，并对公式进行有限元验证。此外，对以上两种常见冷弯模式玻璃应力进行参数分析，得出玻璃冷弯应力主要与玻璃曲率变化量有关的结论，为任意形状玻璃冷弯应力简化计算打下基础。

关键词　玻璃冷弯；几何非线性；大挠度弯曲薄板

1　引言

曲面表皮的建筑由于其在美学上的价值和建筑表达上的自由，在近年来越来越受到建筑师和业主的青睐，也给作为运用最广泛的建筑外表皮材料之一的玻璃设计带来挑战。

对于曲面玻璃的生产工艺，一般来讲有冷弯和热弯两种方式，其中冷弯玻璃工艺是指当玻璃成型之后通过机械方式对于玻璃边部或者角部施加外力，使玻璃产生变形，使得玻璃终态呈现出的形状与出厂时的形状有所区别的弯曲方法；热弯玻璃工艺则是指在玻璃在工厂制作过程中玻璃原片在加热软化的状态下产生弯曲，冷却后呈现弯曲的状态。

由于热弯玻璃的复杂工艺，往往需要专门的设备和加工能力，才能实现高质量的热弯玻璃。故热弯玻璃的极限板幅大小，严重受到热弯工艺和设备的影响，该玻璃单价与平板玻璃相比，随弯曲的复杂程度和板面大小有所不同程度增长，同时，相比平板玻璃，热弯玻璃的生产周期也大大增加，玻璃的镀膜选择也因玻璃弯曲需要受热而受到限制。此外，由于近年来建筑形体设计更加的自由，甚至渐渐出现全楼板块均无平板玻璃的状况，全楼采用热弯玻璃甚至热弯多曲玻璃的方法，对工程的造价控制和工程工期均产生巨大的影响。因此，对于弯曲以及翘曲程度尚且有限的玻璃板块，采用生产与目标形态相近的平板玻璃或者单曲玻璃，随后在工厂或现场通过机械方式对于玻璃边框或角部施加外力，使得玻璃产生变形以近似建筑目标表皮形状，是更加适合于实际工程的弯曲玻璃的方法，同时能够实现建筑目标形体的效果和降低玻璃幕墙造价和工期的目标。

玻璃的冷弯是在玻璃加工完成后施加外力产生的，将会使玻璃内产生额外的内力，且由于玻璃在其使用过程中将一直保持此冷弯力的作用以保持其弯曲造型，此内力需要与玻璃受到的其他荷载（如风荷载）等进行组合计算，校核玻璃的强度，以保证其安全性。

国内现行关于玻璃和幕墙的规范中，对于玻璃的冷弯计算均未有所提及，目前行业内的标准做法是采用有限元模拟计算软件中采用壳体单元建模，提取玻璃的原始形状（玻璃出厂形状）和目标形状（冷弯后形状），在玻璃的边部施加强制位移，计算出玻璃的内力，以作为玻璃强度校核依据。然而由于有限元计算开销较大，处理手段复杂等原因，此方法往往适用于少量典型板块的计算，仅对最不利板块进行校核即可覆盖全楼最不利工况的情况。对于形状复杂的项目，往往单独依靠冷弯玻璃无法满足最不利工况，需要部分采用冷弯玻璃，部分采用热弯玻璃，方可实现。对于此类项目，往往需要对于全楼玻璃进行批量计算来确定平板与曲面玻璃分区的情况，由于每块玻璃的冷弯量和其他荷载（如风荷载、重力分量等）也处处各异，采用包络的算法无法满足项目设计的需求，而每块玻璃板面均采用有限元的计算方法将耗费巨大的计算开销，面对此类项目，工程上往往采用规定最大冷弯量的方法来对玻璃进行分区，即对于建筑给定的曲面进行平面或圆柱拟合后，测量原曲面与拟合曲面的距离即为玻璃需冷弯量，将此量与给定的可容许冷弯量进行对比，来判断此板块是否可以通过冷弯来实现。然而，这种通过控制容许冷弯量的简化算法忽略了玻璃冷弯的具体形状、板块大小、其他荷载的组合等参数的影响，对于容许冷弯量的设定也往往根据保守的经验和有限的计算，无法得到令人满意的结果。

针对于此，本文将针对玻璃冷弯的常见情况，进行玻璃冷弯计算的公式推导，旨在找到简化并精度尚可的手算公式，并对手算公式加以有限元验证，以便得出满足工程精度的简化冷弯玻璃应力手算方法，为冷弯玻璃快速批量计算打下基础。

2 单片玻璃冷弯应力计算

玻璃冷弯常见的模式往往可以被简化分解为以下两种（图1）：

（1）单角翘曲；

（2）对边起拱。

常见的玻璃冷弯变形可被分解为以上两种形式或其叠加，故分别研究此两种冷弯模式下玻璃冷弯应力公式。

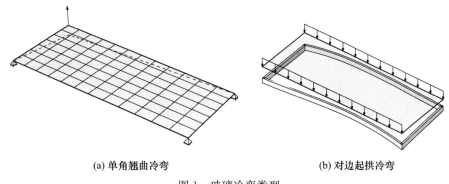

(a) 单角翘曲冷弯   (b) 对边起拱冷弯

图1　玻璃冷弯类型

2.1 单角翘曲冷弯荷载下单片玻璃应力计算简化公式

对于平板玻璃，最常见的冷弯方式即为单角翘曲 ［图1（a）］，即在两条邻边固定的情况下，将此两条固定邻边夹角的对角角点向玻璃平面外施加强制位移，使玻璃此角点离开玻璃平面，形成玻璃四个角点不共面的马鞍形曲面。

根据板壳力学理论，薄板小挠度以弯曲为主，而薄板大挠度弯曲情况下，薄板的应变模式为弯曲作用与薄膜作用的结合。对于冷弯荷载下玻璃的应力计算也同样应该考虑玻璃由于弯曲产生的弯曲应力与玻璃表面由于拉伸产生的中面薄膜应力的叠加。

2.1.1 单角翘曲冷弯荷载下玻璃弯曲应力

单角翘曲产生的弯曲应力为玻璃冷弯应力的主要组成部分，其产生原因是由于平板玻璃单角翘曲，使得玻璃表面产生弯曲变形，进而形成弯矩以及上、下表面的弯曲应力。对于翘曲量较小的情况，即大多数的冷弯工程案例中，此冷弯后曲面近似于一个双曲抛物面，而当冷弯量大于一定值时玻璃面产生屈曲失稳，导致其形状与双曲抛物面产生较大差距。绝大多数工程中涉及到的玻璃冷弯量远小于玻璃面产生屈曲失稳的临界冷弯量，本文中仅研究工程中经常涉及到的冷弯荷载范围内的玻璃应力计算。

基于此假设，对于翘曲量较小的情况，我们可以根据双曲抛物面方程对玻璃变形后的主曲率进行推导。对于边长分别为 a 和 b 的矩形板面，当角部翘曲量为 d 时，其对应的双曲抛物面（图 2）方程见式 1。

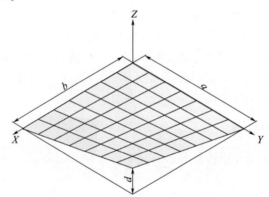

图 2 双曲抛物面坐标系与参数

$$z = \frac{d}{ab}xy \tag{1}$$

式中　a，b——为矩形板面边长（mm）；

　　　　d——角部翘曲量（mm）。

根据一般曲面方程曲率公式，推导出曲面任一点 (x_0, y_0, z_0) 处的曲率见式 2。

$$K_G = \frac{\begin{vmatrix} 0 & \dfrac{d}{2} & 0 & 0 \\ \dfrac{d}{2} & 0 & 0 & 0 \\ 0 & 0 & 0 & -\dfrac{ab}{2} \\ 0 & 0 & -\dfrac{ab}{2} & 0 \end{vmatrix}}{\left[\left(\dfrac{d}{2}\right)^2 x_0^2 + \left(\dfrac{d}{2}\right)^2 y_0^2 + \left(-\dfrac{ab}{2}\right)^2\right]^2} = \frac{-a^2 b^2 d^2}{(d^2 x_0^2 + d^2 y_0^2 + a^2 b^2)^2} \tag{2}$$

平均曲率 H 见式3。

$$H = \frac{\begin{vmatrix} 0 & \dfrac{d}{2} & 0 \\ \dfrac{d}{2} & 0 & 0 \\ 0 & 0 & -abz_0 \end{vmatrix}}{2\sqrt{\left[\left(\dfrac{d}{2}\right)^2 x_0^2 + \left(\dfrac{d}{2}\right)^2 y_0^2 + \left(-\dfrac{ab}{2}\right)^2\right]^3}} = \frac{8abd^2 z_0}{\sqrt{(d^2 x_0^2 + d^2 y_0^2 + a^2 b^2)^3}} \tag{3}$$

主曲率见式4。

$$\begin{cases} K_1 = H + \sqrt{H^2 - K_G} \\ K_2 = H - \sqrt{H^2 - K_G} \end{cases} \tag{4}$$

点 (x_0, y_0, z_0) 处由于板面弯曲产生的弯矩大小见式5。

$$M^C = \frac{Et^3}{12(1-\nu^2)} \cdot \max(K_1, K_2) \tag{5}$$

玻璃表面由于此弯矩产生的主应力见式6。

$$\sigma_M^C = \frac{6M^C}{t^2} = \frac{Et}{2(1-\nu^2)} \cdot \max(K_1, K_2) \tag{6}$$

式中　σ_M^C——角点翘曲产生的玻璃表面最大弯曲应力（MPa）；

　　　　E——玻璃的弹性模量（MPa）；

　　　　t——玻璃厚度（mm）；

　　　　ν——玻璃泊松比；

K_1，K_2——(x_0, y_0, z_0) 点处主曲率。

对于玻璃角点翘曲产生的弯曲作用导致的玻璃应力在玻璃上不同位置的分布，可以通过以上公式中带入全板面不同位置的 (x_0, y_0) 进行对比，取较典型的玻璃幕墙板块（4500mm×1750mm），角部翘曲100mm，玻璃厚度10mm为例，代入板块中不同位置坐标，计算得到的应力分布见表1。

表 1　玻璃单角翘曲应力分布计算

项目	点 1	点 2	点 3	点 4	点 5	点 6	点 7	点 8	点 9
x_0（mm）	0	2250	4500	0	2250	4500	0	2250	4500
y_0（mm）	0	0	0	875	875	875	1750	1750	1750
M（kN·m）	0.0794	0.0793	0.0791	0.0794	0.0793	0.0790	0.0793	0.0792	0.0790
σ（MPa）	4.76	4.76	4.75	4.76	4.76	4.74	4.76	4.75	4.74

由结果可见，玻璃单角翘曲产生的薄板变形，其中仅考虑弯曲作用导致的玻璃应力在整个板面上的分布比较均匀。从工程角度出发，可以忽略不同部位应力的差别，可用（0，0）点处计算得到的应力代表整个板面的最不利弯曲应力。

2.1.2　单角翘曲冷弯荷载下玻璃薄膜应力

由板壳力学理论可知，当板面挠度与板面厚度之比不大于1/5时，归结为小挠度问题，当超出此比值时，即为大挠度问题，即需考虑几何非线性的影响，其中面应力（薄膜应力）需要被考虑在内，以验证玻璃的强度。冷弯玻璃角点翘曲量往往会大于板面厚度的1/5，如忽略此薄膜应力往往造成玻璃内应力的低估，故此处需要对薄膜应力进行计算与考虑。

对于薄膜应力的计算，其理论推导公式较为复杂，在工程上应用较为不便。对于四边支撑的玻璃板，在建筑幕墙工程规范中，将玻璃的薄膜应力产生的效应与玻璃变形的关系用表格的方式表示出来（表2），可通过查表的方式考虑薄膜效应对于玻璃板面应力和变形的有利作用。对于玻璃冷弯产生的薄膜应力，可利用此表格，通过将冷弯变形状态近似等效为四边支撑玻璃板的变形状态，进而根据变形量相关参数查表反推薄膜应力产生的放大效应。

具体而言，根据《玻璃幕墙工程技术规范》（JGJ 102—2003）中公式，四边支撑承受均布荷载使得玻璃产生大挠度弯曲导致的薄膜应力的折减系数可通过参数 $\theta = \dfrac{qa^4}{Et^4}$ 进行查表得到。为了在单角翘曲冷弯工况下使用此表格，需根据冷弯的变形量推导出等效的参数 θ。

由《玻璃幕墙工程技术规范》（JGJ 102—2003）中公式可知，承受垂直于玻璃表面的均布荷载作用下的四边支撑的玻璃板块的跨中挠度公式见式7。

$$d_f = \frac{\mu q a^4}{D} \tag{7}$$

将玻璃刚度 $D = \dfrac{Et^3}{12(1-\nu^2)}$ 带入以上挠度公式中可得式8。

$$d_f = \frac{12(1-\nu^2)\mu q a^4}{Et^3} = 12(1-\nu^2)\mu t\theta \tag{8}$$

即可得到式9。

$$\theta = \frac{d_f}{12(1-\nu^2)\mu t} \tag{9}$$

式中　　d_f——四边支撑板的跨中挠度（mm）；

　　　　μ——四边支撑板挠度系数，对于玻璃，按照表3取值。

玻璃单角翘曲的变形形状与玻璃四边支撑承受均布荷载的变形形状不尽相同，为了简化，取玻璃单角翘曲变形玻璃角点冷弯量（d^C）的一半作为等效四边支撑板面的跨中变形（d_f），$d^C = 2d_f$，代回式8可得式10。

$$\theta^C = \frac{d^C}{24(1-\nu^2)\mu t} \tag{10}$$

表 2　薄膜应力系数 η

θ	5	10	20	40	60	80	100
η	1	0.96	0.92	0.84	0.78	0.73	0.68
θ	120	150	200	250	300	350	400
η	0.65	0.61	0.57	0.54	0.52	0.51	0.5

根据玻璃尺寸（a，b）查表3得到四边支撑板的挠度系数 μ，并根据式（10）计算出参数 θ^C 后根据表2查表得到薄膜应力系数 η^C，用于矫正冷弯应力。对于四边支撑玻璃，薄膜应力的产生对玻璃的应力为折减作用，然而对于玻璃冷弯，薄膜应力的产生对于玻璃的应力为增大作用。在计算单角翘曲冷弯荷载作用下的玻璃应力时，应考虑玻璃弯曲应力除以以上薄膜应力系数 η，即可得到单角翘曲冷弯荷载作用下玻璃表面的最大总应力表达式见式11。

$$\sigma^C = \frac{\sigma_M{}^C}{\eta^C} = \frac{Et}{2\eta^C(1-\nu^2)} \cdot \max(K_1, K_2) \tag{式11}$$

表 3　四边支撑板的挠度系数 μ

a/b	0.01	0.2	0.25	0.33	0.5	0.55	0.6	0.65
μ	0.01302	0.01297	0.01282	0.01223	0.01013	0.0094	0.00867	0.00796
a/b	0.7	0.75	0.8	0.85	0.9	0.95	1	
μ	0.00727	0.00663	0.00603	0.00547	0.00496	0.00449	0.00406	

注：a 为玻璃短边长；b 为玻璃长边长。

2.1.3　单角翘曲冷弯荷载下单片玻璃应力简化公式有限元验证

为了验证以上公式的准确性以及适用条件，对于典型的板面单角翘曲冷弯工况，利用 Ansys 软件建立有限元模型施加角部翘曲荷载，与以上玻璃应力公式计算的结果进行对比。对于典型板块的尺寸以及翘曲量见表 4。

表 4　单角翘曲冷弯玻璃试算参数

样板编号	1 号	2 号	3 号	4 号	5 号	6 号	7 号	8 号	9 号	10 号	11 号	12 号	13 号	14 号	15 号	16 号
面板宽度 (mm)	1750	1750	1750	1750	1750	1750	1750	1750	1750	1750	1750	1750	1750	1750	1750	1750
面板高度 (mm)	5500	5500	5500	5500	4500	4500	4500	4500	3500	3500	3500	3500	2500	2500	2500	2500
角点翘曲量 (mm)	25	50	75	100	25	50	75	100	25	50	75	100	25	50	75	100
主曲率 (1/m)	0.00 260	0.00 519	0.00 779	0.01 039	0.00 317	0.00 635	0.00 952	0.01 270	0.00 408	0.00 816	0.01 224	0.01 633	0.00 571	0.01 143	0.01 714	0.02 286

利用 Ansys 18.1，采用 SHELL181 单元模拟玻璃面，玻璃基本尺寸取 4500mm× 1750mm 板块，玻璃厚度为 10mm，玻璃采用弹性材料单元，杨氏模量为 72000MPa，泊松比取 0.2，有限元网格密度为 100mm。玻璃板块的边界条件与荷载如图 3 所示。为了约束转动自由度，使玻璃板块成为静定结构，束缚 A 点在玻璃平面内的自由度，B 点束缚沿玻璃长边方向自由度，以及 C 点束缚沿玻璃短边方向自由度，D 点施加角部翘曲量 d。

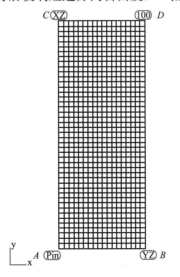

图 3　有限元计算边界条件与荷载施加示意图

为了考虑玻璃板面的薄膜应力，需激活几何非线性的影响，使用 Ansys 软件，计算表 4 中的 16 个板面，提取每个板面的上下表面上主应力的最大值，进行统计。选取样板编号 4 号，8 号，12 号，16 号有限元计算板面的变形以及应力分布图如图 4 所示。

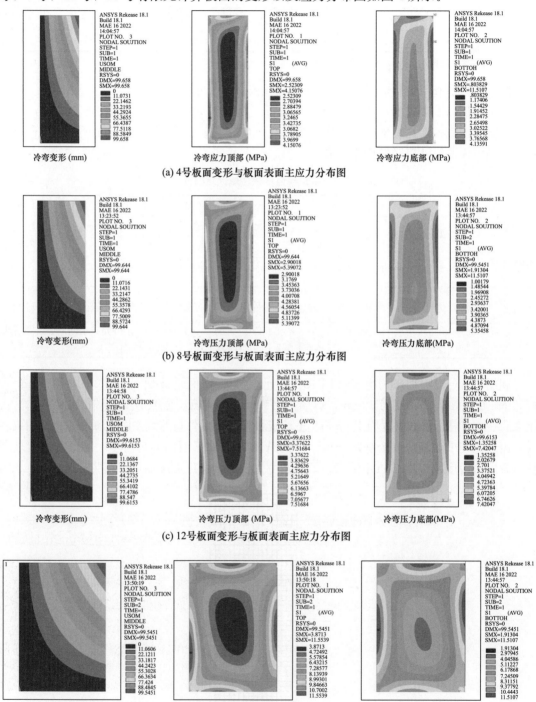

(a) 4号板面变形与板面表面主应力分布图

(b) 8号板面变形与板面表面主应力分布图

(c) 12号板面变形与板面表面主应力分布图

(d) 16号板面变形与板面表面主应力分布图

图 4　玻璃单角翘曲有限元计算结果（考虑几何大变形）

　　将以上有限元计算中各个板面的最大应力与公式计算应力进行对比，对比表格见表5，对比曲线如图5所示。

表5　单角翘曲玻璃冷弯公式计算结果与有限元计算结果对比

样板编号	1号	2号	3号	4号	5号	6号	7号	8号	9号	10号	11号	12号	13号	14号	15号	16号
面板宽度（mm）	1750	1750	1750	1750	1750	1750	1750	1750	1750	1750	1750	1750	1750	1750	1750	1750
面板高度（mm）	5500	5500	5500	5500	4500	4500	4500	4500	3500	3500	3500	3500	2500	2500	2500	2500
角点翘曲量（mm）	25	50	75	100	25	50	75	100	25	50	75	100	25	50	75	100
主曲率（1/m）	0.00260	0.00519	0.00779	0.01039	0.00317	0.00635	0.00952	0.01270	0.00408	0.00816	0.01224	0.01633	0.00571	0.01143	0.01714	0.02286
公式计算弯曲应力（MPa）	0.97	1.95	2.92	3.90	1.19	2.38	3.57	4.76	1.53	3.06	4.59	6.12	2.14	4.29	6.43	8.57
公式计算总应力（MPa）	1.00	2.08	3.24	4.48	1.23	2.56	3.99	5.53	1.59	3.32	5.21	7.27	2.27	4.82	7.69	10.78
有限元计算总应力（MPa）	0.87	1.95	2.98	4.15	1.10	2.40	3.70	5.40	1.50	3.10	5.00	7.50	2.10	4.50	7.70	11.50
公式计算/有限元计算	1.15	1.07	1.09	1.08	1.12	1.07	1.08	1.02	1.06	1.07	1.04	0.97	1.08	1.07	1.00	0.94

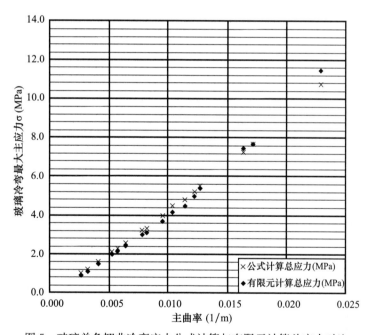

图5　玻璃单角翘曲冷弯应力公式计算与有限元计算总应力对比

　　由以上计算结果，可得出以下结论：

　　（1）对于相同尺寸的玻璃板块与相同的角点冷弯量，计入几何大变形与不计几何大变形情况下，玻璃表面的应力分布有所不同。通过计算对比发现，计入薄膜应力后，玻璃中部应力有所下降，玻璃边部应力有所提高，其计入几何大变形后计算出的玻璃表面最大应力出现在玻璃的边缘，并略大于纯弯曲应力。此现象进一步说明单角翘曲的玻璃为大挠度变形，计算需要充分考虑薄膜应力的影响，才能正确的反映玻璃的内力情况。

（2）由表 5 以及图 5 可见，对于相同的玻璃厚度，冷弯应力的大小与板块主曲率呈正比趋势。由此可见，相同冷弯量下冷弯应力的大小与板块的大小相关，即对于相等的冷弯量，玻璃板块越小，对角线长度越短，应力越大。此结论对于工程上具有指导意义，即对于冷弯量的限制应考虑玻璃的板面大小，即应控制冷弯量与板面对角线的比值，而非单纯的控制冷弯量的绝对值。此结论有利于帮助工程师在项目初期判断弯曲玻璃的策略以及对冷弯玻璃或热弯玻璃进行分区。

（3）由图 5 可见，公式计算与有限元计算结果相近，误差小于 15%。另外，对于角点翘曲量小于 1/40 玻璃对角线长（即角点翘曲量与对角线长比值小于 0.025）的板块，公式计算结果均大于有限元计算结果，即公式计算可以保持比较好的精度且偏保守；对于角点翘曲量大于 1/40 玻璃对角线长的板块，公式计算结果稍小于有限元计算结果，即公式计算不够保守，即对于 10mm 厚的玻璃板块，以上公式的适用范围为翘曲量小于 1/40 对角线长。建议工程中对于特定的玻璃板块厚度，首先根据有限元方法判定此公式的翘曲量限值，确定公式的适用范围，以便更准确和保守的应用。

2.2 对边起拱冷弯荷载下单片玻璃应力计算简化公式

2.2.1 对边起拱冷弯荷载下单片玻璃弯曲应力

对于对边起拱状的冷弯形式，以弯曲应力为主。根据简支梁的弯矩与曲率的关系，此变形状态下板面弯矩见式 12，翘起高度见式 13。

$$M^E = \frac{ql^2}{8} \tag{12}$$

$$d^E = \frac{5ql^4}{384EI} \tag{13}$$

消去均布荷载 q，可得式 14。

$$M^E = \frac{9.6EId^E}{l^2} \tag{14}$$

则玻璃应力见式 15。

$$\sigma_M{}^E = \frac{M^E}{W} = \frac{4.8Etd^E}{l^2} \tag{15}$$

式中 E——玻璃弹性模量（MPa）；

t——玻璃厚度（mm）；

d^E——冷弯后玻璃长边起拱拱高（mm）。

类似于角点翘曲冷弯荷载下导致的薄膜应力，参考式（9），且由于板面变形类似于对边支撑板面变形，挠度系数 μ 取表 3 中 $a/b = 0.01$ 情况（$\mu = 0.01302$），取玻璃泊松比 $\nu = 0.2$，即可得（式 16）

$$\theta^E = \frac{d^E}{12(1-\nu^2)\mu t} = \frac{d^E}{0.15t} \tag{16}$$

由以上计算得到的 θ^E 值，根据表 2 可查出薄膜应力系数 η^E，即可得到单角翘曲冷弯荷载作用下玻璃表面最大总应力，表达式见式 17。

$$\sigma^E = \frac{\sigma_M{}^E}{\eta^E} = \frac{4.8Etd^E}{\eta} \tag{17}$$

2.2.2　对边起拱冷弯荷载下单片玻璃应力计算简化公式的有限元验证

　　类似于单角翘曲冷弯，同样利用 Ansys 软件建立有限元模型施加玻璃对边起拱冷弯荷载，与以上玻璃应力公式计算的结果进行对比。对于典型板块的尺寸以及翘曲量见表6。

表6　对边起拱冷弯玻璃试算参数

样板编号	1号	2号	3号	4号	5号	6号	7号	8号	9号	10号
面板宽度（mm）	1750	1750	1750	1750	1750	1750	1750	1750	1750	1750
面板高度（mm）	4500	4500	4500	4500	4500	4500	4500	4500	4500	4500
最大起拱量（mm）	10	20	30	40	50	60	70	80	90	100
主曲率（1/m）	0.0040	0.0079	0.0118	0.0158	0.0197	0.0237	0.0276	0.0316	0.0355	0.0394

　　类似于单角翘曲有限元计算，考虑大挠度变形，即几何非线性的影响，使用 Ansys 软件，计算以上 10 个板面，提取每个板面的上、下表面上主应力的最大值，进行统计。选取样板编号2号、5号、9号有限元计算板面的变形以及应力分布图如图6所示。

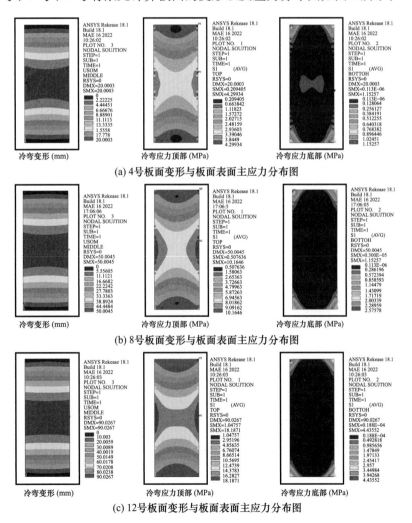

(a) 4号板面变形与板面表面主应力分布图

(b) 8号板面变形与板面表面主应力分布图

(c) 12号板面变形与板面表面主应力分布图

图6　对边起拱冷弯计算结果（已计入几何大变形影响）

将以上有限元计算中各个板面的最大应力与公式计算应力进行对比，对比表格见表 7，对比曲线如图 7 所示。

表 7　对边起拱玻璃冷弯公式计算结果与有限元计算结果对比

样板编号	1 号	2 号	3 号	4 号	5 号	6 号	7 号	8 号	9 号	10 号
面板宽度（mm）	1750	1750	1750	1750	1750	1750	1750	1750	1750	1750
面板高度（mm）	4500	4500	4500	4500	4500	4500	4500	4500	4500	4500
最大起拱量（mm）	10	20	30	40	50	60	70	80	90	100
主曲率（1/m）	0.0040	0.0079	0.0118	0.0158	0.0197	0.0237	0.0276	0.0316	0.0355	0.0394
公式计算弯曲应力（MPa）	1.71	3.41	5.12	6.83	8.53	10.24	11.95	13.65	15.36	17.07
公式计算总应力（MPa）	1.73	3.59	5.53	7.57	9.73	12.01	14.38	16.80	19.34	21.98
有限元计算总应力（MPa）	2.25	4.30	6.14	8.16	10.16	12.18	14.27	16.14	18.19	20.31
公式计算/有限元计算	0.77	0.83	0.90	0.93	0.96	0.99	1.01	1.04	1.06	1.08

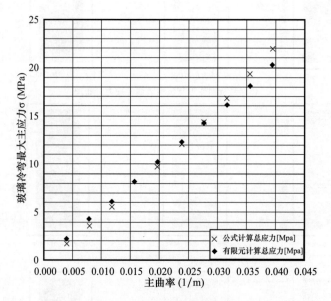

图 7　玻璃对边起拱冷弯应力公式计算与有限元计算总应力对比

由以上计算结果，可得出以下结论：

（1）类似于角点冷弯，对于相同的玻璃板块与相同的冷弯量，计入几何大变形与不计几何大变形的计算对比发现其玻璃表面的应力有所不同，即计入薄膜应力后，玻璃中部应力有所下降，玻璃边部应力有所提高，其最大应力出现在玻璃的边缘，并略大于弯曲应力。此现象进一步说明边部起拱冷弯玻璃亦为大挠度变形，计算需要充分考虑薄膜应力的影响，才能正确的反映玻璃的内力情况。

（2）由图7可见，对于相同的玻璃厚度，冷弯应力的大小与板面弯曲主曲率呈正比趋势。对于工程实际，可以通过控制起拱量与起拱边边长的关系，作为初步评估允许冷弯量以及区分冷弯玻璃和热弯玻璃的界限的评估标准。

（3）由图7可见，公式计算与有限元计算结果相近但略有偏差。对于小翘曲量计算，公式计算略小于有限元计算，是因为边部起拱应力最大值对玻璃有限元单元大小以及施加冷弯强制位移的点位距离模拟等较为敏感［图6（a）］，当冷弯量较小、应力较小的情况下，在施加冷弯应力的作用点处会出现一定程度的应力在局部偏大的现象，可认为是数值模拟的偏差；另外，手算公式由于采用简支梁应力与变形公式，即计算时考虑平截面假定成立，然而，由变形图可见，由于冷弯荷载仅施加在玻璃边缘处，在玻璃中部位置，玻璃的变形和应力均小于边部，呈现不均匀分布的特点，平截面假设不再成立，此现象也为手算与有限元计算略有差别的原因。由图7可见，此数值模拟以及玻璃跨中与边部不一致的偏差对于拥有较大冷弯量的板块不明显，且对于大冷弯量情况，手算计算结果偏保守。

综上所述，在实际应用中，采用以上公式用于初判对边起拱的冷弯应力计算是可以适用的。如对计算精度有较高要求，仍建议采用有限元方法进行复核。

2.3　单角翘曲与对边起拱冷弯对比

根据上述研究结果，对于相同尺寸和厚度的玻璃板块，分别将相同的冷弯量 d 施加在玻璃上，即最大冷弯量 d 位于玻璃的角点处（工况一）和最大冷弯量 d 位于玻璃长边起拱拱高处（工况二）。运用以上公式，对比以上两种工况下玻璃表面产生的最大主应力值，以及提取计算过程中玻璃弯曲的曲率半径。计算结果汇总见表8。

表8　不同形状冷弯公式计算结果对比

样板编号	1号	2号	3号	4号	5号	6号	7号	8号	9号	10号	11号	12号	13号	14号	15号	16号
面板宽度 (mm)	1750	1750	1750	1750	1750	1750	1750	1750	1750	1750	1750	1750	1750	1750	1750	1750
面板高度 (mm)	5500	5500	5500	5500	4500	4500	4500	4500	3500	3500	3500	3500	2500	2500	2500	2500
角点翘曲量 (mm)	25	50	75	100	25	50	75	100	25	50	75	100	25	50	75	100
主曲率 (1/m)	0.00260	0.00519	0.00779	0.01039	0.00317	0.00635	0.00952	0.01270	0.00408	0.00816	0.01224	0.01633	0.00571	0.01143	0.01714	0.02286
角点翘曲最大应力 (MPa)	1.00	2.10	3.20	4.50	1.20	2.60	4.00	5.50	1.60	3.30	5.20	7.30	2.30	4.80	7.70	10.80
对边起拱高 (mm)	25	50	75	100	25	50	75	100	25	50	75	100	25	50	75	100
主曲率 (1/m)	0.0026	0.0053	0.0079	0.0106	0.0197	0.0237	0.0276	0.0316	0.0586	0.0651	0.0489	0.0651	0.0320	0.0639	0.0957	0.1272
对边起拱最大应力 (MPa)	1.16	2.40	3.70	5.07	9.73	12.01	14.38	16.80	31.97	36.34	25.75	36.34	14.73	31.52	50.47	71.22

将两种冷弯形式导致玻璃弯曲的曲率半径与玻璃表面最大主应力的关系绘制在同一张图表中，如图8所示。

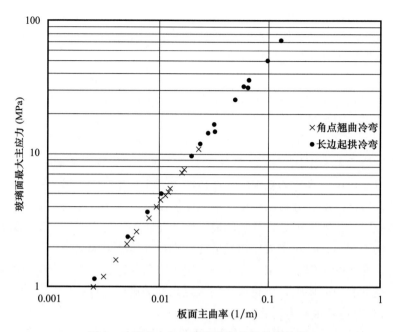

图 8　玻璃应力与玻璃冷弯曲率半径的关系

由以上结果可以看出，对于同样尺寸和厚度的玻璃，玻璃施加相同的最大冷弯量，此冷弯量施加在单个玻璃角点所产生的玻璃应力远小于将此冷弯量施加于玻璃边长中点使其玻璃起拱产生的应力。这是由于玻璃冷弯产生的应力主要是由于玻璃弯曲导致的，相同的冷弯量如果作用在玻璃单个角点，使得整个玻璃产生的曲率较小从而应力较小，而玻璃对边起拱会导致玻璃产生较大的曲率从而应力较大。通过将两种冷弯变形产生的玻璃弯曲曲率半径与玻璃主应力的关系进行对比（图 8），可以发现，无论是何种形式的冷弯，其冷弯应力与玻璃曲率半径呈相近的相关关系。可以推测，对于任意形状冷弯玻璃，也可以通过量化玻璃冷弯变形前后曲率的最大变化量的方法初步估算该玻璃的冷弯应力，以满足工程初步设计的要求。

工程上的传统做法中，往往不考虑玻璃板块大小和冷弯的具体形态，对比目标曲面与原始曲面的最大差值作为玻璃面最大冷弯量，无论此最大冷弯量出现在角点或是边部，无区别地将此最大冷弯量与容许冷弯量进行对比，作为判定板面是否可以通过冷弯来实现的依据。然而，通过以上结果可知，对于不同的冷弯形态，相同的最大冷弯量可能产生截然不同的内力分布，最大内力可能会有成倍的区别，采用同一容许冷弯量来进行玻璃选型判定的方法并不科学。

根据本文的研究成果，对于符合以上两种常见冷弯形式的玻璃，可配合几何参数提取的方法，通过平板拟合方式，可以方便地提取出每片玻璃板块的单点翘曲值和近似对边起拱值，利用式（11）与式（17），可快速估算出玻璃的冷弯应力。同时，公式的运用相比有限元的方式更加便捷，对于冷弯形态各异的建筑形态，玻璃容许应力的判定将不再依赖于制定容许冷弯量这个有局限性的方法，也不必在初步设计阶段为了获得正确的计算结果耗费大量的计算资源进行全楼玻璃有限元计算。运用以上方法，即可方便的对每片玻璃的应力进行初步判定，以指导玻璃类型分区以及指导建筑与幕墙设计。

另外，通过以上公式推导和算例的对比，发现玻璃的冷弯应力与玻璃曲率变化量有直接关系，此结论也给任意形状冷弯计算以及非平板玻璃冷弯计算打下理论基础，作为深化研究计算的开端。

3 结论

为了适应日益复杂的建筑外立面的设计以及满足大批量玻璃冷弯计算的需求，本文从玻璃冷弯变形的原理出发，考虑几何非线性的影响，通过玻璃弯曲形状计算弯曲应力以及通过规范公式等效简化计算薄膜应力的方法，对于常见的冷弯类型（单点翘曲和长边起拱），推导出简单易行的玻璃冷弯应力计算公式，并通过有限元软件非线性计算，验证了简化公式的准确性和保守性，并界定了简化公式的应用范围。

本文中进一步运用以上简化公式，对角点翘曲冷弯与边部起拱冷弯产生的应力进行参数分析，发现在相同最大冷弯量下，以上两种冷弯形式造成的玻璃应力差距大，即玻璃的冷弯应力与玻璃弯曲最大曲率而非最大冷弯量息息相关，故传统方法中不加区分冷弯形式采用单一最大冷弯量来作为玻璃冷弯界限值的方法来对建筑物玻璃类型选择（冷弯玻璃与热弯玻璃选择）并不准确，而需根据实际玻璃冷弯形式和板面尺寸等来区别对待。为了减少根据玻璃实际复杂形态建立大量有限元模型计算带来的巨大计算代价，本文中较高精度的简化公式给工程上快速批量计算异形冷弯带来了可能性。另外，通过参数分析的统计发现，两种截然不同的冷弯形式下，相同厚度的玻璃冷弯应力与弯曲曲率之间的函数关系基本一致，此结论也为任意形状冷弯计算以及曲面玻璃冷弯计算简化公式的推导奠定了基础。

参考文献

[1] 中华人民共和国建设部 . 玻璃幕墙工程技术规范：JGJ 102—2003[S]. 北京：中国建筑工业出版社，2003.

[2] L. Galuppi，S Massimiani，G Royer-Carfagni，Buckling phenomena in double curved cold-bent glass[J]. International Journal of Non-Linear Mechanics，64(2014)：70-84.

作者简介

汪婉宁，女，1988 年 4 月生，工程师，研究方向：土木特殊结构计算与设计、玻璃等幕墙材料计算与设计等；工作单位：阿法建筑设计咨询（上海）有限公司；地址：上海市徐汇区汾阳路 138 号轻科大厦 404 室；邮编：200031；联系电话：13020222042；E-mail：wanningwang@163.com。

幕墙垫块设计简述

包 毅 窦铁波 杜继予

深圳市新山幕墙技术咨询有限公司 广东深圳 518057

摘 要 幕墙工程技术规范中有关垫块的规定，适用于常规构造和正常支承条件下的幕墙系统。在特定的幕墙构造条件下，需对幕墙的构造和承载方式进行具体分析，对幕墙板块的支承方式、定位和垫块种类进行正确设计和选用，才能满足实际工程设计的需要。本文对特殊条件下的垫块设计演化进行简略的归纳，并对活铰支承块、可调垫块、模块化可调垫块、无级可调垫块、重载微调垫块等进行了介绍。

关键词 幕墙；垫块；支承块；定位块

1 前言

垫块是幕墙系统中的一个小附件，在很多人眼里是幕墙最不起眼的部件之一。在《建筑幕墙术语》（GB/T 34327—2017）中垫块归入"5.3 其他零件"的"支承块"和"定位块"；但是从定义看，还是局限于面板（尤其是玻璃）的周边镶嵌垫块。在（JGJ 113—2015）《建筑玻璃应用技术规程》中，有关支承块和定位块的材质（第 4.2.2、4.2.3 条），规格（第 12.2.2、12.2.3 条），安装位置（第 12.2.4 条）等，有明确的规定，并有相应图示。另，第 12.2.5、第 12.2.6 条里提到的"弹性止动片"，一般视作定位块的一种特殊形式，应用较少。严格来说，在现行的规范中提到的垫块主要是指玻璃垫块，不同垫块的标准做法，大部分常规幕墙工程可依照规范执行。但在某些特殊条件下，有些垫块并不是直接用于玻璃的支承或定位，则需要按照垫块所处的位置和作用及受力状况做相应的调整，本文就一些特殊条件下的垫块设计做一个介绍。

2 玻璃支承块和定位块的设置

现行相关规范中有关玻璃垫块的位置设置有明确的规定，"采用固定安装方式时，支承块和定位块的安装位置应距离槽角为（1/10）～（1/4）边长位置之间"，所以玻璃幕墙通常会在玻璃底边两侧设置垫块。但在实际工程中，由于特定幕墙构造的需要，玻璃垫块的设置无法达到规范中的规定，应采取特殊的处理方法。

2.1 支承块靠玻璃边角

当横梁或横梁的连接出现横梁抗重力方向很弱（如：扁窄形横梁）；横梁抗重力偏心扭转能力不足（如：角钢横梁）；横梁连接支座抗扭剪能力不足（如：横梁支座连接螺钉间距较小）等情况时（图1），玻璃面板的重力通常需考虑支承在立柱上，导致玻璃支承块只能置于玻璃的边角部位。包括采用无横梁设计的幕墙系统（图2），更是只能把支承块连接固定在立柱上，否则就需要采用点式驳接的方式才能承托玻璃的重量。实际上，非穿孔夹板式点支承玻璃幕墙的支承块也是位于玻璃角部的夹具内。

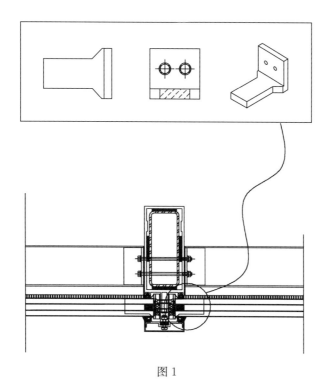

图 1

当支承块靠玻璃边角布置时，支承块长度往往也不能完全满足规范要求，需对局部压应力进行验算分析。且玻璃角部需进行倒圆角处理，避免应力过度集中，验算安全系数应适当提高。另外，此类设计玻璃局部应力往往偏大，玻璃应尽量采用钢化玻璃，半钢化玻璃很难实现设计要求。

2.2　支承块设置在玻璃侧边

当幕墙玻璃不是矩形，如平行四边形，玻璃重心有可能偏离底边（图 3），此时其中一个玻璃支承块需设置在侧边，才能防止玻璃侧翻。此种设置在倒置三角形的玻璃板块的支承中也常见。侧边设置的支承块需要考虑机械固定，才能避免移位。

2.3　支承块设置在玻璃底边中点

图 4 为一结构特殊的玻璃幕墙样板，幕墙板块两侧立柱的安装方式，一侧为上端吊挂连接，另一侧为落地固定连接，立柱受温度作用产生热胀冷缩时沿长度方向会出现相反的变化，极端条件下，横梁会出现左右不等高的情况。如采用传统的两边垫块形式，玻璃会出现平面内转动，可能与幕墙框架发生挤碰。为此，可采用多垫块设计来控制玻璃的平面内转动及防止玻璃板块与立柱间的碰撞。横梁上的支承块可设置在中点，支承块最好采用活铰结构，以便适应横梁的倾斜。两侧边设置定位块，防止玻璃侧翻。活铰如果是分离式的，上部需与玻璃粘结，下部也尽量与横梁固定。定位块也需要固定在立柱上，在保证玻璃与定位块可以相互移动的条件下，定位块不得逐渐滑落（图 5）。

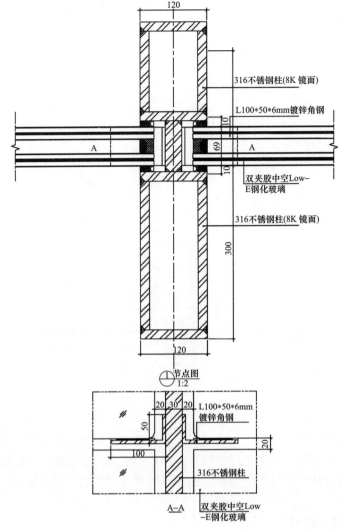

图 2

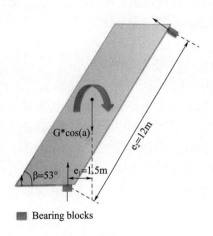

图 3

图 4

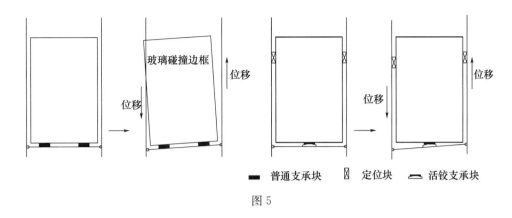

图 5

2.4 活动板块定位块的设置

玻璃幕墙的开启扇属于活动板块，其垫块的设置可以按照《建筑玻璃应用技术规程》（JGJ 113—2015）中第 12.2.4 条"2）采用可开启安装方式时，支承块和定位块的安装位置距槽角不应小于 30mm。当安装在窗框架上的铰链位于槽角部 30mm 和距槽角 1/4 边长点之间时，支承块和定位块的安装位置应与铰链安装的位置一致"执行。除了玻璃幕墙开启扇外，活动板块还包括带玻璃运输安装的的窗、窗墙单元、PC 集成墙和单元幕墙等，在现场的按照和运输过程中，均应考虑定位块的设置问题。对于周边或对边施作硅酮密封胶进行密封或结构装配固定的活动板块，固化后的胶也能部分起到防止玻璃与框架发生相对位移的作用。

2.5 多个支承块或连续支承

玻璃幕墙板块安装设置两个支承块的原因，是基于工程实际中难以保证三点共线的原因，设置两点支承能较好地实现承重点的有效性。这种设置适用于玻璃垂直安装，玻璃垂直方向刚性较大，且忽略支承块间距的影响。当玻璃处于水平（采光顶）或倾斜安装时（倾斜幕墙），在重力影响下，玻璃就会产生较大的平面外变形。较大跨距的支承，不利于控制玻璃平整度。可适当增加支承点的数量，支承点间距一般不宜大于 700mm，并按相应支承条件进行玻璃平面外变形的验算。如按《建筑玻璃采光顶技术要求》（JG/T 231—2018）"5.3 玻璃采光顶用玻璃面板面积应不大于 2.5m²，长边边长宜不大于 2m。"控制了玻璃幅面，或玻璃周边采用连续胶条的连续支承来代替支承块，即可以忽略有关支承间距的影响。

随着超大、超宽、超重玻璃板块越来越多的应用，即使玻璃是垂直安装，但由于底边太长，玻璃太重，也需要考虑多支承块设计。也可采用连续支承设计来支承玻璃面板，一般是在工厂内将玻璃与钢靴采用硅酮结构胶固化，通过钢靴转换，使得玻璃不承受集中力。隐框玻璃幕墙当硅酮结构胶承载设计不承载重力所产生的剪力时，玻璃的支承构件应采用连续支承构件并与幕墙支承构件可靠连接。

2.6 多向支承块的设置

对于斜幕墙，支承块需要在玻璃底部端面和玻璃边缘两个方向同时设置支承块，两侧边缘支承块的设置可参考采光顶的设计要求。

3 其他垫块设计

除了玻璃需要设置支承块外，实际上还有其他部件有设置类似于支承块的要求，特别是用于幕墙安装时的调整垫块。由于主体结构的施工误差，幕墙安装经常使用大量的调整垫块来调整幕墙的位置，以便保证幕墙安装的精度。目前，国内对工程安装用调整垫块不重视，功能和规格千差万别，极不规范，给幕墙施工质量带来很大的影响，急需产品的标准化和施工的规范化。

3.1　模块化可调垫块

模块化垫块一般是工程塑料产品，外形基本上是采用 U 形垫块，方便插入，避开连接螺栓。垫块由不同厚度的板块组成，可以组合，满足现场实际厚度的需要。一般不同厚度会采用不同颜色以方便快速分辨取用。图 6 为国外常用模块化垫块。

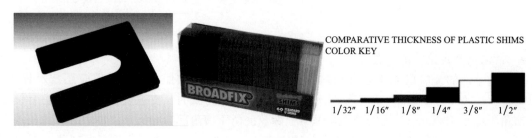

图 6

3.2　无级可调垫块

无级可调垫块如图 7 所示，它由两块三角楔形垫块相互咬合组成，其特点是在相互接触的斜坡面上设置了锯齿面，所以两垫块在相互接触后会"咬合"在一起不产生滑动。楔形垫块与 U 形垫块有很多相似之处，垫块的中间均为开放式 U 形条孔设计。楔形垫块开放式条孔的一端未设有锁定螺杆的突起造型，主要是因为可以靠两对垫块相互咬合后自然形成的闭合长圆孔来将自身定位。无级可调垫块适用于微量调节，通过两三角形垫块带齿条面间的相对滑动，无级可调垫块的整体厚度可在一定的范围内不断变化。不同厚度的楔形垫块其可调整的厚度范围是不同的。

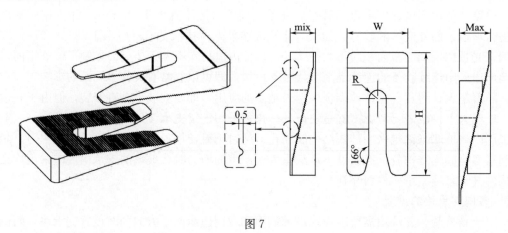

图 7

无级可调垫块具有多种尺寸产品以适应不同公称直径的螺杆和调节厚度的要求，表 1 为常用无级可调垫块规格表。

表 1 常用楔形垫块规格表

序号	对应公称直径	R (mm)	H (mm)	W (mm)	mix (mm)	max (mm)
1	M8	4.5	60	35	15	19
2	M10	5.5	75	40	20	25
3	M12	6.5	90	50	20	25
4	M16	8.5	120	60	25	32
5	M20	10.5	145	75	30	38

从侧面看，楔形垫块与周边结构相接触的平面上带有特殊凹槽造型，见图8中虚线框中的放大图，此处的特殊造型主要是考虑在和U形垫块配合使用时用来限制垫块间相对滑动的。

3.3 带有螺旋的重载微调垫块

超大落地玻璃板块的设计，如苹果店外立面玻璃，底部支承力很大，普通的垫块是无法满足要求的。一般都需要厂内预制钢靴加螺旋可调垫块，才能满足现场安装调整的要求。基本做法如图8所示。通过刚性夹持、钢制楔形可滑动垫块、螺杆等一套装置来实现微调。

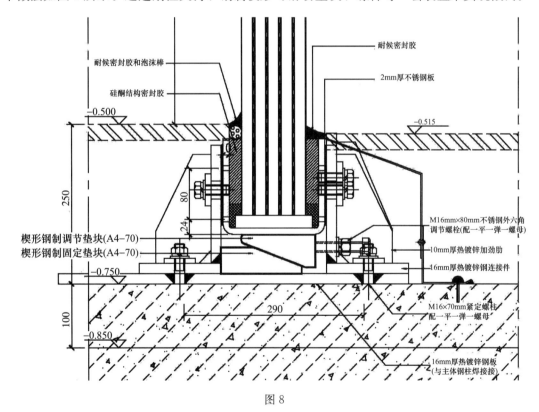

图 8

4 结语

幕墙垫块的设计需要适应实际工程需要，由于幕墙方案的多变形，需要配合实际情况进行变通。

（1）玻璃垫块可能不止两个，玻璃垫块位置可能不在底部；

（2）垫块设置应考虑搬运、安装、活动、变形等实际情况；

（3）特殊位置定位块需考虑机械固定；

（4）特殊位置垫块应进行验算，尤其注意集中应力对玻璃的影响；

（5）模块化、可调化的垫块更适应现场实际需要。

参考文献

［1］ 国家质量监督检验检疫总局，国家标准化管理委员会．建筑幕墙术语：GB/T 34327—2017［S］．北京：中国标准出版社，2017.

［2］ 中华人民共和国住房和城乡建设部．建筑玻璃应用技术规程：JGJ 113—2015［S］．北京：中国建筑工业出版社，2015.

［3］ 中华人民共和国建筑工业行业标准，建筑玻璃采光顶技术要求：JG/T 231—2018［S］．北京：中国标准出版社，2018.

［4］ 杜继予．一种外插式可调垫片：ZL 2009 2 0154144.7［P］.2010—3—10.

幕墙支承结构设计及计算要点

黄庆文

广东世纪达建设集团有限公司　广东广州　510000

摘　要　为分析幕墙支承结构设计计算要点，作者运用现有建筑结构分析理论，对常见幕墙支承结构设计计算分析思路进行梳理，在幕墙支承结构荷载取值、支承结构设计、结构计算等方面提出了系统的方法。结论将为幕墙支承结构设计计算提供参考。

关键词　可靠度；极限状态设计方法；设计使用年限；幕墙支承结构设计；结构计算

建筑幕墙支承结构对于建筑所处环境的风荷载、地震及气候特征等因素，应具有相应的适应能力与抵抗能力。在正常使用状态下，应具有良好的工作性能。在多遇地震作用下应能正常使用；在设防烈度地震作用下经一般修复后仍能继续使用；在罕遇地震作用下幕墙支承结构构件不得脱落。

幕墙支承结构应根据传力途径对支承结构及连接与锚固等依次设计和计算。幕墙支承结构应具有足够的承载能力、刚度、稳定性和相对于主体结构的位移能力。主体结构应能够承受幕墙传递的荷载和作用。连接件与主体结构的锚固承载力设计值应大于连接件本身的承载力设计值。必要时应校核主体结构与幕墙结构的相互影响。

本文对幕墙支承结构设计的几个要点：安全等级、极限状态设计方法、可靠度水平、设计基准期、设计使用年限、支承结构设计、构造设计等进行分析，明确了以上几个概念。

1　幕墙支承结构安全等级及设计使用年限

1.1　幕墙支承结构安全等级

幕墙支承结构是建筑幕墙中能承受面板及连接的作用并具有适度刚度的由各连接部件有机组合而成的系统。幕墙支承结构构件是幕墙支承结构在物理上可以区分出的部件。幕墙支承结构模型是用于幕墙支承结构分析及设计的理想化幕墙支承结构体系。

幕墙支承结构设计时，应根据支承结构破坏可能产生的后果，采用不同的安全等级。安全等级统一划分为一级、二级、三级共三个等级，大量的一般结构列入二级，大型公共建筑等重要结构列为一级，小型或临时性储存建筑等次要结构列为三级。设计文件中应明确幕墙支承结构的安全等级。

同一建筑结构中的各种结构构件一般与整体结构采用相同的安全等级，可根据具体结构构件的重要程度和经济效果进行适当调整。

1.2　极限状态设计方法及可靠度水平

幕墙支承结构极限状态是幕墙支承结构超过某一特定状态就不能满足规定的某一功能要求，此特定状态为该功能的极限状态。

极限状态设计方法是不使结构超越规定极限状态的设计方法。

幕墙支承结构极限状态分为承载能力极限状态、正常使用极限状态、耐久性极限状态。

采用以概率理论为基础的极限状态设计方法，用分项系数设计表达式计算，分为承载能力极限状态设计、正常使用极限状态设计、耐久性极限状态设计。

幕墙支承结构持久设计状况是在幕墙支承结构使用过程中一定出现，且持续期很长的设计状况，其持续期一般与设计使用年限为同一数量级。适用于幕墙支承结构使用时的正常情况。

幕墙支承结构短暂设计状况是在幕墙结构施工和使用过程中出现概率较大，与幕墙支承结构的设计使用年限相比，持续期很短的设计状况。适用于幕墙支承结构出现的临时情况，如施工、维修情况。

幕墙支承结构偶然设计状况是在幕墙结构施工和使用过程中出现概率较小，与幕墙支承结构的设计使用年限相比，持续期很短的设计状况。适用于幕墙支承结构出现的异常情况，如撞击、爆炸、火灾情况。

幕墙支承结构地震设计状况是在幕墙支承结构遭受地震的设计状况。适用于幕墙支承结构遭受地震的情况。

承载能力极限状态是对应于幕墙结构或结构构件达到最大承载力或不适于继续承载的变形的状态。当幕墙支承结构或结构构件出现下列状态之一时，就认定超过承载能力极限状态：幕墙支承结构构件或连接因应力超过材料强度而破坏，或因过度变形而不适于继续承载（如幕墙支承钢结构已经达到屈服强度，变形持续扩大，无法继续承载）；幕墙支承结构或结构构件丧失稳定（如幕墙空间结构已经丧失稳定，如超高全玻幕墙玻璃肋结构已经侧向失去稳定，无法继续承载）；幕墙支承结构或结构构件疲劳破坏（如幕墙开启窗结构及连接多次启闭已经疲劳破坏，无法继续承载）。

正常使用极限状态是对应于幕墙支承结构或支承结构构件达到正常使用的某一项规定限值的状态。当幕墙支承结构或结构构件出现下列状态时，就认定超过正常使用极限状态：影响幕墙正常使用或建筑外观效果的变形（如玻璃幕墙变形过大）。

正常使用极限状态包括不可逆正常使用极限状态和可逆正常使用极限状态。

不可逆正常使用极限状态是当产生超越正常使用的作用卸除后，该作用产生的后果不可恢复的正常使用极限状态。

可逆正常使用极限状态是当产生超越正常使用的作用卸除后，该作用产生的后果可恢复的正常使用极限状态。

耐久性极限状态是对应于幕墙支承结构或支承结构构件在环境影响下出现的劣化达到耐久性能的某一项规定限值或标志的状态。当幕墙支承结构或支承结构构件出现下列状态之一时，就认定超过耐久性极限状态：影响幕墙承载能力和正常使用的材料性能劣化（如幕墙支承钢结构防腐涂层已经丧失保护作用，密封胶老化）；影响幕墙耐久性能的裂缝、变形、缺口、外观、材料削弱（如玻璃支承结构的玻璃肋边有缺口）。

幕墙支承结构设计应对幕墙结构各极限状态分别进行分析计算，幕墙结构在正常情况下即持久设计状况时，承载能力极限状态或正常使用极限状态的计算起控制作用。

作用效应是由作用引起的幕墙支承结构或幕墙支承结构构件的反应。包括构件截面内力（拉力、压力、剪力、弯矩、扭矩）及变形、裂缝。

结构抗力是幕墙支承结构和幕墙支承结构构件承受作用效应和环境影响的能力。

对幕墙支承结构的环境影响可分为永久影响、可变影响、偶然影响。

对幕墙支承结构的环境影响可具有机械的、物理的、化学的、生物的性质，有可能使幕墙支承结构的材料性能随时间方式不同程度的退化，行不利方向发展，降低材料力学性能，影响幕墙支承结构的安全性和适用性。其中环境湿度的因素最关键。

对幕墙支承结构的环境影响应尽量采用定量描述，也可根据材料特点，按其抗侵蚀性的程度划分等级，设计按等级采取相应构造措施。

幕墙支承结构对持久设计状况（如幕墙支承结构使用时正常情况）应进行承载能力极限状态设计，采用作用的基本组合；应进行正常使用极限状态设计；宜进行耐久性极限状态设计。

幕墙支承结构对短暂设计状况（如幕墙支承结构施工、维修时情况）应进行承载能力极限状态设计，采用作用的基本组合；根据需要进行正常使用极限状态设计；可不进行耐久性极限状态设计。

幕墙支承结构对偶然设计状况（如撞击、爆炸、火灾情况）应进行承载能力极限状态设计，采用作用的偶然组合；可不进行正常使用极限状态设计；可不进行耐久性极限状态设计。

幕墙支承结构对地震设计状况应进行承载能力极限状态设计，采用作用的地震组合；根据需要进行正常使用极限状态设计；可不进行耐久性极限状态设计。

幕墙支承结构设计值应采用按各作用组合中最不利的效应设计值。

幕墙支承结构极限状态设计应使幕墙支承结构的抗力大于等于幕墙支承结构的作用效应。

幕墙支承结构可靠度是幕墙结构在规定的时间内，在规定的条件下，完成预定功能的概率。

幕墙支承结构设计应使幕墙支承结构在规定的设计使用年限内以规定的可靠度满足规定的各项功能要求。功能要求包括安全性、适用性、耐久性。

可靠度水平的设置应根据幕墙支承结构的安全等级、失效模式确定，对安全性、适用性、耐久性可采用不同的可靠度水平。

可靠度应采用可靠指标度量，而可靠指标应根据分析结合使用经验确定。可靠指标是度量幕墙支承结构构件可靠性大小的尺度，目标可靠指标是分项系数法采用的各分项系数取值的基本依据。安全等级每相差一级，可靠指标取值相差 0.5。

幕墙支承结构持久设计状况按承载能力极限状态设计的可靠指标是以结构安全等级划分为二级时延性破坏取值 3.2 作为基准，其他情况相应增加减少 0.5。可靠指标与失效概率运算值负相关。

幕墙支承结构持久设计状态按正常使用极限状态设计的可靠指标是根据作用效应的可逆程度在 0 至 1.5 间选取，作用效应可逆程度较高的可靠指标作用效应取低值，作用效应可逆程度较低的可靠指标作用效应取高值。作用效应可逆的可靠指标作用效应取 0，作用效应可逆程度较低的可靠指标作用效应取 1.5。

幕墙支承结构持久设计状态按耐久性极限状态设计的可靠指标是根据作用效应作用效应的可逆程度在 1.0～2.0 间选取。

1.3 设计使用年限

幕墙支承结构的设计使用年限是设计规定的幕墙支承结构或幕墙支承结构构件不需大修即可按照预定目的使用的年限。

当界定幕墙为易于替换的结构构件时，幕墙支承结构的设计使用年限为 25 年；当界定幕墙为普通房屋和构筑物的结构构件时，幕墙支承结构的设计使用年限为 50 年；当界定幕墙为标志性建筑和特别重要的建筑结构时，幕墙支承结构的设计使用年限为 100 年。

当建筑设计有特殊规定时，幕墙支承结构的设计使用年限按照规定确定且不应小于 25 年。

2 支承结构设计

2.1 支承结构设计及结构分析原则和结构模型

幕墙支承结构应按围护结构设计。幕墙支承结构设计应考虑永久荷载、风荷载、地震作用和施工、清洗、维护荷载。大跨度空间结构和预应力结构应考虑温度作用。可分别计算施工阶段和正常使用阶段的作用效应。斜幕墙还应考虑雪荷载、活荷载、积灰荷载。

幕墙结构设计值应采用按各作用组合中最不利的效应设计值。幕墙结构极限状态设计应使幕墙结构的抗力大于等于幕墙结构的作用效应。幕墙结构承载能力极限状态设计应使幕墙结构的抗力设计值与结构重要性系数的乘积大于等于幕墙结构的作用效应设计值。幕墙结构正常使用极限状态设计应使幕墙结构的挠度值不大于其相应限值。幕墙结构耐久性极限状态设计应使幕墙结构构件出现耐久性极限状态标志或限值的年限大于等于幕墙结构的设计使用年限。

幕墙支承结构分析是确定支承结构上作用效应的过程和方法。可采用结构计算、结构模型试验、原型试验（如幕墙抗风压性能试验）等方法。

幕墙支承结构分析的精度应能满足支承结构设计要求，必要时宜进行试验验证（如点支式玻璃幕墙点支承装置及玻璃孔边应力分析）。

幕墙支承结构分析宜考虑环境对幕墙结构的材料力学性能的影响（如湿度对结构胶）。对幕墙支承结构的环境影响可根据材料特点，按其抗侵蚀性的程度划分等级，设计按等级采取相应构造措施。

建立幕墙支承结构分析模型一般要对支承结构原型适当简化，突出考虑决定性因素，忽略次要因素，合理考虑构件及连接的力-变形关系因素。采用的基本假定和计算模型应能够合理描述所考虑的极限状态幕墙支承结构的作用效应。

2.2 风荷载计算

根据《建筑结构荷载规范》（GB 50009—2012）规定取值或采用风洞试验确定风荷载。对于台风地区，应根据施工阶段对局部体型系数和内压系数进行补充验算。

2.3 地震作用计算及温差变化考虑

根据《建筑抗震设计规范》（GB 50011—2010）规定。结构构件的地震作用只考虑由自身重力产生的水平方向地震作用和支座间相对位移产生的附加作用，采用等效侧力方法计算。

温度作用方面，对于温度变化引起的幕墙构件和玻璃的热胀冷缩，在构造上可以采取相应措施有效解决，避免因构件间挤压产生温度应力造成构件破坏，如连接间隙预留间隙。

《建筑抗震设计规范》（GB 50011—2010）之 3.7.1 明确规定：非结构构件自身及其与结构主体的连接，应进行抗震设计；3.7.4 规定：围护墙应估计其设置对结构抗震的不利影响，避免不合理设置而导致主体结构的破坏；3.7.5 规定：幕墙、装饰贴面与主体结构应有可靠连接，避免地震时脱落伤人。因此，本文在进行幕墙结构设计时计算主要作用效应重力荷载和风荷载。

进行幕墙构件的承载力计算时，当重力荷载对幕墙构件的承载能力不利时，重力载荷和风载荷作用的分项系数（γ_G、γ_W）应分别取 1.3 和 1.5；当重力荷载对幕墙构件的承载能力有利时（γ_G、γ_W）应分别取 1.0 和 1.5。

2.4 作用及效应计算

幕墙支承结构应按各效应组合中的最不利组合设计。建筑物转角部位、平面或立面突变部位的构件和连接应作专项验算。

幕墙支承结构计算模型应与结构的工况一致。采用弹性方法计算幕墙支承结构时，先计算各荷载与作用的效应，然后将荷载与作用效应组合。考虑几何非线性影响计算幕墙结构时，应将荷载与作用组合后计算组合荷载与作用的效应。

规则构件可按解析或近似公式计算作用效应。具有复杂边界或荷载的构件，可采用有限元方法计算作用效应。采用有限元方法作结构验算时，应明确计算的边界条件、模型的结构形式、截面特征、材料特性、荷载加载情况等信息。转角部位的幕墙支承结构应考虑不同方向的风荷载组合。

变形较大的幕墙支承结构，作用效应计算时应考虑几何非线性影响。对于复杂结构体系、桁架支承结构及其它大跨度钢结构，应考虑结构的稳定性。

幕墙支承结构和主体结构的连接应满足幕墙的荷载传递，适应主体结构和幕墙间的相互变形，消减主体结构变形对幕墙体系的影响。异型空间结构及索结构应考虑主体结构和幕墙支承结构的协同作用，应会同主体结构设计对主体结构和幕墙结构整体计算分析。

2.5 支承结构构件设计

构件式幕墙非对称截面横梁应按弯曲或弯扭构件计算。当横梁为开口截面型材时，应按薄壁弯扭构件设计和计算。

构件式幕墙横梁截面按照面板作用于横梁上的荷载和横梁不同支承状况产生的弯矩、剪力和扭矩计算确定。横梁承受轴向力时，尚应验算轴向力影响。构件式幕墙横梁与立柱的连接应能承受垂直于幕墙平面的水平力、幕墙平面内的垂直力及绕横梁水平轴的扭转力，其连接构造，紧固件尺寸、数量应由计算确定。应验算横梁和立柱的连接，包括连接件及其与立柱之间所用螺钉、螺栓的抗剪、型材挤压、连接件扭转受剪等。幕墙立柱宜采用上端悬挂方式。立柱下端支承时，应作压弯构件设计，对受弯平面内和平面外作受压稳定验算，按《铝合金结构设计规范》（GB 50429—2007）和《钢结构设计标准》（GB 50017—2017）的规定验算。梁柱双向滑动连接、销钉连接不能作为立柱的侧向约束。

钢铝组合截面立柱构造截面中，不参与组合截面共同工作的铝材部份，仍须按实际受力状况作局部受力和连接部位的强度计算。钢铝共同工作构件应有可靠的连接措施保障二者变形协同，组合截面可按刚度分配原理。钢铝共同工作的组合截面，应按材料力学方法验算两种型材间的剪力传递，按计算要求设置抗剪螺钉。

单元式幕墙支承结构计算根据传力途径依次复核单元板块各板块的承载能力。板块及连接承载力、刚度等应能满足运输、吊装要求。单元板块连接应分别复核吊装和使用状态下的承载能力，板块与主体结构的连接点不应对板块产生初始应力。吊装孔位于构件应力较大的区域时，对该部位应专门计算设计。荷载偏心对计算结果影响明显时，应考虑荷载偏心产生的效应。复核顶横梁与立柱连接、单元板块与主体结构连接时应计入相邻上单元板块传递的荷载。

单元式幕墙采用对接组合构件时，对接处横梁与立柱应分别按其所承受的荷载和作用计算。单元式幕墙采用插接式组合构件时立柱的荷载计算应按照左、右立柱协同变形分配荷载后按各自承担的荷载及作用分别计算。大型、弧面及其他异型单元板块的连接结构设计应采用有限元方法计算分析，可设置板内支撑系统加强整体刚度。

高度在 12m 以上吊挂全玻璃幕墙的玻璃肋应进行平面外稳定验算，转角处应验算整体稳定。

点支式玻璃幕墙支承结构设计不考虑玻璃面板刚度的影响。点支承玻璃幕墙的支承结构体系采用玻璃结构时应采用空间结构有限元分析方法，必要时采用结构试验验证计算。

幕墙索结构设计应符合《索结构技术规程》（JGJ 257—2012）及《点支式玻璃幕墙工程技术规程》（CECS 127—2001）的规定。在任何荷载作用组合下拉索均应保持受拉状态。幕墙索结构计算应考虑几何非线性影响。幕墙索结构荷载状态分析应在初始预应力状态的基础上，考虑永久荷载、活荷载、雪荷载、风荷载、地震作用、温度作用、主体结构变形作用及施工荷载。温度效应组合系数取 0.6，温差取张拉阶段与使用阶段的最大绝对值。幕墙索结构与主体结构的连接应能适应主体结构的位移，主体结构应能承受幕墙索结构的支座反力。索结构挠度限值应会同主体结构设计共同确定。

2.6 强度设计值

强度设计值应按《玻璃幕墙工程技术规范》（JGJ 102—2003）《铝合金结构设计规范》（GB 50429—2007）《钢结构设计标准》（GB 50017—2017）《冷弯薄壁型钢结构技术规范》（GB 50018—2002）《金属与石材幕墙工程技术规范》（JGJ 133—2001）《人造板材幕墙工程技术规范》（JGJ 336—2016）的规定采用。

2.7 挠度限值

挠度限值应符合《玻璃幕墙工程技术规范》（JGJ 102—2003）《建筑玻璃应用技术规程》（JGJ 113—2015）《金属与石材幕墙工程技术规范》（JGJ 133—2001）《人造板材幕墙工程技术规范》（JGJ 336—2016）的规定。

3 结论

针对幕墙结构设计的几个要素：安全等级、极限状态设计方法、可靠度水平、设计基准期、设计使用年限、支承结构设计、面板及连接设计等进行分析，本文分析了其内在本质的逻辑关系，明确了以上几个概念，为理清幕墙结构设计思路建立了良好的理论基础。提出主要的观点：幕墙结构设计使用年限应在设计中规定；会通过结构试验方法来证明特殊幕墙结构计算经验公式。

上海市超低能耗建筑之幕墙门窗性能设计策略

陈 峻 王 峰

华建集团华东建筑设计研究院有限公司 上海 200011

摘 要 本文从国家"双碳"政策法规出发，讲述了"双碳"目标下，建筑幕墙门窗在宏观战略中的价值定位和技术路线，结合上海市绿色建筑规划相关政府文件的要求，解读上海市超低能耗建筑技术导则细节，明确了幕墙门窗的具体性能要求，提出了超低能耗建筑幕墙门窗设计的具体策略和技术路线，并针对实体项目进行分析，指导工程应用。最后围绕策略要求，介绍一些较适用的材料技术，提供给工程应用参考。

关键词 "双碳"；超低能耗

1 前言

"双碳"目标是近年来国家主旋律国策，"双碳"的概念是什么，和我们建筑行业关联度多大，"双碳"目标和超低能耗建筑有什么联系，和建筑幕墙专业有什么联系，现有幕墙的设计上有什么策略和技术路线可循，现阶段有什么新材料和新技术可以在外立面上进行应用，都是涉及幕墙门窗行业发展和行业亟需了解的话题。其中超低能耗建筑作为实现"双碳"任务起步的重要阶段，建筑幕墙门窗性能要求上有什么提升，需要进行技术上的梳理和研究。

2 历史政策解读

2.1 "双碳"政策的由来

1992 年发布的《联合国气候变化框架公约》是世界第一个全面控制温室气体排放，以应对全球气候变暖影响的国际公约，是国际社会在应对全球气候变化问题上进行国际合作的基本框架。1997 年发布的《京都协定》是世界第一个限制各国温室气体排放的国际法案，强制规定了发达国家的温室气体减排指标，2005 年生效。2015 年发布的《巴黎协定》规定了各方将以"自主贡献"的方式参与全球应对气候变化行动，2016 年生效。"十三五"以来，国家陆续出台了一系列政策和法规指导减排及节能工作。2020 年启动配额现货交易，并在发电行业稳定运行的情况下，逐步扩大市场覆盖范围。习近平主席 2020 年 9 月 22 日在第 75 届联合国大会一般性辩论上宣布中国将提高国家自主贡献力度，采取更加有力的措施控制碳排放。自此，"双碳"目标的概念正式出台：二氧化碳排放力争于 2030 年前达到峰值；努力争取 2060 年前实现碳中和（图 1）。

《中共中央国务院关于完整准确全面贯彻新发展理念做好碳达峰碳中和工作的意见》（2021 年 9 月 22 日），《国务院关于印发 2030 年前碳达峰行动方案的通知》（国发〔2021〕23 号）（2021 年 10 月 24 日）。两个政策文件中明确了任务目标。

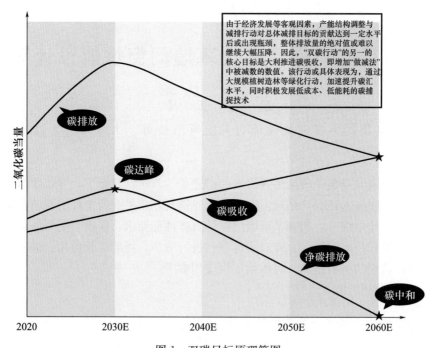

图 1 双碳目标原理简图
数据来源：WIND 招商银行研究院

到 2025 年：绿色低碳循环发展的经济体系初步形成，重点行业能源利用效率大幅提升单位国内生产总值能耗比 2020 年下降 13.5%，单位国内生产总值二氧化碳排放比 2020 年下降 18%，非石化能源消费比重达到 20%左右，森林覆盖率达到 24.1%，森林蓄积量达到 180 亿 m³。到 2030 年：经济社会发展全面绿色转型取得显著成效，重点耗能行业能源利用效率达到国际先进水平，单位国内生产总值能耗大幅下降，单位国内生产总值二氧化碳排放比 2005 年下降 65%，非化石能源消费比重达到 25%左右，风电、太阳能发电总装机容量达到 12 亿 kW 以上，森林覆盖率达到 25%，森林蓄积量达到 190 亿 m³。到 2060 年：绿色低碳循环发展的经济体系和清洁低碳安全高效的能源体系全面建立，能源利用效率达到国际先进水平，非化石能源消费比重达到 80%以上。

2021 中央经济工作会议 12 月 8 日至 10 日的会议精神明确了三个方面的优化改造方向。一是推进城乡建设和管理模式低碳转型。在城乡规划建设管理各环节全面落实绿色低碳要求，推动城市组团式发展，严格管控高能耗公共建筑建设，实施工程建设全过程绿色建造，杜绝大拆大建。二是大力发展节能低碳建筑，持续提高新建建筑节能标准，加快推进超低能耗、近零能耗、低碳建筑规模化发展，大力推进城镇既有建筑和市政设施节能改造，全面推广绿色低碳建材。三是加快优化建筑用能结构，深化可再生能源建筑应用，开展建筑屋顶光伏行动，因地制宜推进热泵、燃气、生物质能、地热能等清洁低碳供暖。到 2025 年，城镇建筑可再生能源替代率达到 8%，新建公共机构建筑、新建厂房屋顶光伏覆盖率力争达到 50%。立足以煤为主的基本国情，抓好煤炭清洁高效利用，尽早实现碳排放总量和强度"双控"。

同时我们对比一下世界主要经济体碳达峰、碳中和的预期速率预计，如图 2 所示。

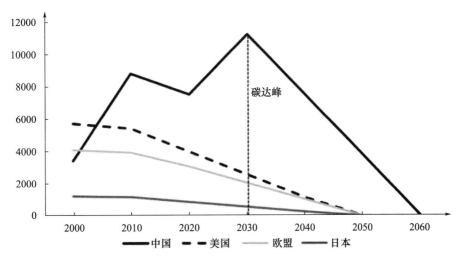

图 2　主要经济体达成碳中和任务的预期速率对比

数据来源：世界银行 清华大学 红杉资本

中国作为世界上最大的发展中国家，将完成全球最高碳排放强度降幅，用全球历史上最短时间实现从碳达峰到碳中和，史无前例！

在全国碳排放按行业分布如图 3 所示，建材部分占比 12％强，降碳任务艰巨。

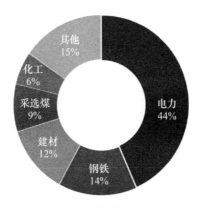

图 3　全国碳排放按行业分布

数据来源：WIND 招商银行研究院

作为建筑幕墙来讲，在"双碳"的目标下，哪些技术路线和幕墙门窗行业相关，参考《北大金融评论》发布"双碳"目标下的技术路线图，主要包括减少碳排放和增加碳吸收两条主线。其中，减少碳排放包括能源结构调整、重点领域减排、金融减排支持三条路线，增加碳吸收又包括技术固碳、生态固碳两条路线。其中建筑光伏一体化、装配式节能技术、"光储直柔"技术路线与建筑幕墙门窗行业息息相关。

2.2　建筑全生命周期碳排放

中国建筑节能协会建筑能耗与碳排放专委会每年的报告中会列举建筑全过程能耗与碳排放测算方法体系，建筑全过程能耗与碳排放包括四个阶段：①建筑材料生产、运输；②建筑施工；③建筑运行；④建筑拆除。其中隐含碳排放包括拆除过程中的能源消耗与用水、拆除过程中的减碳与碳抵消、废旧材料运输与填埋碳排放、原材料智造与运输碳排放、建设过程中的能源消耗、建设过程的减碳与碳抵消、可再生能源利用量等内容。而在建筑运营阶段碳排放是显而易见，包括建筑管理和维修保养服务，电网电力消耗电量和用水量，建筑可再生能源利用量，减碳与碳抵消。

根据专委会 2019 年的研究报告，全国建筑全过程能耗总量 22.33 亿 tce，占据全国总建筑能耗的 48.8% 将近一半，而 2019 年全国建筑全过程碳排放总量为 49.97 亿 tCO_2，占全国总建筑碳排放的 50.6%。建筑全过程的降碳排污工作任重道远。

针对以上情况，笔者认为落实到建筑幕墙门窗行业，围绕开源节流的思想，可参考以下几个方面的技术路线开展工作。

（1）新型高性能低碳材料的开发，在超低能耗建筑的增量市场中，逐渐代替传统的高能耗铝材。

（2）优先采购"碳中和"工业制造的产品，推动低碳发展，如服役后期的材料再生或回收转换成另外用途的低碳产品，代表产品有再生铝，再生聚氨酯等复合材料。还可以考虑服役年限 50 年或更长时间的面材，减少后期维护阶段的碳排放，如 PVF 涂层金属板、搪瓷钢板等材料。

（3）加快外立面幕墙门窗的节能改造，改造由整体拆除更换转换成高性能低碳面材的更换或修缮，减少能源的额外消耗。如采用贴真空玻璃、贴节能膜等形式改造原有的非节能立面玻璃。

（4）优化幕墙体系的结构设计，简化受力路径上的节点层级数量，减少材料用量，合理分配材料和结构体系的冗余比重，做到既要安全又要化繁为简的平衡。

（5）大力发展可再生能源的应用，如 BIPV 建筑光伏一体化，光电幕墙、光热幕墙的研发。

（6）提高幕墙整体的节能指标，配合发展超低能耗建筑、近零能耗建筑，降低建筑运营阶段的负荷。

（7）推广低碳绿色能效认证，出台奖励办法。

2.3 超低能耗建筑

超低能耗建筑最早自 20 世纪 80 年代由德国、丹麦、美国、日本等国家提出，被动式超低能耗建筑是目前欧美建筑节能研发和应用的重要领域，欧美等国家已经或正在制定适应本国国情的被动式超低能耗建筑技术体系。

在中国，2015 年住房和城乡建设部制定的《被动式超低能耗绿色建筑技术导则》，2019 年发布实施的《近零能耗建筑技术标准》（GB/T 51350—2019），2021 年国务院发布《2030 年前碳达峰行动方案》，明确了大力发展节能低碳建筑：持续提高新建建筑节能标准，加快推进超低能耗、近零能耗、低碳建筑规模化发展的实施方向。2021 年国务院发布《中国应对气候变化的政策与行动》，提出了加大温室气体排放控制力度，推广绿色建筑，逐步完善绿色建筑评价标准体系以及开展超低能耗、近零能耗建筑示范的要求。

在 2020 年，上海市住建委就出台了节能和绿色建筑示范项目的专项扶持办法的文件，奖励力度达 300 元/㎡。2021 年 11 月 3 日，上海市住建委颁布了《上海市绿色建筑"十四五"规划》的规定，提出了推广应用超低能耗建筑的要求，"十四五"期间累计落实超低能耗示范项目不少于 500 万 ㎡。同时上海临港新片区管理委员会也出台了新片区低碳建设导则（试行）的通知，通知中指出在示范区范围内的政府投资、大型公建及其他民用建筑执行

《上海市超低能耗建筑技术导则（试行）》，且通过超低能耗认定。开展近零能耗建设示范，鼓励试点实施零能耗或者产能建筑试点示范。以上种种政策显示出上海市政府大力推广超低能耗建筑的决心。

3　执行标准和对策

3.1　执行标准

《上海市超低能耗建筑技术导则（试行）》中相关外围护要求重点摘录如下：

（1）外墙的传热系数要求见表1。

表 1　外墙传热系数表

功能类型		参考值	约束值
外墙平均传热系数［W/（（m²·K）］	住宅	≤0.4	≤0.80
	公建	≤0.4	≤0.72

（2）外墙保温应采用燃烧性能为 B1 级以上的保温材料，优先选用高性能保温材料，以减少保温层厚度。

（3）屋面传热系数指标要求见表2。

表 2　屋面传热系数表

功能类型		参考值	约束值
屋面平均传热系数［W/（（m²·K）］	住宅	≤0.3	≤0.64
	公建	≤0.3	≤0.45

（4）外窗（透光幕墙）的传热系数见表3，遮阳系数指标要求见表4。

表 3　外窗（透光幕墙）传热系数表

功能类型		参考值	约束值
外窗（或透光幕墙）传热系数［W/（（m²·K）］	住宅	≤1.4	≤1.8
	公建	≤1.4	≤1.8

表 4　外窗（透光幕墙）遮阳系数表

功能类型		参考值	约束值
玻璃遮阳系数（东西向及南向）	住宅	≥0.6	≥0.6
	公建	/	/
外窗（或透光幕墙）综合遮阳系数（东西向及南向）	住宅	≤0.35	≤0.40
	公建	≤0.25	≤0.30

（5）遮阳的要求

①东向、西向、南向外窗（透光幕墙）以及屋顶透光部分应设置外遮阳措施，优先采用活动外遮阳形式；

②采用固定外遮阳时，应通过计算分析对外遮阳构件的尺寸、间距等进行优化设计。南向宜采用水平式外遮阳，东向、西向宜采用挡板式遮阳；

③采用活动外遮阳时，可采用金属百叶、卷帘、中置百叶等形式。

（6）外窗及外遮阳的构造设计

①外窗外表面与基层墙体的连接处应采用防水透气材料粘贴，外窗内表面与基层墙体的连接处应采用防水隔气材料粘贴；

②外遮阳设计应与主体建筑结构可靠连接，连接件与基层墙体之间应设置保温隔热垫块；

③用卷帘外遮阳时，应将卷帘盒固定在保温层外侧。带有电机的活动遮阳卷帘盒，电机电线的穿墙孔洞需密封处理。

（7）住宅建筑户门应具有良好的保温性，其传热系数 K 值宜小于 1.8W/（m² · K）。

（8）应选用气密性等级高的外门窗，依据国家标准《建筑外门窗气密、水密、抗风压性能检测方法》（GB/T 7106—2019），其气密性等级应满足如下要求：

①外窗气密性能不宜低于 8 级；

②外门、分隔供暖空间与非供暖空间户门气密性能不宜低于 6 级。

（9）公共建筑宜设置太阳能光伏发电系统，进一步降低建筑对市政能源的需求。应与建筑一体化设计，宜采用建材型光伏构件。

（10）保温材料的选择与应用，保温材料燃烧性能等级要求应符合现行国家标准《建筑设计防火规范》（GB 50016—2014）以及上海市《民用建筑外保温材料防火技术规程》（DGJ 08—2164）的要求，不应低于 B1 级。

（11）外窗玻璃应选用三玻两腔中空玻璃或性能更优玻璃，玻璃间隔条宜使用耐久性良好的暖边间隔条；型材宜采用铝木复合、玻纤聚氨酯、增塑聚氯乙烯塑料、木材等保温性能良好的材料。

（12）当外墙采用燃烧性能为 B1 级保温材料时，外门窗的耐火完整性应满足如下要求：

①建筑高度大于 24m 的公共建筑，外门窗的耐火完整性不应低于 0.5h；

②建筑高度大于 27m 的住宅建筑，外门窗的耐火完整性不应低于 0.5h。

3.2 技术对策

被动式技术包括围护结构节能措施、建筑气密控制措施、围护结构热桥控制措施。可再生能源方面包括建筑光伏一体化的技术方案。

（1）围护结构节能措施，根据华东建筑设计研究院绿色节能中心的研究成果，针对主要面材的要求和成本增量见表 5 和表 6。

表 5　外墙的面材要求及成本增量

分类	传热系数〔W/（m² · K）〕		保温层厚度（mm）		成本[1]（元/m²）		增量成本（元/m²）
	上海市超低能耗标准	现行节能标准	上海市超低能耗标准	现行节能标准	上海市超低能耗标准	现行节能标准	
泡沫玻璃	0.4	1.0	120	40	160	70	90
挤塑聚苯板			80	30	140	60	80
模塑聚苯板			100	30	130	50	80
石墨聚苯板			90	30	150	60	90
硬泡聚氨酯			60	20	200	100	100

注：[1] 成本包含材料费用及人工费用，数据来源于市场调研。

表6　外窗的面材要求及成本增量

分类	传热系数［W·(m²/K)］		外窗玻璃类型		成本¹（元/m²）		增量成本（元/m²）
	上海市超低能耗标准	现行节能标准	上海市超低能耗标准	现行节能标准	上海市超低能耗标准	现行节能标准	
塑钢窗	1.4	1.8～2.2	三玻两腔	双玻	1700～2300	450	1250～1850
铝木复合窗					2000～2800	1200	800～1600
铝合金					1600～2800	600	1000～2200

注：¹ 成本包含材料费用及人工费用，数据来源于市场调研

（2）外窗气密性及热桥控制示意如图4所示。

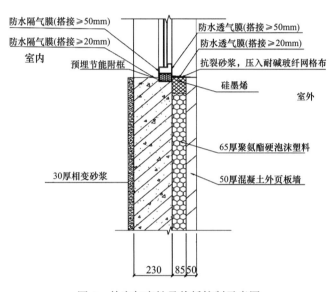

图4　外窗气密性及热桥控制示意图

（3）可再生能源方面。太阳能光热系统、光伏系统非强制要求，只要满足能耗指标要求，可不设置。如不满足，则需增加可再生能源或进一步降低建筑能耗；但应考虑经济适度与技术适宜的原则。

4　案例分析

4.1　通过超低能耗评审项目的配置举例

（1）颛桥镇闵行新城项目

项目用地面积近8万 m²，申报示范面积为12万 m²。项目由小高层住宅、多层住宅、保障房、公共服务设施和其他室内、外配套用房（如物业管理用房、配电房）等组成（图5）。

①外墙一体化保温体系应用比例超过80%；

②外墙硅墨烯反打预制剪力墙和硅墨烯免拆模板现浇剪力墙；

③采用无热桥设计；

④连续完整的气密设计，规避非预期气流渗透；

⑤采用高性能三玻两腔中空填充氩气中置百叶玻璃窗；

⑥一级能效的风冷热泵机组；

⑦带除霾净化功能的全热交换新风机组；

⑧应用太阳能提供生活热水的比例达到 50％。

图 5　颛桥镇闵行新城项目

（2）江浦社区大桥街道住宅项目

项目用地面积约 3 万 m²，申报示范面积为 7 万 m²。预计 2023 年底建设完工（图 6）。

图 6　江浦社区大桥街道住宅项目

①外墙一体化保温体系应用比例超过 80％；

②外墙硅墨烯反打预制剪力墙和硅墨烯免拆模板现浇剪力墙；

③采用无热桥设计；

④连续完整的气密设计，规避非预期气流渗透；

⑤聚氨酯中空填充氩气中置玻璃窗和带百叶的三玻两腔玻璃窗，传热系数达到 1.2～1.4W/（m² · K）；

⑥变频多联式空调系统，并采用带全热交换、净化、除湿等功能的新风系统；

⑦采用"上海市超低能耗建筑标准化配套工具"进行模拟分析。

（3）天目社区 C07－0102 单元 38－01 地块

项目位于上海市静安区，北靠曲阜路，西靠乌镇路，南靠国庆路，用地面积 14329.3m²，总建筑面积 69295.58m²（图 7）。

①外墙一体化保温体系应用比例超过 80%；

②外墙保温形式：内外组合保温系统；

③外墙保温构造：两种保温结构一体化技术措施；

④硅墨烯预制反打保温外墙；

⑤硅墨烯免拆模板现浇混凝土外墙；

⑥外墙平均传热系数≤0.4W/（m² · K）；

⑦外墙一体化保温热阻占比≥60%。

图 7　江浦社区大桥街道住宅项目

4.2　相关幕墙门窗构造设计详图

（1）标准玻璃幕墙水平剖面详图（图 8）；

（2）标准玻璃幕墙支座处水平剖面详图（图 9）；

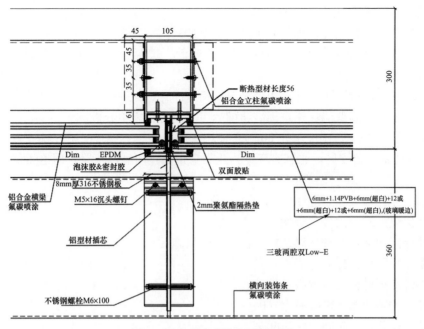

图 8　标准玻璃幕墙水平剖面图

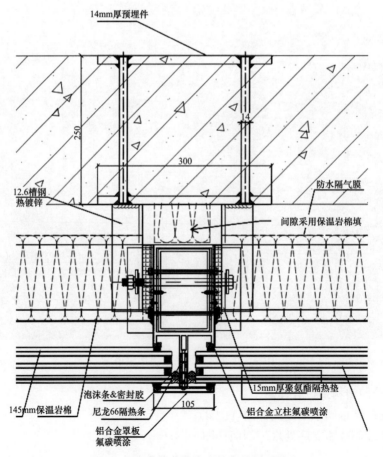

图 9　标准玻璃幕墙支座处水平剖面图

（3）玻璃幕墙层间部分纵向剖面详图；

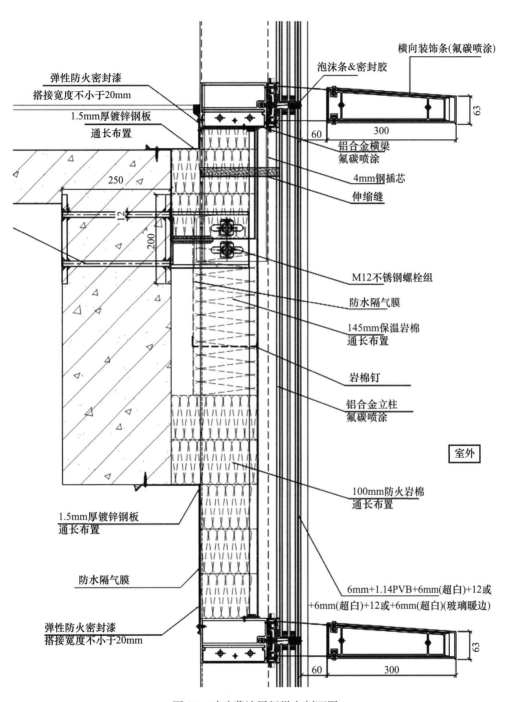

弹性防火密封漆
搭接宽度不小于20mm

1.5mm厚镀锌钢板
通长布置

250

12

200

泡沫条&密封胶

横向装饰条(氟碳喷涂)

63

60

300

铝合金横梁
氟碳喷涂

4mm钢插芯

伸缩缝

M12不锈钢螺栓组

防水隔气膜

145mm保温岩棉
通长布置

岩棉钉

铝合金立柱
氟碳喷涂

室外

100mm防火岩棉
通长布置

1.5mm厚镀锌钢板
通长布置

防水隔气膜

弹性防火密封漆
搭接宽度不小于20mm

6mm+1.14PVB+6mm(超白)+12或
+6mm(超白)+12或+6mm(超白)(玻璃暖边)

63

60

300

图 10　玻璃幕墙层间纵向剖面图

（4）铝合金窗的标准做法详图（图 11 和图 12）；

（5）铝合金窗洞口收边做法详图（图 13）；

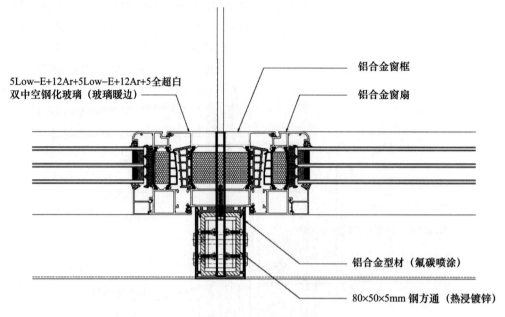

图 11 铝合金窗做法详图

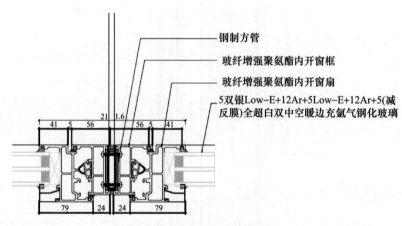

图 12 玻纤增强聚氨酯框

5 材料部分

综上所述，上海市超低能耗建筑对幕墙玻璃 K 值、玻璃动态遮阳、支座处热桥隔断、墙体保温，BIPV 建筑光伏一体化，以及面维护更换等方面有着重要求。下面列举一些较为适合的高性能低碳材料，供读者参考。

动态遮阳部分常见配置有中置遮阳、电致变色、光致变色、温致变色玻璃；节能玻璃有三玻两腔双面 Low-E 超级节能玻璃，真空玻璃；型材为有玻纤聚氨酯复合材料；墙体保温有硅墨烯保温板，气凝胶绝热涂料；再生能源：BIPV 建筑光伏一体化；免更换：PVF 铝板（50 年质保）；搪瓷钢板（50 年质保）；通风器等。

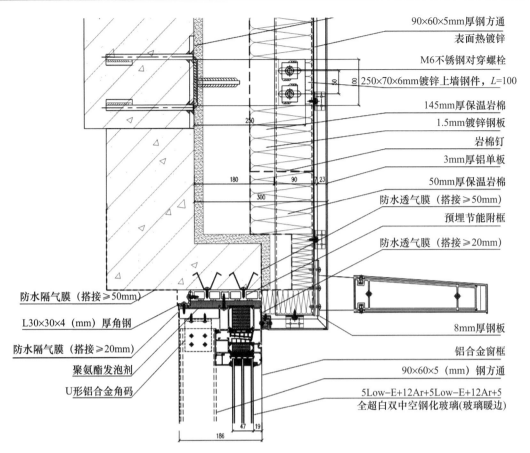

图 13　铝合金洞口收边做法详图

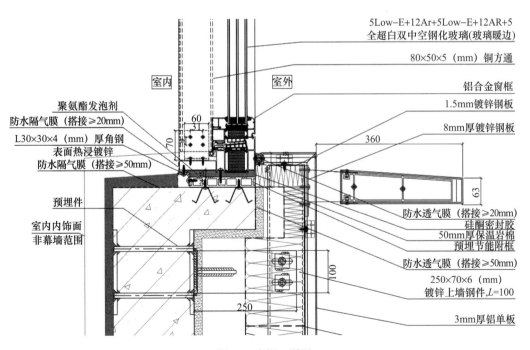

图 14　窗洞口详图

下面列举典型材料的指标参数作为借鉴见表 7。

表 7　三玻两腔双面 Low-E 超级节能玻璃性能指标

试样规格、型号及结构	可见光（%）			《建筑门窗幕墙热工计算规程》(JGJ 151—2008)		
	透过率	反射率		K—值 [W/ (m² · K)]	遮阳系数 S_c	得势系数 SHGC
		室外	室内			
6(C)/1.14/6(C)M(KNG42)♯4＋12Ar＋6(C)M(CAVS SI)♯6＋12Ar＋6(C)M(减反膜)♯7	40	7	15	0.76	0.27	0.24
6(K)/1.14/6M(KNG42)♯4＋12Ar＋6M(CAVS SI)♯6＋12Ar＋6M(减反膜)♯7	27	6	14	0.76	0.20	0.17

上海市建筑幕墙光环境评审有玻璃反射率的控制要求见表 8、表 9。

表 8　真空玻璃的超级节能指标

产品系列	Low-E 玻璃类型	传热系数 U 值 [W/ (m² · K)]	可见光			太阳能总透射比 g	遮阳系数 S_c	计权隔声量 (dB)
			透过率 (%)	室外反射率 (%)	室内反射率 (%)			
真空玻璃 5TL+0.3V+5T	离线双银	0.44	64	13	14	0.39	0.45	39
	离线单银	0.55	78	13	13	0.59	0.67	39
中空复合真空玻璃 5T+12A+5TL+0.3V+5T	离线双银	0.42	56	19	18	0.35	0.4	40
	离线单银	0.52	70	19	18	0.5	0.57	40
夹层复合真空玻璃 5T+0.76P+5TL+0.3V+5T	离线双银	0.44	53	23	21	0.31	0.36	41
	离线单银	0.54	63	24	23	0.41	0.47	41

兰迪 V 玻产品参数

表 9　热固型玻纤增强聚氨酯型材物理性能指标

性能	铝合金	钢	硬质 PVC	聚酯玻璃钢	聚氨酯复合材料
密度 (g/cm³)	2.7	7.8	1.4	1.8	2.1
弯曲强度 (MPa)	170～230	200～500	70～110	300～600	1442
弯曲模量 (GPa)	68	200	2.2～5	10～22	44
抗拉强度 (MPa)	200～300	＜670	35～52	300～600	1220
抗拉模量 (GPa)	68	200	2.2～5	20～25	56.5
比强度 (10³N · m/kg)	74～111	＜86	25～37	333	581
导热系数 [W/ (m · K)]	＞150	36～54	0.14	0.4	0.114
线膨胀系数 (10⁻⁵K⁻¹)	2.2～2.4	1.2	6～8	0.7～6	0.5
体积电阻率 (Ω · m)	2.9×10⁻⁸	9.8×10⁻⁸	1×10¹¹~¹²	1×10²²	1.5×10¹²
耐腐性	差	差	一般	好	好

目前用在 BIPV 上的主流电池是 CdTe 薄膜光伏组件，国内转化率 14% 左右（表 10、图 15）。

表 10　常见晶硅类电池平均转化率

电池类型	分类	2021 年平均转化效率（%）
P 型多晶	BSF P 型多晶黑硅电池	19.5
	PERC P 型多晶黑硅电池	21.0
	PERC P 型铸锭单晶电池	22.4
P 型单晶（市场常见单晶硅）	PERC P 型单晶电池	23.1
N 型单晶	TOPCon 电池	24.0
	异质结电池	24.2
	IBC 电池	24.1

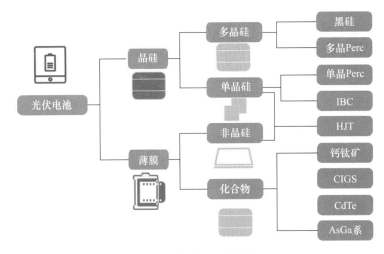

图 15　常见电池的分类

6　小结

随着能源产业结构改革和升级换代，为实现"双碳"目标的建筑节能排污工作也开始蓬勃发展起来，对比主体建筑行业，幕墙门窗的碳计算碳足迹工作还有待进一步深耕，针对本专业碳中和的技术白皮书也急需提上日程，形成整个建筑行业的产业配套，才能赶上国家针对建筑绿色节能高性能低碳行动的步伐。

本文围绕起步阶段的超低能耗建筑对建筑幕墙门窗的性能要求，以上海为例，从政府发文、技术导则的解读，到设计策略和技术路线的制定，对项目案例和材料运用上进行了梳理和举例。为提高行业同仁的认知和实操，提供了有益的思路和借鉴。

由于篇幅有限，有些"双碳"议题没有进一步展开，可在另篇中再和大家一同交流讨论。欢迎批评指正。

参考文献

［1］《北大金融评论》，2011，第 3 期，CNN44-1702/F，广东南方报业传媒集团有限公司；

［2］ 上海市住房与城乡建设管理委员会. 上海市超低能耗建筑技术导则(试行)，2019.3.

作者简介

陈峻（Chen Jun），男，硕士，高级工程师，研究方向：玻璃幕墙抗爆炸冲击波、异形空间玻璃结构、玻璃结构安全、文化建筑表皮。

王峰（Wang Feng），男，硕士，高级工程师，注册设备工程师，上海市绿色建筑标识评审专家。研究方向：绿建、节能、超低能耗。工作单位：华建集团华东建筑设计研究院有限公司；地址：上海市中山南路 1799 号；联系电话：021-63217420；E-mail：jun＿chen@ecadi.com，feng＿wang@ecadi.com。

BIM 技术在云池舞台建筑幕墙中的应用

罗荣华　宋晓明

中国建筑设计研究院有限公司建筑帷幕设计咨询中心　北京　100044

摘　要　建筑工程设计中应用 BIM 技术辅助建筑设计越来越广泛，虽时间短，但发展速度惊人。目前，在建或已建的建筑中，或多或少都有 BIM 软件辅助建筑设计。在各种常用的 BIM 软件中，Rhinoceros 软件和 Grasshopper 插件组成的设计平台是目前使用最广泛、最流行的软件设计平台，这主要得益于 Rhinoceros 软件强大的建模能力和 Grasshopper 插件独特的可视化编程方式。

本文以江苏园博园未来花园云池舞台项目的石笼幕墙、锈蚀钢板幕墙、水波纹板幕墙、UHPC 墙板等工程实例，阐述石笼幕墙、锈蚀钢板幕墙、水波纹板幕墙、UHPC 墙板的设计经历，以及 Rhinoceros 软件结合 Grasshopper 插件在幕墙工程中的实际应用。

关键词　石笼幕墙；锈蚀钢板幕墙；水波纹板幕墙；UHPC 墙板；BIM 技术；精准下料；精准施工；保质；保量；保时

1　引言

我国幕墙自 1984 年北京长城饭店首个单元式玻璃幕墙建造开始到现在为止，经过了近四十年的发展，特别是近二十年建筑幕墙在各大工程项目上的广泛应用，使得各项技术都逐步成熟，相关各类幕墙的标准、规范也纷纷出台。现代幕墙从设计、加工制作到施工技术质量都有要求和规范可依。这在一定程度上保障了建筑幕墙的安全性、可靠性，也推动了建筑幕墙的发展。然而，由于时代的发展，各种形态各异的建筑造型，增加了建筑幕墙设计的难度和精度。幕墙设计单位和幕墙企业的技术人员能力上的差异，使得在对各类幕墙设计和施工时，在技术层面上出现不可避免的认识上的差异，特别是对各类复杂的建筑造型，采用 BIM 技术辅助幕墙设计和生产还存在不少认识上的差异和经验上的不足，在此，重点强调技术的，以确保建筑工程项目的安全使用。

本文以工程项目为例（图 1），结合工程特点、形式，阐述石笼幕墙、锈蚀钢板幕墙、水波纹板幕墙设计思路和设计过程，同时对石笼幕墙、锈蚀钢板幕墙、水波纹板幕墙的抗风、抗震、温度变形等各项物理性能的实现和安全保障作深入介绍。

2　工程概况

江苏园博园孔山矿片区（未来花园）工程位于江苏省南京市江宁孔山矿废弃采石坑区域，基地北侧山坡下为园博园二号入口，南侧为现状崖壁，西侧山坡下为空中花园（13 个城市展园）。未来花园包括崖壁剧院及看台、观景平台、云池舞台。崖壁剧院及看台地上三层，总座位数 2418 座，主要功能包括：两组室外标准看台（共 650 座）、贵宾包厢（71 座）、三层室外临时看台（107 座）、室外景观看台（约 1590 座）、观众休闲区、配套服务商业、轻餐饮、设备机房等相关设施。观景平台主要以观景休憩和交通引导功能为主，云池舞台主要服务于演出及秀场（图 2）。

图 1　未来花园鸟瞰图

图 2　整体鸟瞰图

本文主要以云池舞台为工程案例（图 3），系统讲解云池舞台子项中建筑幕墙设计及施工过程中采用的一些技术措施。

云池舞台外形宛如空中飘逸的"祥云"，横躺着的"金鱼"祥瑞。金鱼乃祥龙化身的前身，故"金鱼"肚底为"水波荡漾"的龙鳞状水波纹不锈钢板吊顶。"金鱼"横卧上部为三个 LED 舞台，不锈钢镶边，立面为层次分明的石笼幕墙和锈蚀钢板造型曲面。云池舞台作为未来花园中的子项，是未来花园的点睛之作。

图 3　云池舞台

3　云池舞台子项幕墙系统设计介绍

云池舞台子项中的建筑幕墙主要包括水波纹不锈钢金属板幕墙、石笼墙幕墙、UHPC墙板、锈蚀钢板幕墙、不锈钢金属板幕墙以及部分金属铝板、铝合金格栅百叶、石材幕墙等，是未来花园所有子项中幕墙精品之作。水波纹不锈钢金属板幕墙、石笼墙幕墙、UHPC墙板作为云池舞台子项的主要建筑幕墙，约占本子项幕墙总体的90%，为7500m²左右。

3.1　水波纹不锈钢板幕墙

水波纹不锈钢金属板幕墙为云池舞台吊顶幕墙，整个吊顶面为一扭曲的三维空间翘曲向上造型体，主体结构为钢结构，施工完成后局部吊顶如图4所示。

图 4　水波纹吊顶（局部）

云池舞台顶面为三个LED舞台，舞台周边为碧波荡漾的水池，南京地区雨水多，下雨天或池水外溢时，部分雨水顺着舞台檐口流向顶部吊顶，为此，吊顶面板采用3mm水波纹不锈钢板，为120mm×80mm×6mm不锈钢龙骨。所有面板为三角锥弯曲板，顺着吊顶造型扭曲排列，形成"龙鳞"效果。三锥板之间开缝处理，翘曲侧面穿孔，夜间可通过侧面孔散发灯光效果，夜间效果更为壮观（图5）。

3.2　石笼幕墙

石笼幕墙为云池舞台子项的另一重点幕墙，其特色是与周围天然矿坑石壁融为一体，浑然天成，独显建筑师的匠心精神和设计智慧。石笼幕墙面材选材原则为就地取材（图6）。

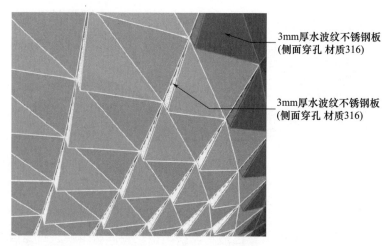

3mm厚水波纹不锈钢板
(侧面穿孔 材质316)

3mm厚水波纹不锈钢板
(侧面穿孔 材质316)

图 5　局部吊顶三维效果

图 6　云池舞台石笼幕墙整体效果图

　　石笼幕墙主要由不锈钢圆钢筋编制的不锈钢石笼，装载矿壁碎石组装成石笼幕墙面板材料。主要受力体系由不锈钢结构和 UHPC 墙板结构组成。图 7 为不锈钢石笼加工示意图

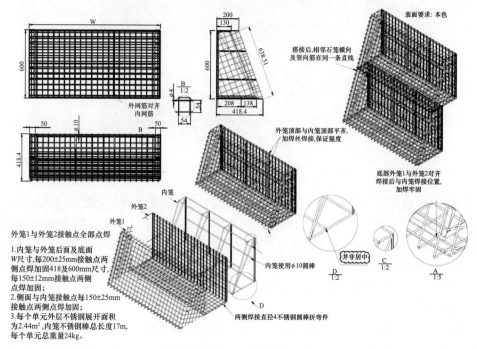

图 7　不锈钢石笼加工示意图

石笼幕墙结构受力体系为不锈钢钢架组成，与主体结构连接形成的受力结构系统，如图 8 所示。

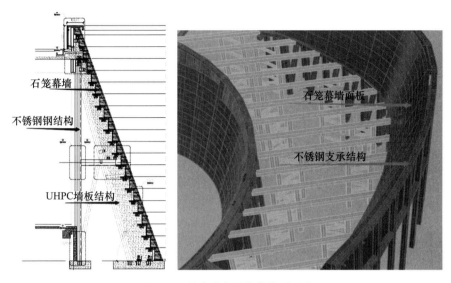

图 8　石材幕墙支承结构体系示意

石笼幕墙承托体系主要由 UHPC（超高性能混泥土墙板）板组成的墙板结构系统，如图 9 所示。

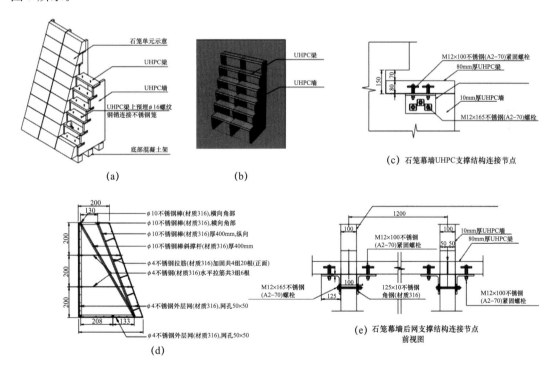

图 9　石笼幕墙承托体系

图 10 为石笼幕墙安装示意图。

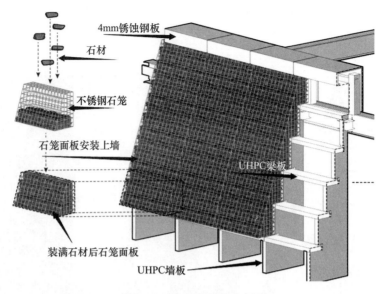

图 10　石笼幕墙安装示意图

3.3　不锈钢金属板幕墙

不锈钢金属板幕墙可看作为云池舞台子项外衣镶嵌的边条，主要分布于舞池檐口和舞台檐口。图 11 为鸟瞰示意图。

图 11　不锈钢金属板幕墙鸟瞰示意图

不锈钢金属板幕墙面板采用 3mm 厚 8K 镜面不锈钢板，板块之间采用无缝密拼对接处理。考虑舞池因常年蓄水，各檐口幕墙和水常年接触，所有檐口不锈钢金属板幕墙受力龙骨采用不锈钢龙骨，主受力龙骨为 120mm×60mm×5mm 不锈钢钢管。舞池檐口基本做法如图 12 所示。

舞台檐口基本做法如图 13 所示。

4　水波纹不锈钢吊顶幕墙 BIM 设计

云池舞台作为一个空间构造复制的建筑幕墙设计，必须完善建筑幕墙的施工图纸。但通过常规的二维平面设计图纸，很难在二维的平面上看出该造型的几何模型，也无法准确的定位、放线、施工。因此，必须进行三维空间建模设计，确定准确的建筑最终模型。我们采用

Rhinoceros 软件对建筑师的设计意图及相关图纸进行设计完善和校对。

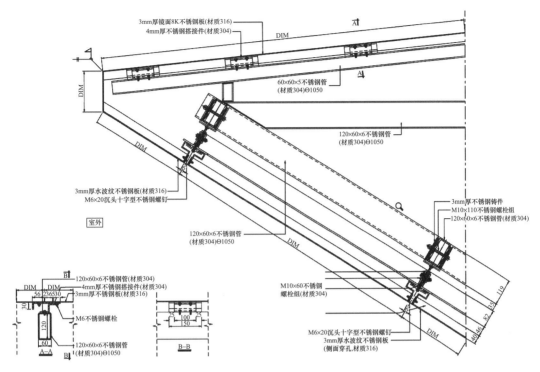

图 12　舞池檐口基本做法

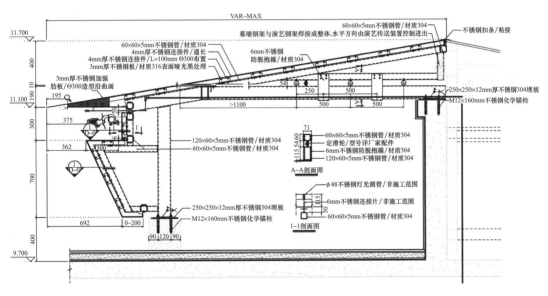

图 13　舞台檐口基本做法

4.1　基础控制线与控制面处理与分析优化

根据建筑提供的控制线条件进行处理，首先检查曲线的控制点分布是否均匀，并对其进行在一定的误差范围内的重建优化设计工作（图 14）。

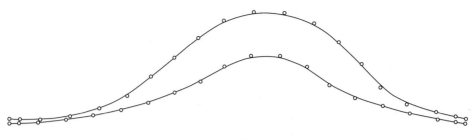

图 14　曲线控制点分布

利用曲率梳工具分析控制线曲率，并对其进行调整优化设计后，如图 15 所示。

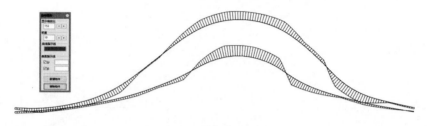

图 15　优化控制点

对生成曲面的路径控制线及截面控制线分析及优化，截面控制线尽量成为最简曲线或优化为固定半径的弧线（图 16），方便后期龙骨的合理化施工。

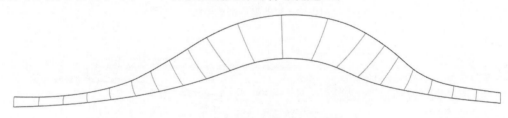

图 16　优化截面控制线

控制面同样保持曲面结构线的均匀原则，生成的曲面简洁光顺，方便后期面板的合理化施工（图 17）。

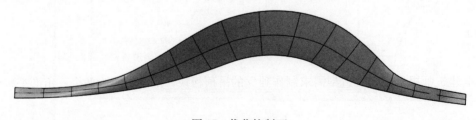

图 17　优化控制面

对控制面进行曲率分析能够大概知道曲面的平坦弯扭情况，可以对曲面进行采样点的曲率半径分析工作（图 18）。

4.2　吊顶曲面分格线制作及板块优化

根据建筑师提供的分格方案及板块控制尺寸大小制作分格控制线（图 18～图 20）。

图 18　控制面的曲率分析

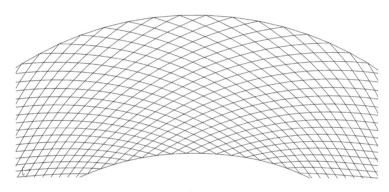

图 19　分格线（一）

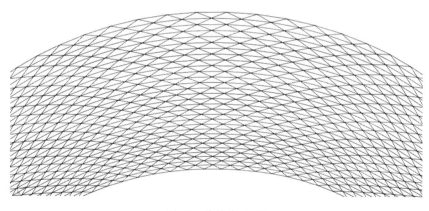

图 20　分格线（二）

　　根据建筑师提供的板块造型需求制作独立的吊顶板块，最终板块为两个三角形平板组成的折板，形成龙鳞效果（图 21）。

4.3　碰撞检查

　　建筑幕墙外表皮完成之后，下一步工作是检测建筑幕墙表皮与建筑结构、建筑设备、建筑通风管道等之间会不会碰撞。

　　（1）重新抽取各层（建筑结构、建筑设备、建筑通风管道等）中的轮廓线，具体的位置对应每层的建筑标高。由于各专业设计存在误差、偏差，使得建筑幕墙容易超出建筑红线，因此需重新根据红线来定义建筑结构、建筑设备、建筑通风管道等的轮廓线。重新提取的建筑结构、建筑设备、建筑通风管道等结构线就是实际施工的结构线。

（2）抽取完各种结构线之后，对幕墙的表皮进行划分。根据幕墙节点的尺寸进行面板板块的定位，并根据定位线，提取到 Grasshopper 插件中。

（3）通过表皮的分割，得到了幕墙表皮板块。

（4）相关工作完成后，运行软件及插件，检查建筑幕墙杆件、幕墙表皮是否和建筑结构、建筑设备、建筑通风管道等碰撞、干涉。若有则重新调整建筑幕墙表皮、杆件。

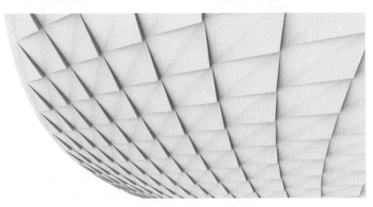

图 21　吊顶板块龙鳞效果图

4.4　施工下单、成品展现

幕墙施工下料是一个风险性极大的工作。涉及安全、进度、质量等各种问题，所有不慎，经济损失不可估量，为了精准施工下料，保质、保量、保时地完成工程项目，必须对建筑幕墙的每个杆件、板块等进行精准编号，所有工作都在模型中完成。利用参数化工具对板块进行批量展平及尺寸标注，供加工使用。

（1）为了施工、安装方便，必须对板块进行编号，首先要对三维空间的板块进行"躺平"工作，如图 22 所示。

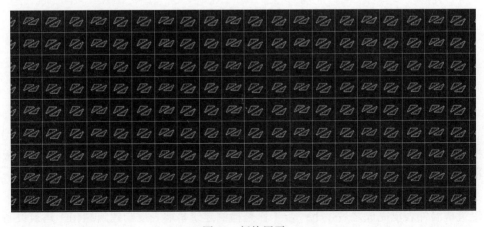

图 22　板块展平

（2）由于部分板块相同，为了减少工作量，可以把相同的板块进行分类。在分类之前，首先给板块进行编号（图 23）。

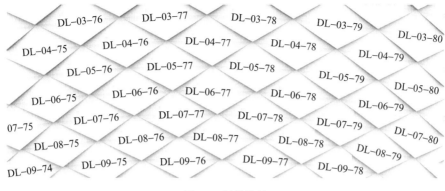

图 23　板块编号

（3）最终，我们得到了不同的板块。提取每个板块的编号、尺寸、对角线和角度等信息，生成数据表格（图 24）。

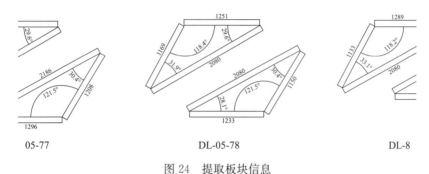

05-77　　　　　　　　　　DL-05-78　　　　　　　　　　DL-8

图 24　提取板块信息

（4）各种逻辑关系通过 Grasshopper 插件表达清楚之后，后续工作都可通过系统自动生成，批量下单，可大大节省设计师的时间。

5　结语

回顾整个建筑幕墙设计工作，实际上就是平、立、剖、节点图的导入工作。在确定完建筑轮廓线之后，其他的工作都可以交由 Grasshopper 插件来完成，通过编写各种逻辑关系，实现参数化建模，极大地提高了幕墙设计和施工下单的效率，特别是空间造型比较复杂的建筑幕墙。

参考文献

[1] 中华人民共和国建设部．玻璃幕墙工程技术规范：JGJ 102—2003[S]．北京：中国建筑工业出版社，2003．

[2] 中华人民共和国住房和城乡建设部．建筑门窗幕墙用钢化玻璃：JG/T 455—2014[S]．北京：中国标准出版社，2014．

[3] 中华人民共和国住房和城乡建设部．建筑玻璃应用技术规程：JGJ 113—2015[S]．北京：中国建筑工业出版社，2015．

[4] 中华人民共和国国家质量监督检验检疫总局，国家标准化管理委员会．建筑幕墙：GB/T 21086—2007[S]．北京：中国标准出版社，2007．

[5]　中华人民共和国建设部．铝合金结构设计规范：GB 50429—2007[S]．北京：中国计划出版社，2007.

[6]　中华人民共和国住房和城乡建设部．建筑结构荷载规范：GB 50009—2012[S]．北京：中国建筑工业出版社，2012.

[7]　中华人民共和国住房和城乡建设部．建筑物防雷设计规范：GB 50057—2010[S]．北京：中国计划出版社，2010.

[8]　中华人民共和国住房和城乡建设部．建筑设计防火规范：GB 50016—2014[S]．北京：中国计划出版社，2014.

[9]　中华人民共和国住房和城乡建设部．公共建筑节能设计标准：GB 50189—2015[S]．北京：中国建筑工业出版社，2015.

[10]　中华人民共和国国家质量监督检验检疫总局，国家标准化管理委员会．钢结构设计标准：GB 50017—2017[S]．北京：中国建筑工业出版社，2017.

邢台银行建筑幕墙设计概要

罗荣华　宋晓明　刘海霞

中国建筑设计研究院有限公司

建筑帷幕设计咨询中心　北京　100000

摘　要　本文以邢台银行综合营业楼幕墙工程项目为案例，详细介绍了构件式玻璃幕墙设计的过程。邢台银行综合营业楼建筑幕墙工程，主要是以框支承为主的全明框玻璃幕墙、半隐框玻璃幕墙、金属铝板幕墙、部分肋支撑吊挂玻璃幕墙等。

通过邢台银行综合营业楼幕墙工程案例，详细阐述了构件式全明框玻璃幕墙、半隐框玻璃幕墙立柱、横梁的设计及立柱、横梁连接的设计要点。

本工程为预埋件，在预埋件设计过程中，认真研究了当前建筑幕墙所用到的预埋件种类、规格，并对预埋件设计做了详细的分析。

当下国家对建筑节能有严格的规定，在节能设计过程中，严格按照河北地区要求及该地区所处的气候环境进行设计。构件式玻璃幕墙整体热工 K 值［幕墙实际 K 值约 1.65W/（m^2·K）］满足建筑设计［建筑设计要求幕墙 K 值约 1.71W/（m^2·K）］要求。对幕墙防噪声及隔声等情况的设计，也做了具体的阐述。

河北邢台地区抗震设防烈度按 7 度设计，建筑幕墙的面板与建筑幕墙的骨架间采用防脱、防滑设计。抗震设防的基本思想和原则以"三个水准"作为抗震设防目标。

建筑幕墙的防火设计严格按照《建筑设计防火规范》（GB 50016—2014）的相关规定执行。

建筑幕墙设计的规范化、标准化，在某种程度上，决定了建筑幕墙产品的品质和质量，同时，也提高了建筑本身的艺术品位。

关键词　构件式；框支承；玻璃幕墙；建筑幕墙；规范化；标准化

随着时代及建筑幕墙行业的发展，建筑幕墙设计的标准化、规范化应用日趋广泛。但是，在建筑幕墙设计过程中对建筑幕墙规范、标准的应用，层出不穷，乱象丛生，同时建筑幕墙设计对规范、标准的贯彻也五花八门。针对上述情况，本文通过实际工程案例，对建筑玻璃幕墙在设计过程中，应注意到的具体细节、部位进行简要阐述。

本文对构件式玻璃幕墙横梁、立柱、连接的螺栓，以及横梁、立柱接触部位应注意的事项，玻璃幕墙的构造设计应满足的要求，做了归纳总结。

通过邢台银行综合营业楼工程案例，逐步对玻璃幕墙设计进行深入阐述、归纳，从预埋件、立柱、横梁、防火、节能、抗震设计等进行了综合分析。列明设计要点，展现设计图纸，总结设计经验。

建筑幕墙设计的规范化、标准化、程序化，是建筑幕墙行业实现工业化生产，提高建筑幕墙产品品质和质量的有效手段，也是建筑幕墙行业发展的重要方向。

1 工程概况

邢台银行综合营业楼位于河北省邢台市邢东新区邢州大道以北、兴盛街以南、滨河东路以西。邢台银行综合营业楼建筑幕墙由中国建筑设计研究院有限公司设计，建筑面积 $106596.31m^2$，地上建筑面积 $78743.83m^2$，地下建筑面积 $27852.48m^2$，是一类高层公共建筑。建筑幕墙面积 $61000m^2$。包括构件式玻璃幕墙、构件式金属铝板幕墙、吊挂全玻幕墙、玻璃采光天窗、金属铝板玻璃雨棚、不锈钢玻璃栏板等。主要以构件式玻璃幕墙（半隐框和全明框）、金属铝板幕墙为主（图1）。

图 1 邢台银行综合营业楼建筑效果图

2 构件式幕墙设计

2.1 构件式玻璃幕墙概念

构件式玻璃幕墙是指在现场依次安装立柱、横梁和面板的框支承建筑玻璃幕墙。构件式玻璃幕墙依据外在表现形式可分为全隐框和半隐框（横明竖隐和竖明横隐两种）及全明框三种。根据国家相关规定，全隐框玻璃幕墙按条件使用。

2.2 构件式幕墙设计原则及要求

依据《玻璃幕墙工程技术规范》（JGJ 102—2003）要求，构件式幕墙设计应满足如下基本原则和要求：

（1）立柱截面主要受力部位的壁厚应符合《玻璃幕墙工程技术规范》（JGJ 102—2003）中第 6.3.1 条的规定。

（2）横梁截面主要受力部位的壁厚应符合《玻璃幕墙工程技术规范》（JGJ 102—2003）中第 6.2.1 条的规定。

（3）立柱、横梁等主要受力部位应采用螺钉连接时，数量不应少于 2 个，且连接部位应局部加厚，厚度不应小于螺钉的公称直径。

（4）立柱横梁的连接应考虑温度变化引起的不同型材或型材与螺钉之间的挤压，避免幕墙异响，可采用柔性垫片隔离。

（5）上、下立柱之间应留有不小于 15mm 的缝隙，闭口型材可采用长度不小 250mm 的芯柱连接，应与上、下立柱紧密配合。开口型材上柱与下柱之间可采用等强型材机械连接。立柱接缝宜封闭防水。

玻璃幕墙除应满足上述规定外，还应满足如下要求：

（1）玻璃应采用安全玻璃。

（2）安全玻璃的最大许用面积应符合《建筑门窗幕墙用钢化玻璃》（JG/T 455—2014）的规定及《建筑玻璃应用技术规程》（JGJ 113—2015）表 7.1.1-1 的规定。

（3）玻璃边缘应进行磨边和倒角处理，其倒棱的棱宽应不小于 1mm，不应有裂纹和缺角。

（4）钢化玻璃应均质处理，建议采用超白钢化玻璃。

（5）非点支承的夹层玻璃建议采用半钢化玻璃或普通浮法玻璃。

（6）单片玻璃厚度不应小于 6mm，夹层玻璃的单片厚度不宜小于 5mm。夹层玻璃和中空玻璃的单片玻璃厚度相差不宜大于 3mm。

（7）离线 Low-E 镀膜玻璃膜面应朝向中空气体层，在线 Low-E 的膜面可以暴露于空气中。

（8）幕墙玻璃之间的拼接胶缝宽度应能满足玻璃和胶的变形要求，并不宜小于 10mm。

（9）幕墙玻璃表面周边与建筑内、外装饰物之间的缝隙不宜小于 5mm。

（10）当与玻璃幕墙相邻的楼面外缘无实体墙时，应设置防撞设施。

（11）硅酮结构密封胶和硅酮建筑密封胶必须在有效期内使用。

3 明框玻璃幕墙设计

3.1 明框玻璃幕墙设计要点

（1）中空玻璃合片胶可采用聚硫胶，也可采用硅酮建筑密封胶。

（2）立柱和横梁中所采用的隔热条、玻璃压板应通长布置。

（3）倾斜幕墙时，压板固定螺钉端部及相邻压板对接处应采用硅酮建筑密封胶密封。

（4）玻璃入槽深度应符合《玻璃幕墙工程技术规范》（JGJ 102—2003）中表 9.5.2 和表 9.5.3 的规定。

（5）隔热条不应承担玻璃自重。

（6）玻璃与托条之间应采用硬橡胶垫块衬托，垫块数量应为 2 个，厚度不应小于 5mm，每块长度不应小于 100mm。

3.2 明框玻璃幕墙设计图

依据上述设计原则和要求，邢台银行综合营业楼玻璃幕墙工程立柱、横梁设计如图 2 所示。

4 竖明横隐玻璃幕墙设计

4.1 竖明横隐玻璃幕墙设计要点

（1）玻璃与铝型材粘结必须采用中性硅酮结构密封胶。

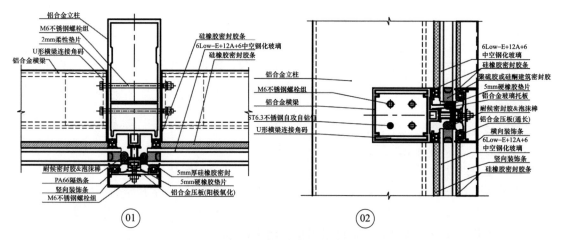

图 2　明框玻璃幕墙典型节点

（2）硅酮结构胶宽度不应小于 7mm，厚度不应小于 6mm，不应大于 12mm，宽度宜大于厚度，但不宜大于厚度的 2 倍。

（3）同一工程应采用同一品牌的硅酮结构密封胶和硅酮建筑密封胶配套使用，中性硅酮结构密封胶的设计使用年限不宜低于 25 年。

（4）铝型材与结构胶粘结处表面应采用阳极氧化或铬化处理，当采用氟碳喷涂处理时，应先涂一层专用底漆。

（5）粘结板块的硅酮结构胶不应长期处于单独受力状态，中空玻璃的二道密封应采用硅酮结构密封胶。

（6）中空玻璃合片结构胶的位置应与附框粘结的结构胶重合，当采用大小片构造时应当确保一对边位置的结构胶重合，中空玻璃的二道密封应采用硅酮结构密封胶。

（7）固定玻璃压板的螺钉间距宜小于 300mm。

（8）每块玻璃的下端宜设置玻璃托条，托条应能承受玻璃的重力荷载作用，且长度不应小于 100mm、厚度不应小于 2mm、高度不应超出玻璃外表面。托条上应设置衬垫。

（9）出入口的上方不应采用隐框幕墙，大于 100m 以上的建筑不宜采用隐框幕墙，外倾斜、倒挂的幕墙不得采用隐框幕墙。

（10）连接玻璃附框的结构胶及中空玻璃合片胶应经计算并在图纸中注明尺寸。

（11）由于板块过大，硅酮结构胶采用高强结构胶时，应组织专项论证后方可使用。

4.2　竖明横隐玻璃幕墙设计

依据上述设计原则，邢台银行综合营业楼幕墙工程竖明横隐玻璃幕墙立柱、横梁设计如图 3 所示。

5　幕墙连接设计

5.1　幕墙连接设计要点

（1）多层或高层的幕墙立柱与主体结构的连接形式宜采用多跨铰接。

（2）采用双跨，其长短跨比宜不大于 10，双跨的第二个支点应设计竖向长圆孔（图 4）。

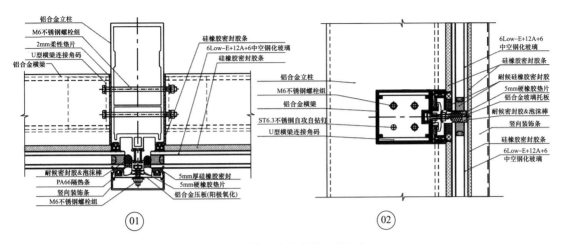

图 3　竖明横隐玻璃幕墙典型节点

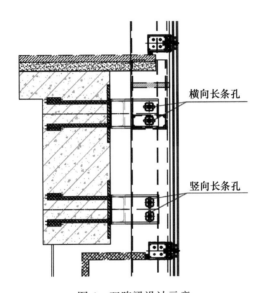

图 4　双跨梁设计示意

（3）立柱下端支承时，应作压弯构件设计，对受弯平面内和平面外作受压稳定计算，立柱应考虑其长细比。

（4）在自重标准值作用下，水平受力构件（如横梁）在单块面板两端跨距内的最大挠度不应超过该面板两端跨距的 1/500，且不应超过 3mm。

（5）上、下立柱之间应留有不小于 15mm 的缝隙，闭口型材可采用长度不小于 250mm 的芯柱连接，金属、石材幕墙芯套长度不应小于 400mm，芯套与立柱应紧密配合。

（6）立柱与主体结构之间每个受力连接部位的连接螺栓不应少于 2 个，且连接螺栓直径不宜小于 10mm。

（7）横梁可通过角码、螺钉或螺栓与立柱连接。角码应能承受横梁的剪力，其厚度不应小于 3mm。

（8）轻质填充墙不得作为幕墙的支承结构。

5.2 幕墙连接设计图

依据上述设计原则及本工程特点，邢台银行综合营业楼幕墙工程立柱与主体结构连接形式如图 5、图 6 所示。

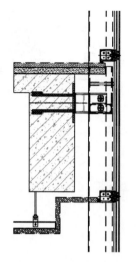
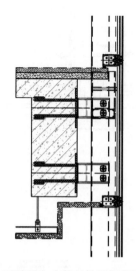

图 5　单跨梁与主体结构连接设计示意　　　图 6　双跨梁与主体结构连接设计示意

6　幕墙埋件设计

6.1　预埋件设计简述

幕墙承受的荷载最终通过埋件传递到主体结构上，所以埋件的设计至关重要（图 7）。幕墙用埋件包括预埋件和后置埋件，预埋件包括平板预埋件、槽型预埋件、板槽预埋件。预埋件的设计使用年限应与主体结构保持一致，不宜低于 50 年。后锚固连接设计的使用年限不宜小于 30 年。

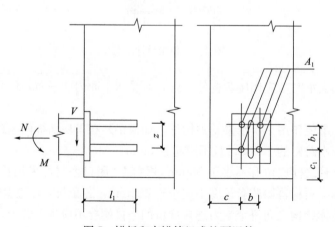

图 7　锚板和直锚筋组成的预埋件

6.2　平板预埋件

图 8 为平板预埋件。

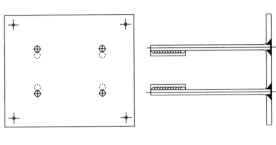

图 8　平板预埋件

平板埋件设计要点：

（1）幕墙用平板预埋件按照《玻璃幕墙工程技术规范》（JGJ 102—2003）中附录 C 和《金属与石材幕墙工程技术规范》（JGJ 133）中附录 C 的相关规定进行设计，同时应满足《混凝土结构设计规范》（GB 50010）中 9.7 条的相关规定。

（2）雨棚、采光顶、大型钢结构的预埋件应参考《混凝土结构设计规范》（GB 50010—2010）中的 9.7 条及相关规定。

（3）平板预埋件的锚板宜采用 Q235B、Q345B 级钢，锚筋应采用 HRB400 或 HPB300 级钢筋。

（4）锚板厚度应根据其受力情况按计算确定，且宜大于锚筋直径的 0.6 倍。锚筋中心至锚板边缘的距离不应小于锚筋直径的 2 倍和 20mm 的较大值。

（5）受剪平板预埋件的直锚筋可采用 2 根，其他受力直锚筋不宜少于 4 根，且不宜多于 4 层；其直接不宜小于 8mm，且不宜大于 25mm。预埋件的锚筋应放置在构件的外排主筋的内侧。

（6）直锚筋与锚板应采用 T 形焊。对 HPB300 级钢筋宜采用 E43 型焊条，对 HRB400 级钢筋宜采用 E55 型焊条。当锚筋直径不大于 20mm 时，可采用压力埋弧焊或手工焊，压力埋弧焊宜采用 HJ431 型焊剂；当锚筋直径大于 20mm 时，宜采用穿孔塞焊。当采用手工焊时，焊缝高度不宜小于 6mm 及 0.6d，d 为锚筋直径。

（7）当锚筋的拉应力设计值小于钢筋抗拉强度设计值时，其锚固长度可适当减小，但不应小于 15 倍锚固钢筋直径。

6.3　槽式预埋件

图 9 为槽式预埋件。

图 9　槽式预埋件

槽式埋件设计要点：

（1）金属槽可由钢板折弯，铸件、锻件制成。槽式预埋件应采用碳钢材质，所用材料各项性能指标不低于 Q235 号碳钢，钢槽壁厚应不小于 2mm，表面应进行分件热浸镀锌处理，镀层厚度不宜小于 55um。

（2）配套 T 形螺栓钢材材质应为：8.8 级碳钢，表面应进行热浸镀锌处理，镀锌层厚度不宜小于 $45\mu m$，单个 T 形螺栓和单根锚筋的受拉及受剪设计值不应超过其抗拉抗剪承载力设计值。

（3）槽式预埋件的槽身与腿部应采用冷连接（无焊接）设计，确保预埋槽腿部无焊接残留应力，并且避免酸洗时酸液残留在焊接缝内导致的镀锌层问题。

（4）槽式埋件承载力标准值由产品型式检验报告或认证报告提供。

（5）槽式埋件组件设计，应分别对拉力和剪力引起的槽式预埋件及混凝土结构强度进行校核，并验算剪力复合作用。

（6）槽式埋件需要考虑平行于槽体长度方向剪力时，不应采用仅依靠 T 形螺栓与钢槽卷边之间的摩擦力来抗剪，螺栓应焊接定位或采用其他防滑移措施。

（7）槽式预埋件厂商必须提供有试验依据的预埋槽安装偏拉后的修补措施。

（8）为了避免漏浆，槽式预埋件槽内要填充密封条（不能使用海绵等多孔软质材料），两端要有端盖封口。填充物应为环保低密度聚乙烯（LDPE）材料，且配有易拉条设计，方便拆除。

（9）槽式预埋件的动载性能和遇火时的承载力设计，应通过相关的认证测试。对有抗震设防要求的幕墙建筑，槽式预埋件宜采用带齿牙卷边优化槽体，及与之配套的带齿牙 T 形螺栓。

（10）槽式预埋件的混凝土基材厚度应不小于 $1.5h_{ef}$，且不小于 200mm。槽式预埋件的有效锚固深度不得小于 90mm；两个锚筋间的最小间距不小于 100mm，最大间距不大于 250mm。槽式预埋件与混凝土构件的最小边距 C_1 和 C_2 均应不小于 50mm。h_{ef} 为槽式埋件的有效埋深。

6.4 后置埋件

后置埋件如图 10 所示。

图 10 后置埋件

后置埋件设计要点：

（1）后锚固连接设计的使用年限不宜小于 30 年。

（2）后置埋件设计与构造应按照《混凝土结构后锚固技术规程》（JGJ 145—2013）的规定，且应采取防止锚栓螺母松动和锚板滑移的措施。

（3）在抗震设防区应采用适用于开裂混凝土的锚栓。普通化学锚栓不应用于重要的或受力较大部位的锚固连接。

（4）锚板厚度应按照现行国家标准《钢结构设计规范》（GB 50017—2017）进行设计，且不宜小于锚栓直径的 0.6 倍，受拉和受弯锚板的厚度尚宜大于锚栓间距的 1/8；外围锚栓孔至锚板边缘的距离不应小于 2 倍锚栓孔直径和 20mm。

（5）每个连接节点不应少于 2 个锚栓。

（6）锚栓直径应通过承载力计算确定，并不应小于 10mm。

（7）后置锚栓应进行承载力现场试验，现场检测极限承载力应当大于设计值的 2 倍。

（8）锚栓的有效锚固深度不应小于 60mm，有效锚固深度不应包括装饰层或抹灰层。

（9）防火分区位置的后置埋件应采用后扩底型锚栓进行固定。

（10）普通化学锚栓的有效锚固深度不大于 $20d$，d 为锚栓直径。

（11）扩底型锚栓和化学锚栓的最小间距 $s \geqslant 6d$，最小边距 $c \geqslant 6d$，d 为锚栓直径。

（12）扩底型锚栓的混凝土基材厚度 h 不应小于 $2h_{ef}$，且 h 应大于 100mm，h_{ef} 为锚栓的有效埋置深度。

（13）化学锚栓的混凝土基材厚度 h 不应小于 $h_{ef} + 2d_0$，且 h 应大于 100mm，h_{ef} 为锚栓的有效埋置深度，d_0 为钻孔直径。

邢台银行综合营业楼主要为框支承构件式幕墙，另外还包括部分幕墙钢结构及金属铝板玻璃雨棚，依据项目这些特点，建筑幕墙主要采用平板式预埋件，后期由于施工偏差，采用部分后补埋件，后补埋件固定采用扩底型锚栓（图 11）。

图 11　后补埋件

7　幕墙防火设计

7.1　幕墙防火设计要求

建筑幕墙的防火设计应符合现行国家标准《建筑设计防火规范》（GB 50016—2014）的规定。

建筑幕墙的防排烟设计应符合现行行业标准《建筑防排烟系统技术标准》（GB 51251—2017）的规定。

7.2 设计要点

（1）幕墙与每层楼板、隔墙处的缝隙应采用防火封堵材料封堵，当采用防火岩棉或矿岩棉封堵时，其厚度不应小于 100mm，并应填充密实。楼层间水平防排烟带的岩棉或矿岩棉采用厚度不小于 1.5mm 的镀锌钢板承托。承托板与主体结构、幕墙结构及承托板之间的缝隙填充防火密封胶。

（2）同一幕墙单元，不宜跨越建筑的两个防火分区。

（3）消防救援窗的净高度和净宽度均不应小于 1.0m，下沿距室内地面不宜小于 1.2m，间距不宜小于 20m 且每个防火分区不用少于 2 个。设置位置应与消防车登高操作场地相对应，并应设置可在室外易于识别的明显标志。

（4）建筑高度大于 54m 的住宅建筑每户应有一间房间应靠外墙设置可开启外窗，外窗的耐火完整性不宜低于 1h，该房间的门宜采用乙级防火门。

（5）建筑外墙上、下层开口之间应设置高度不小于 1.2m 的实体墙或挑出宽度不小于 1.0m、长度不小于开口宽度的防火挑檐；当室内设置自动喷水灭火系统时，上、下层开口之间的实体墙高度不应小于 0.8m。当上、下层开口之间设置实体墙确有困难时，可设置防火玻璃墙，但高层建筑的防火玻璃墙的耐火完整性不应低于 1h，多层建筑的防火玻璃墙的耐火完整性不应低于 0.5h。

（6）建筑外保温和外墙的装饰层材料的燃烧性能等级应符合《建筑设计防火规范》（GB 50016—2014）第 6.7 条的规定。

（7）公共建筑内建筑面积大于 100m² 且经常有人停留的地上房间，应设置排烟设施，可采用机械排烟或自然排烟窗（口）。

（8）建筑空间净高小于或等于 6m 的场所，当采用自然排烟窗（口）时，其排烟有效面积不小于该房间建筑面积的 2%。

（9）采用自然通风方式的避难层（间）应设有不同朝向的可开启外窗，其有效面积不应小于该避难层（间）地面面积的 2%，且每个朝向的面积不应小于 2.0m²。

（10）避难层应设置直接对外的可开启窗口或独立的机械防烟设施，外窗应采用乙级防火窗。

（11）自然排烟窗（口）应设置手动开启装置，设置在高处不便于直接开启的可开启外窗应在距地面高度为 1.3～1.5m 的位置设置手动开启装置。

（12）外墙上设置自然排烟窗（口）应在储烟仓以内，但走道、室内空间净高度不大于 3m 区域的自然排烟窗（口）可设置在室内净高度的 1/2 以上。

（13）自然排烟窗（口）的开启形式应有利于火灾烟气的排出。

（14）自然排烟窗（口）宜分散均匀布置，且每组的长度不宜大于 3.0m。

（15）当采用自然排烟方式时，储烟仓的厚度不应小于空间净高度的 20%，且不应小于 500mm，储烟仓底部距地面的高度应大于安全疏散所需的最小清晰高度。

（16）走道、室内空间净高不大于 3m 的区域，其最小清晰高度不宜小于其净高的 1/2，其他区域的最小清晰高度应按式（1）计算：

$$H_q = 1.6 + 0.1 \cdot H' \tag{式1}$$

式中　H_q——最小清晰高度（m）；

　　　H'——对于单层空间，取排烟空间的建筑净高度（m）；对于多层空间，取最高疏散楼层的高度（m）。

（17）自然排烟窗（口）开启的有效面积计算如图 12 所示。

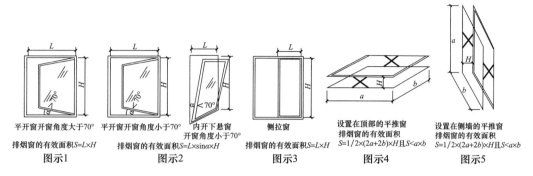

平开窗开窗角度大于70°	平开窗开窗角度小于70°	内开下悬窗 开窗角度小于70°	侧拉窗	设置在顶部的平推窗 排烟窗的有效面积 $S=1/2×(2a+2b)×H$且$S<a×b$	设置在侧墙的平推窗 排烟窗的有效面积 $S=1/2×(2a+2b)×H$且$S<a×b$
排烟窗的有效面积$S=L×H$	排烟窗的有效面积$S=L×\sin\alpha×H$		排烟窗的有效面积$S=L×H$		
图示1	图示2	图示3	图示4	图示5	

图 12 自然排烟窗（口）开启的有效面积

当采用百叶窗时，窗的有效面积为窗的净面积乘以遮挡系数，根据工程实际经验，当采用防雨百叶窗时系数取 0.6，当采用一般百叶窗时系数取 0.8。

（18）紧靠防火墙两侧的门、窗、幕墙之间最小边缘的水平距离不小于 2.0m 的范围内未设置不燃烧实体墙，采取设置乙级防火窗来实现防火要求。建议防火分区位置玻璃幕墙室内侧设置实体墙（图 13）。

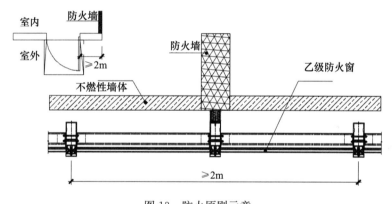

图 13 防火原则示意

（19）建筑幕墙的防火性能取决于其构件材料的燃烧性能和构件的耐火极限。幕墙所使用的所有材料均要求采用耐燃或不燃型材料。

邢台银行综合营业楼幕墙工程防火等级为二级，不低于 1h 防火时效。防火岩棉的密度不小于 $150\mathrm{kg/m^3}$，防火层防火岩棉厚度不小于 100mm。层间防火采用双道防火设计（图 14）。

8 幕墙防雷设计

8.1 幕墙防雷设计依据

建筑物按防雷要求分为三类，其中第一类主要是属于具有爆炸危险环境的建筑物，如使用或储存炸药、火药、起爆药等爆炸物质的建筑物等，常见的建筑幕墙的防雷分类主要是属于第二类或第三类。建筑幕墙的防雷措施主要是防直击雷。防直击雷不仅要考虑顶层直击雷，还要考虑侧向直击雷。

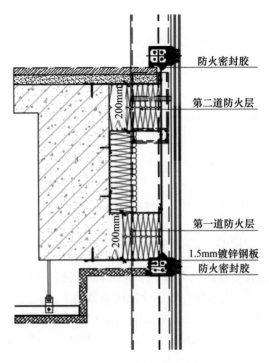

图 14 双道防火设计示意

8.2 防雷设计要点

（1）建筑幕墙的防雷设计应符合现行国家标准《建筑防雷设计规范》（GB 50057—2010）的规定。

（2）幕墙的金属框架一般不单独作防雷接地，而是利用主体结构的防雷体系，与建筑本身的防雷设计相结合。所以幕墙的金属框架应与主体结构的防雷体系可靠连接，并保持导电畅通。

（3）二类防雷建筑高度不大于 45m 时，三类防雷建筑高度不大于 60m 时，建筑幕墙主要是防顶层直击雷，不需要考虑侧向直击雷。

（4）幕墙的立柱宜采用柔性导线上、下连通。在主体建筑有水平均压环的楼层，立柱的预埋件或固定件可采用圆钢或扁钢与水平均压环焊接连通，形成导电电路，焊缝和连线应涂防锈漆。扁钢截面不宜小于 5mm×40mm，圆钢直接不宜小于 12mm。

（5）当采用后置埋件埋设时，应在每两层用 $\phi12$mm 钢筋设一道幕墙避雷钢筋，与主体避雷钢筋连通，采用焊接的形式，避雷钢筋的焊接长度不小于 $6d$，d 为钢筋的直径。

（6）隔热型材的内外侧金属型材应连接成电气通路。

（7）幕墙立柱在套芯连接部位、幕墙与主体结构之间，应按防雷连接材料截面的规定连接，详见表 1。

表 1 防雷连接材料截面积   mm²

材料类别	截面面积（≥）
铜质	16
铝质	25

续表

材料类别	截面面积（≥）
钢质	50
不锈钢	50

（8）构件连接部位有绝缘材料覆盖时，应采取措施形成有效的防雷电气通路。

（9）金属幕墙的面板及其他外露金属部件，应与支承构件形成良好的电气贯通。支承结构应与主体结构的防雷体系连通。

（10）利用自身金属材料作为防雷接闪器的幕墙，其压顶板宜选用厚度不小于 3mm 的铝合金单板，截面面积应不小于 70mm²。

（11）单元式幕墙型材有隔热构造时，应以等电位金属导体连接其内外侧金属材料，每一单元板块不少于两处。

（12）单元板块横竖向型材均设有密闭橡胶条时，型材插口拼装连接处应采用等电位金属材料跨接，形成良好的电气通路。

邢台银行综合营业楼幕墙工程按二类防雷等级设计，满足上述防雷设计要点。防雷布置如图 15 所示。

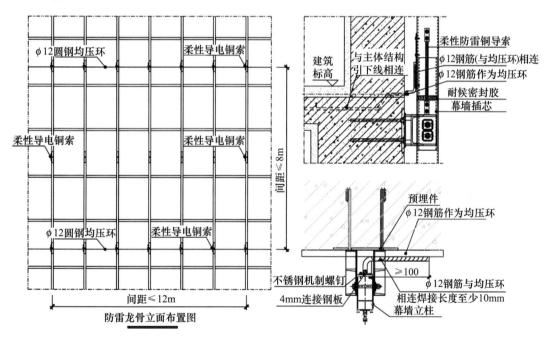

图 15 防雷布置图

邢台银行综合营业楼幕墙工程根据规范的分类和建筑物特点，幕墙防雷设计为二类；幕墙防雷自身形成防雷体系，与主体结构的防雷体系可靠连接，连接部位清除非导电保护层，安装防雷导线前先除掉接触面上的钝化氧化膜或锈蚀，去除表面粉末喷涂层。建筑在 45m 以上采取防侧击雷措施，主体结构每两层（小于 8m）设置一圈直径不小于 12mm 圆钢；每两层横向钢横梁导通，竖向（小于 12m）导通（图 15），横向再与主体引出线连接导通（小于 8m），防侧击雷措施中作为接闪器的幕墙网格不大于 12m×8m。在女儿墙顶部、檐口处、

229

挑檐处均设置均压环，并将雨棚、悬挑金属构件与均压环可靠连接；采用直径为 12mm 圆钢将钢立柱均压环相连，焊接时采用对面焊，搭接长度不小于 100mm，焊缝高不小于 6mm，外露表面两道防锈漆处理。立柱之间采用铜质导线连通，铜质导线截面面积不小于 25mm²，接触面积不小于 150mm²。均压环与作为防雷引线的立柱相连接间距不大于 12m，在转角部位将立柱设计成引下线，安装完成后，冲击接地电阻不大于 10Ω。玻璃幕墙位置，埋件应与主体防雷外甩点可靠连通，水平间距控制在 10m 以内。幕墙立柱最上端和最下端及中间每隔约 8m 处均通过预埋件与防雷引下线连接，金属构件所有中间断开处用 25mm² 编织软铜线连接。

依据上述原则及处理措施，本工程幕墙防雷满足规范要求的二类防雷等级设计要求。

9 幕墙节能设计要点

（1）建筑幕墙节能根据建筑热工要求进行设计，建筑没有要求的情况下，应满足国家标准和当地地方标准的规定。

（2）中空玻璃四周封边宜采用暖边间隔条。

（3）空气层采用氩气或真空。

（4）采用低辐射镀膜玻璃，如单银、双银、三银。

（5）采用三玻两腔中空玻璃。

（6）立柱、横梁、开启扇宜采用隔热铝型材，其工艺宜采用穿条或注胶。

（7）用穿条工艺的隔热型材，其隔热材料应使用 PA66GF25（聚酰胺 66＋25％玻璃纤维），用注胶工艺的隔热型材，其隔热材料应使用 PU（聚醚型聚氨酯）材料。

（8）非透明部分背后应设计保温材料。

（9）玻璃的 U 值和遮阳系数根据热工计算的结果取值。

（10）夏热冬暖、夏热冬冷、温和地区的建筑各朝向外窗（包括透光幕墙），均应采取遮阳措施，东西向宜设置活动外遮阳，南向宜设置水平外遮阳。

（11）甲类公共建筑外窗（包括透光幕墙）应设开启窗扇，其有效通风换气面积不宜小于所在房间外墙面积的 10％，当透光幕墙通风受限制时，应设置通风换气装置；乙类公共建筑外窗有效通风换气面积不宜小于窗面积的 30％。

（12）严寒地区建筑的外门应设置门斗，寒冷地区建筑面向冬季主导风向的外门应设置门斗或双层外门。夏热冬暖、夏热冬冷和温和地区建筑的外门应采取保温隔热措施。

（13）当公共建筑入口大堂采用全玻幕墙时，全玻幕墙中非中空玻璃的面积不应超过同宜立面透光面积（门窗和玻璃幕墙）的 15％。

（14）严寒、寒冷、夏热冬冷地区建筑的玻璃幕墙宜进行结露验算。

邢台银行综合营业楼工程建筑体形系数 0.10，各朝向窗墙比：东 0.63，南 0.55，西 063，北 0.56。依据《河北省公共建筑节能设计标准》（DB13（J）81—2016）和《绿色建筑评价标准》（GB/T 50378—2019）中绿色建筑二星标准及建筑设计要求，建筑玻璃幕墙整体 K 值不大于 1.71W/（m²·K），建筑玻璃幕墙按照 1.70 取值。依据上述情况，采取如下技术措施：

①中空玻璃采用暖边间隔条。

②中空玻璃空气层冲氩气处理。

③中空玻璃为两道双银低辐射镀膜玻璃,内片玻璃为超级保温膜。

④立柱、横梁、开启扇均采用隔热铝型材。

⑤隔热型材中其隔热材料为 PA66GF25(聚酰胺 66+25% 玻璃纤维)。

⑥非透明部分背后设计 100mm 厚保温材料。

明框玻璃幕墙典型节点如图 16 所示。

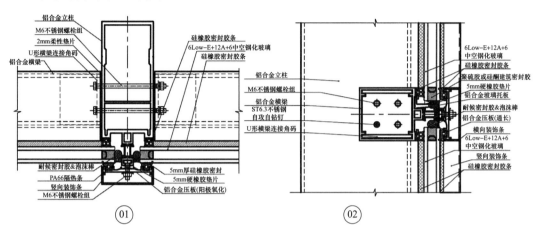

图 16　明框玻璃幕墙典型节点

依据上述技术措施,玻璃 K 值约 1.3W/(m²·K),建筑玻璃幕墙整体设计值为 1.65W/(m²·K),满足绿建二星和当地规范要求。

10　幕墙抗震设计

根据抗震规范要求,邢台银行综合营业楼工程采用七度抗震设防设计。幕墙的面板与骨架间采用防脱、防滑设计。抗震设防的基本思想和原则按下列"三个水准"为抗震设防目标:

第一水准:当遭受低于本地区抗震设防烈度的多遇地震影响时,一般不受损坏或不需修理可继续使用。

第二水准:当遭受相当于本地区的抗震设防烈度的地震影响时,可能损坏经一般修理或不需修理仍可继续使用。

第三水准:当遭遇高于本地区抗震设防烈度预估的罕遇地震影响时,不致于倒塌或发生危险及生命的严重破坏。

11　结论

邢台银行综合营业楼幕墙工程,地处河北省邢台市,地面粗糙度为 C 类,建筑幕墙设计使用年限为 25 年,抗震设防烈度为 7 度,建筑高度为 120m,建筑标准层高为 4.2m。裙楼标准层高 5.1m,建筑玻璃幕墙与金属铝板包柱间隔、公用幕墙立柱,综合考虑金属铝板包柱进深及建筑高度问题,构件式玻璃幕墙型材选用 170/180/220 系列铝合金立柱,型材局部受力壁厚为 5mm。横梁局部受力壁厚为 4.0mm,型材截面为闭腔式设计。幕墙立柱采用单跨和双跨梁两种设计方式。通过有限元力学分析,能够满足本项目的设计要求(图 17)。

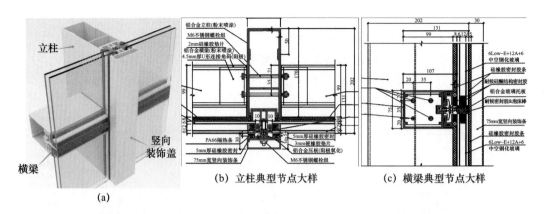

图 17　立柱横梁设计方案

　　本工程幕墙选用平板预埋件，平板埋件为 300mm×250mm×12mm 钢板，锚筋为 ϕ12mm 钢筋。部分漏埋，错埋的埋件采用后置埋件，埋板为 300mm×250mm×12mm 钢板，表面热浸镀锌，全部扩底锚栓固定。

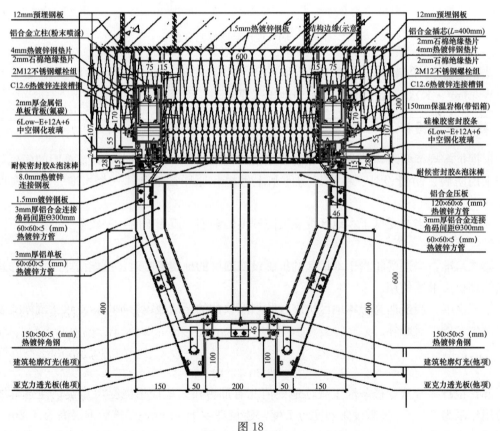

图 18

　　本工程幕墙防火等级为二级，防火时效不低于 1h。防火岩棉的密度为 150kg/m³，防火层防火岩棉厚度为 100mm。层间防火层采用双道防火措施。防火密封胶密封。

　　本工程幕墙按二类防雷等级设计，满足防雷设计要求。

本工程幕墙抗震按为 7 度抗震设防设计。幕墙的面板与骨架间采用防脱、防滑设计。建筑玻璃幕墙整体设计值为 1.65W/（m² · K），满足绿建二星和当地规范要求。

参考文献

[1] 中华人民共和国建设部．玻璃幕墙工程技术规范：JGJ 102—2003[S]．北京：中国建筑工业出版社，2003．

[2] 中华人民共和国住房和城乡建设部．建筑门窗幕墙用钢化玻璃：JG/T 455—2014[S]．北京：中国标准出版社，2014．

[3] 中华人民共和国住房和城乡建设部．建筑玻璃应用技术规程：JGJ 113—2015[S]．北京：中国建筑工业出版社，2015．

[4] 中华人民共和国国家质量监督检验检疫总局，国家标准化管理委员会．建筑幕墙：GB/T 21086—2007[S]．北京：中国标准出版社，2007．

[5] 中华人民共和国建设部．铝合金结构设计规范：GB 50429—2007[S]．北京：中国计划出版社，2007．

[6] 中华人民共和国住房城乡建设部．玻璃幕墙光学性能：GB/T 18091—2015[S]．北京：中国标准出版社，2015．

[7] 中华人民共和国住房和城乡建设部．建筑结构荷载规范：GB 50009—2012[S]．北京：中国建筑工业出版社，2012．

[8] 中华人民共和国住房和城乡建设部．建筑物防雷设计规范：GB 50057—2010[S]．北京：中国计划出版社，2010．

[9] 中华人民共和国住房和城乡建设部．建筑设计防火规范：GB 50016—2014[S]．北京：中国计划出版社，2014．

[10] 中华人民共和国住房和城乡建设部．公共建筑节能设计标准：GB 50189—2015[S]．北京：中国建筑工业出版社，2015．

[11] 中华人民共和国住房和城乡建设部．民用建筑热工设计规范：GB 50176—2016[S]．北京：中国建筑工业出版社，2016．

[12] 中华人民共和国国家质量监督检验检疫总局，国家标准化管理委员会．钢结构设计标准：GB 50017—2017[S]．北京：中国建筑工业出版社，2017．

[13] 中华人民共和国住房和城乡建设部．严寒和寒冷地区居住建筑节能设计标准：JGJ 26—2018．北京：中国建筑工业出版社，2018．

[14] 中华人民共和国住房和城乡建设部．夏热冬冷地区居住建筑节能设计标准：JGJ 134—2010[S]．北京：中国建筑工业出版社，2010．

[15] 中华人民共和国住房和城乡建设部．夏热冬暖地区居住建筑节能设计标准：JGJ 75—2012[S]．北京：中国建筑工业出版社，2012．

某总部办公楼幕墙设计简介

毛伙南　蔡彩红

中山盛兴股份有限公司　广东中山　528412

摘　要　本文介绍了某总部办公楼幕墙深化设计，包括单元幕墙在竖直面、外倾面和内倾面几种情况组合使用时的系统设计，内倾单元幕墙防排水的综合考虑以及空缝金属幕墙系统构造简介，并介绍了 BIM 技术在幕墙设计和施工中的应用。

关键词　单元幕墙；空缝金属幕墙；BIM 应用

1　引言

单元式幕墙是指由面板与支承框架在工厂制成的不小于一个楼层高度的幕墙结构基本单元，直接安装在主体结构上而组合成的框支承建筑幕墙。单元幕墙具有工厂预制程度高，组装质量易控制，现场安装速度快，抗震性能好的优点。单元幕墙相邻板块之间通过立柱和横梁对插，形成多道密封腔，利用雨幕等压原理防水，具有优异的防水性能。鉴于以上优点，单元幕墙广泛应用于现代建筑幕墙。本文介绍的单元幕墙是竖直、外倾和内倾几种情况组合使用的案例。

2　项目概况

项目是某著名企业的总部办公楼，由厂房和办公楼两座塔楼和裙房连廊组成。塔楼玻璃幕墙采用单元式幕墙。厂房幕墙高度 83.25m，南北立面为竖直面，东立面为与水平呈 95°夹角的外倾面，西立面为与水平呈 75°夹角的内倾面。办公楼幕墙高度 34m，东西立面为竖直面，北立面为与水平呈 105°夹角的外倾面，南立面为与水平呈 60°夹角的内倾面。厂房西南角为钛金复合蜂窝板幕墙，从厂房屋顶往下延伸，绕过连廊直至办公楼西南角屋顶，呈飘带状把整个建筑连成整体。项目透视图如图 1、图 2 所示。

图 1　项目透视图（西南面俯视）　　　图 2　项目透视图（西南面仰视）

3 系统设计

3.1 单元幕墙

塔楼玻璃幕墙在方案设计阶段，对幕墙结构的选型进行了对比。拟选方案有 3 种，分别是构件式、单元式和注胶单元式。从经济性考虑，构件式造价最低，单元式最高，注胶单元式适中；从品质控制考虑，单元式最优，注胶单元式其次，构件式最难保证。从施工难易程度考虑，单元式可以把支承框架和面板整体吊装，快捷方便；构件式需要现场分别安装立柱、横梁和面板，特别是内外倾斜立面，施工难度大；注胶单元式需在板块安装后在板块之间注胶密封，没有单元式方便。经过比选，最终选定了单元式结构，在系统设计上采用了分层内排水构造。幕墙采用横明竖隐的形式，面板采用夹胶中空玻璃。设计重点是竖直、外倾和内倾三种情况单元系统如何协调以及内倾面的防水加强措施。

3.1.1 竖直面单元幕墙

竖直面单元幕墙面板采用 8HS＋1.52PVB＋8HS（Low-E）＋12A＋10TP 夹胶中空玻璃，夹胶片在室外侧。在结构梁上、下位置，单元幕墙与主体结构之间填充防火岩棉。单元系统横剖和竖剖节点如图 3、图 4 所示。

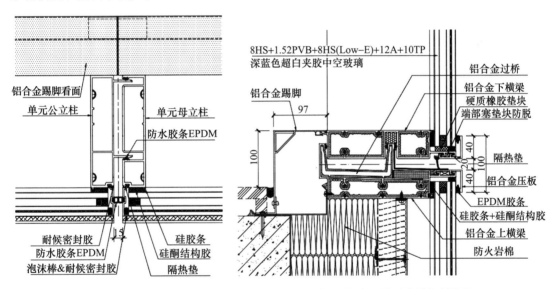

图 3　竖直面单元幕墙横剖节点　　　　图 4　竖直面单元幕墙竖剖节点

立柱采用隐框形式，玻璃面板与单元立柱采用硅酮结构胶粘结。面板端部采用铝合金护边，护边与立柱之间采用隔热垫断热并注胶密封，玻璃面板端部与铝合金护边之间注胶密封。

横梁采用明框形式，采用铝合金压板以及胶条压紧玻璃面板，压板与横梁挂钩之间设置隔热垫断热。采用内打胶密封，即面板端部与横梁前端挂钩间注胶密封，压板与面板之间不打胶以使外观更干净。为防止胶条松脱导致压板脱钩失效，在压板两端挂钩处设置橡胶块限位。

单元幕墙虽然采用雨幕等压防水，但仍有可能存在少量渗漏，渗漏水需要排放到室外，单元幕墙排水路径图如图 5、图 6 所示。本项目采用分层内排水结构，上一层的少量渗漏水，通过上横梁的泄水孔 D 进入上横梁前端封闭导流腔，通过导流腔两端部的泄水孔 E 流入立柱前端空腔，排放到下层外腔并排放到室外。由于采用分层内排水，室内外的压力差不足以把室外雨水倒灌进内腔，相比横梁内外腔直通的排水方式更可靠。

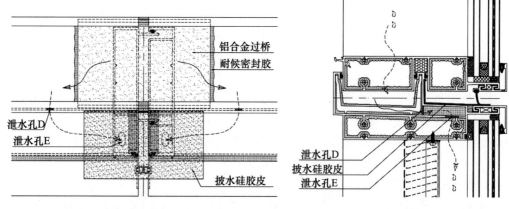

图 5　单元幕墙排水示意（横剖）　　　　图 6　单元幕墙排水示意（竖剖）

3.1.2　外倾面单元幕墙

外倾面单元幕墙面板采用 8HS＋1.52PVB＋8HS（Low-E）＋12A＋10TP 夹胶中空玻璃，夹胶片在室外侧。立柱采用与竖直面相同截面构造，横梁根据外倾角度采用不同截面，以使横梁室内装饰面水平、等宽且与竖直面横梁标高一致，室外的明框压板在正投影的高度也保持一致。在结构计算时需考虑面板重力荷载对框架以及压板的附加作用。厂房的外倾单元幕墙系统竖剖节点如图 7 所示，办公楼的外倾单元幕墙系统竖剖节点如图 8 所示。

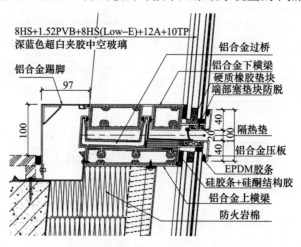

图 7　外倾面单元幕墙竖剖节点 1

3.1.3　内倾面单元幕墙

内倾面单元幕墙面板采用 10TP（Low-E）＋12A＋8HS＋1.52PVB＋8HS 夹胶中空玻璃，夹胶片在室内侧。立柱采用与竖直面相同截面构造，横梁根据内倾角度采用不同截面，以使横梁室内装饰面水平、等宽且与竖直面横梁标高一致，室外的明框压板在正投影的高度也保持一致。厂房的内倾单元幕墙系统竖剖节点如图 9 所示，办公楼的内倾单元幕墙系统竖剖节点如图 10 所示。

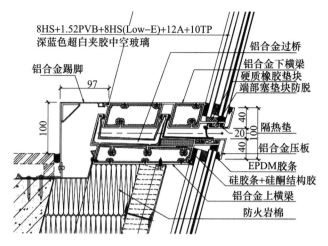

图 8 外倾面单元幕墙竖剖节点 2

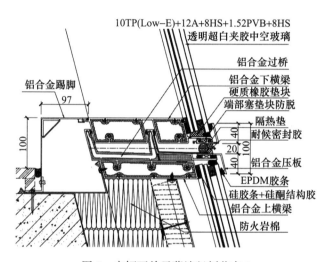

图 9 内倾面单元幕墙竖剖节点 1

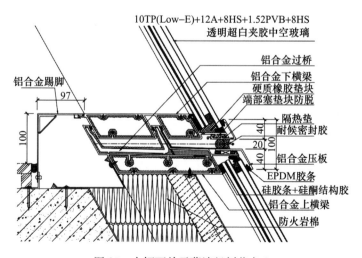

图 10 内倾面单元幕墙竖剖节点 2

相邻单元板块之间通过立柱间及横梁间对插，形成前、后腔，利用雨幕等压原理防水。内倾单元幕墙由于雨水的重力作用，对密封胶条存在持续的压力，雨水可能渗漏进前腔甚至内腔。故内倾单元幕墙系统需要考虑防水的加强措施，在板块之间的缝隙（包括立柱之间以及横梁之间）注胶密封，同时将渗漏到内部的少量渗漏水排放到室外。内倾单元幕墙的排水路径示意图如图 11、图 12 所示。

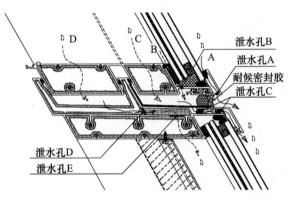

图 11　内倾单元幕墙排水示意（竖剖）

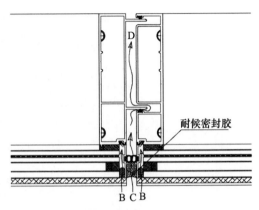

图 12　内倾单元幕墙排水示意（横剖）

如图 11，内倾单元幕墙上、下横梁之间注胶密封，且采用了深胶缝，不遮挡下压板的泄水孔 A。下横梁前端悬臂处设置泄水孔 B，上横梁前端与上压板挂接处局部铣开泄水孔 C。与其他立面一样，上横梁设置泄水孔 D 和 E，下压板设置泄水孔 A。图 11 和图 12 表示了内倾单元幕墙几种渗漏水的排水路径。路径 A 是室外渗漏到横向明框压板内部的雨水，从泄水孔 A 中直接排到室外。路径 B 是渗漏到面板端部与铝合金护边之间空隙的雨水，将沿该空隙往下流到下横梁底部，从泄水孔 B 流入上、下横梁之间的前腔，并沿上横梁与上压板之间的泄水孔 C 处排出。路径 C 表示从单元立柱之间胶缝渗漏到单元立柱之间前腔的雨水，沿立柱之间前腔流到单元上、下横梁之间前腔，并从泄水孔 C 排出室外。路径 D 与其他立面单元幕墙一样，渗漏到单元立柱和横梁之间内腔的雨水，汇集到上横梁内侧槽，沿泄水孔 D 流入上横梁前端封闭导流腔，通过导流腔两端部的泄水孔 E 进入立柱前端空腔，排放到下层外腔并排放到室外。通过以上措施，即使有雨水渗漏进内部，也将排放到室外。

3.2　金属幕墙

本工程厂房西南角为扭曲的钛金复合蜂窝板幕墙，从厂房屋顶往下延伸，绕过连廊至办公楼西南角屋顶，呈飘带状把整个建筑连成整体。金属幕墙局部立面如图 13 所示。

钛金复合蜂窝板幕墙采用空缝形式，内层采用 2mm 厚内衬板防水密封，固定于内层钢龙骨上，内衬板之间注胶密封。从内衬板胶缝中伸出钢板连接件，固定外层铝合金龙骨。铝龙骨带齿配合齿垫片，可使铝合金龙骨前后可调。钛金复合蜂窝板四边安装铝附框，并镶嵌胶条以防止摩擦噪声。采用铝合金压块及内六角螺栓将面板固定在外层铝龙骨上。钛金复合蜂窝板幕墙大部分是扭面以及外倾面，两者采用曲面过渡。室内侧采用 2mm 厚铝板做装饰面板，固定在钢龙骨上。钛金复合蜂窝板幕墙系统节点如图 14、图 15 所示。

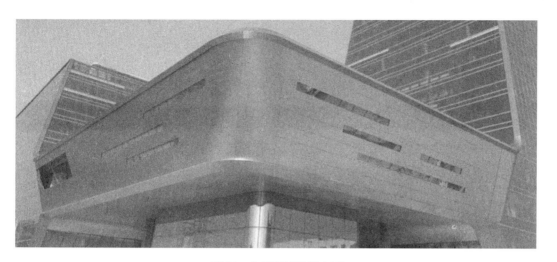

图 13　金属幕墙局部立面

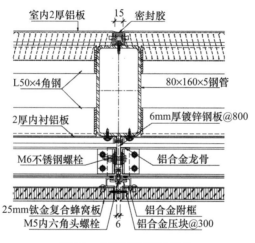

图 14　金属幕墙横剖节点

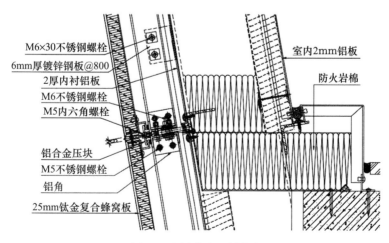

图 15　金属幕墙竖剖节点

4 BIM 应用

4.1 BIM 必要性及应用

本工程的金属幕墙通过扭面、曲面、外倾面等组合，呈飘带状将厂房、连廊及办公楼连接成整体，扭面与外倾面通过曲面转接过渡（图 16、图 17）。厂房东南角以及办公楼西北角的单元幕墙是竖直面与外倾面采用曲面过渡，弧形部位的面板以及龙骨存在弯曲和扭转的情况（图 18）。连廊与厂房、办公楼的交接部位也存在几个面交接的情况（图 19）。这些异形部位也是本工程设计和施工的难点。

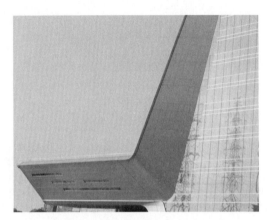

图 16 办公楼扭面与外倾面过渡　　　　　图 17　厂房扭面与外倾面过渡

图 18 办公楼竖直面与外倾面过渡　　　　　图 19　塔楼与连廊交接部位

针对以上难点，在设计和施工中采用了 BIM 技术，在 Rhino＋Grasshopper 平台对幕墙工程进行整体建模。BIM 技术主要的应用有：（1）建立三维模型后，可将项目整体效果直观地展示，特别是金属幕墙从塔楼扭面到连廊外倾面的曲面过渡、塔楼竖直面与外倾面弧形过渡位置，以及塔楼与连廊交接部位细节，使设计、施工人员更好地理解空间关系；（2）与主体结构、空调通风、灯光等其他专业协调碰撞检查，提前发现冲突，避免施工过程整改。例如通过碰撞检查发现了连廊吊顶位置幕墙与主体钢结构间的干涉问题，及时让设计院修改了钢结构；（3）对整个项目的材料下单提供了全方位的技术支持，通过模型可直接输出龙骨、面板的规格尺寸，大大提高了准确率和工作效率；（4）为现场测量放线提供了各个系统控制点的三维坐标,结合全站仪,控制点准确打点,确保在安装过程与三维模型吻合。三维模型图 20、图 21 所示。

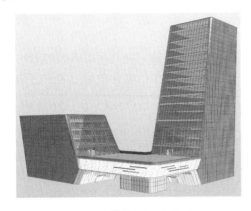

图 20 三维模型(西南面)

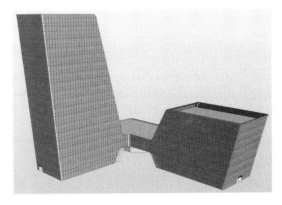

图 21 三维模型(东北面)

4.2 塔楼外倾面与竖直面圆弧转角板块优化

外倾面圆弧转角(图 18)是一个类似于倾斜圆柱的设计,每一层平面线为相同半径和相同弧长的圆弧线段,随着楼层增加,弧线段逐渐向外推移。模型搭建过程中,如果直接用平面图纸的线条放样出玻璃面,生成的表皮为非圆柱面,不利于玻璃的生产加工。为解决这一问题,在实际建模时,先从平面图中上下层弧线段的圆心,定位出圆柱的轴线,找一个垂直于轴线的平面,与前面生成的曲面相交,再以交线为基础,找到最合适的圆弧线段,用后面生成的圆弧线段放样生成的曲面为真正的圆柱面。按照圆柱面分割出来的每一个分格的玻璃,展开左、右两条边为直边,而上、下两条边是不规则的曲线,通过参数化手段,可快速找到一条与原曲线误差在 2mm 以内的圆弧线段,作为玻璃加工切割的依据。展平优化后的弧形玻璃如图 22 所示。

从竖直面到外倾面的过程中,弧形位置这一段横梁截面的四边形内角是逐渐变化的,造型非常复杂,加工难度大。经过反复建模推敲,决定重新定位弧形横梁的参考线为:中横梁以下表面外端点与立柱面平齐,上下横梁以下横梁上表面内端点与立柱室内面平齐(图 23),这样可以最大限度地保证外露面的最佳效果。然后结合已有的直面和两个外倾斜面的横梁模具尺寸,分别在办公楼和厂房两个弧形面上放样,最终在保证横梁与玻璃面不产生干涉的基础上,于现有的模具中挑选出既能满足外观要求,又是单曲造型的横梁,同时可直接导出横梁的加工图。

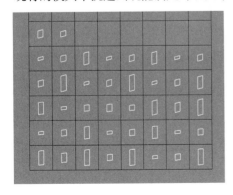

图 22 展平优化后的弧形玻璃

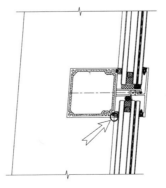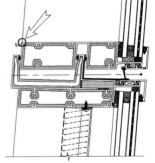

图 23 横梁参考点

4.3　塔楼扭面、连廊曲面金属幕墙的优化与施工

钛金复合蜂窝板幕墙系统的大面都是扭曲面板，传统的加工下料方法无法准确定位，我司在本项目中实现了异形面板全程由 BIM 参数化跟踪，优化好的 BIM 模型直接对接工厂数控机床，通过格式转化后提取相关数据，达到精确生产目的。另外，由于钛金板幕墙系统龙骨的构造复杂，相互间交错穿插的情况多，非常不利于定位和安装。经与施工人员沟通，优化为在模型中将龙骨按实际拼接切割好，然后按楼层或按区域在工厂将龙骨预组装成一个模块，现场安装时只需要找少量的定位点就能把同一楼层或同一区域的龙骨就位，降低了施工误差也提高了安装效率（图 24、图 25）。

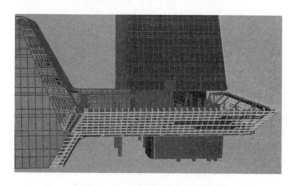

图 24　金属幕墙龙骨 BIM 模型　　　　　　图 25　龙骨参数化下单模块

钛金复合蜂窝板幕墙系统的室内铝板平行于室外表皮，理论上也是扭面板，并且在与单元玻璃幕墙立柱收口位置，容易出现与立柱内表面错开的现象。根据现场施工经验，1m 内翘曲度小于 5mm 的误差，现场安装时可通过面板冷弯来调整安装，该位置室内净空约 3m，所以面板翘曲 15mm 以内可以优化为平板加工。室内铝板在层间结构位置是断开的，可以运用 BIM 软件中的有限元分析工具，将面板翘曲度小于 15mm 的铝板转化为平板，从而减少了翘曲面板加工数量（图 26、图 27）。

图 26　扭面室外钛金复合蜂窝板　　　　　　图 27　扭面室内铝板

5　结语

本文介绍了单元玻璃幕墙以及空缝金属幕墙的构造，特别是单元幕墙在竖直面、外倾面

和内倾面几种情况的组合使用以及内倾单元幕墙在防排水方面的综合考虑。幕墙系统经过物理性能检测，均满足设计要求。本文也介绍了 BIM 技术在异形位置的应用，解决了设计和加工的难题，对异形幕墙设计、施工方面具有一定参考意义。BIM 技术在项目的建设过程中起着越来越重要的作用，作为一种数字化技术，极大改变了传统的建设模式。在当前国家大力推行新基建的背景下，BIM 技术在未来建筑业中将得到更广泛的应用，高效发挥 BIM 技术本身的数字化优势，可以极大促进基础设施的高质量发展。

作者简介

毛伙南（Mao Huonan），男，1975 年 9 月生，毕业于西安建筑科技大学，教授级高级工程师，中山盛兴股份有限公司总工程师。

蔡彩红（Cai Caihong），女，1985 年 1 月生，工程师，中山盛兴股份有限公司 BIM 研究所所长。

三、方法与标准篇

门窗幕墙热工计算的理解与应用

徐 涛 白 飞

北京市建筑设计研究院有限公司 北京 100045

摘 要 深入理解现行国家标准 JGJ/T 151—2008 规范中关于幕墙热工计算的原理，通过行业内通用的热工计算软件 WINDOW、THERM 进行热工分析，阐述国标与美标计算方法的关系及差异。本文旨在辅助设计师在热工计算过程中加深对规范的理解，通过计算步骤的推演，对实际操作提供指引。

关键词 热工计算；WINDOW；THERM；国标；美标

建筑节能技术的重心之一是控制建筑墙体、玻璃幕墙（窗）、屋面的保温隔热指标，通过材料选用、系统和构造设计、避免冷桥结露，实现建筑的低能耗。

目前，国外对幕墙、门窗的热工分析方法主要有两个标准体系：ISO（EN）标准体系和美国 NFRC 标准体系。由于 ISO 在建筑门窗幕墙热工计算标准上引用欧盟（EN）的技术标准，所以将 ISO 和 EN 标准归为一类。ISO（EN）标准体系是一个较完整的体系，NFRC 根据 ISO 和美国标准编制了相应的门窗热工标准体系，即 NFRC 标准体系。

我国在欧美国家相关技术标准的基础上，结合我国的实际情况，于 2009 年颁布了《建筑门窗玻璃幕墙热工计算规程》（JGJ/T 151—2008），于 2009 年 5 月 1 日起实施。

我国 JGJ/T 151—2008 建筑门窗玻璃幕墙热工计算规程和美国 NFRC 标准体系在编制的过程中参考和引用了 ISO（EN）的计算方法，但两个体系存在一定的差异。本文主要阐述幕墙热工计算中，美标与国标关于传热系数的计算思路和国标规定的计算方法。

1 美国 NFRC 体系与国标体系计算传热系数的计算原理和方法的比较

美国 NFRC 体系传热系数的计算原理和方法见式 1。

$$U_t = \frac{[\sum(U_f \cdot A_f) + \sum(U_d \cdot A_d) + \sum(U_e \cdot A_e) + \sum(U_{de} \cdot A_{de}) + \sum(U_c \cdot A_c)]}{A_{pf}} \tag{1}$$

式中 U_t——整体窗传热系数 [W/（m² · K）]；

A_{pf}——窗投影面积（m²）；

U_f——框传热系数 [W/（m² · K）]；

A_f——框面积（m²）；

U_d——分隔框传热系数 [W/（m² · K）]；

A_d——分隔框面积（m²）；

U_e——玻璃边缘传热系数 [W/（m² · K）]；

A_e——玻璃边缘面积（m²）；

U_{de}——分隔框边缘传热系数［W/（m²·K）］；

A_{de}——分隔框边缘面积（m²）；

U_c——玻璃传热系数［W/（m²·K）］；

A_c——玻璃面积（m²）。

对美标的计算原理和方法的理解：由窗框、玻璃边缘（63.5mm 范围内）及玻璃中心位置传递的热流量总和，进行对整个窗面积的加权平均，所得到的就是整樘窗的传热系数（图 1）。

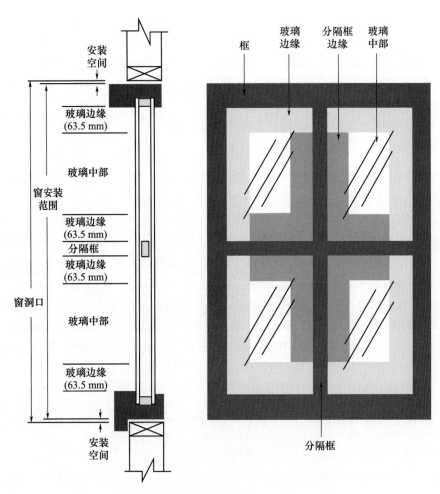

图 1　NFRC 美标窗示意图

国标传热系数的计算原理和方法见式 2。

$$U_t = \frac{\sum U_g A_g + \sum U_f A_f + \sum \Psi l_\Psi}{A_t} \tag{2}$$

式中　U_t——整樘窗的传热系数［W/（m²·K）］；

A_t——窗面积（m²）；

U_g——窗玻璃（或者其他镶嵌板）的传热系数［W/（m²·K）］；

A_g——窗玻璃（或者其他镶嵌板）面积（m²）；

U_f——窗框的传热系数[W/(m² · K)];

A_f——窗框面积(m²);

Ψ——窗框和窗玻璃(或者其他镶嵌板)之间的线传热系数[W/(m · K)];

l_Ψ——玻璃区域（或者其他镶嵌板区域）的边缘长度（m）。

国标的计算原理和方法的理解：由窗框传热（框投影面积）、玻璃与框连接位置传热（线传热）及玻璃传热（玻璃投影面积）的热流量总和，进行对整个窗面积的加权平均，所得到的就是整樘窗的传热系数（图2）。

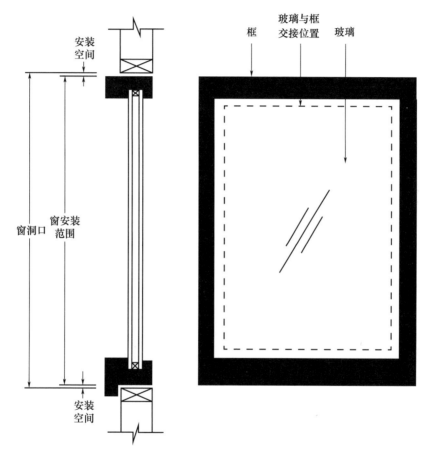

图2 国标窗示意图

2 国标体系与美国 NFRC 体系计算传热系数的计算实例演示

计算实例中的幕墙单元参数和节点如图3~图6所示。

一幅幕墙框传热系数的面积取框的一半宽度计算。

2.1 国标体系计算方法建模计算

2.1.1 WINDOW 进行中空玻璃传热系数计算

（1）WINDOW 进行首选项设置；

（2）WINDOW 进行环境边界条件设置（表1）。

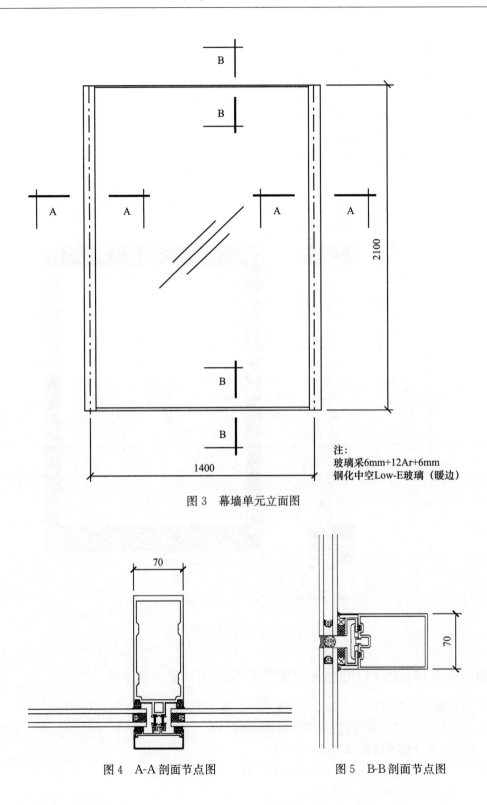

注：
玻璃采6mm+12Ar+6mm
钢化中空Low-E玻璃（暖边）

图 3 幕墙单元立面图

图 4 A-A 剖面节点图

图 5 B-B 剖面节点图

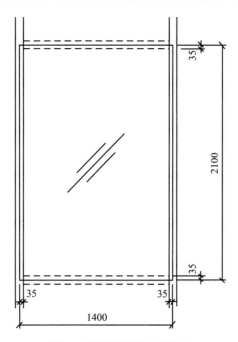

图 6　幕墙单元尺寸示意图

表 1　中国环境标准计算条件

冬季标准计算条件	夏季标准计算条件
室内空气温度 T_{in}＝20℃	室内空气温度 T_{in}＝25℃
室外空气温度 T_{out}＝－20℃	室外空气温度 T_{out}＝30℃
室内对流换热系数 $h_{c,in}$＝3.6W/（m²·K）	室内对流换热系数 $h_{c,in}$＝2.5W/（m²·K）
室外对流换热系数 $h_{c,out}$＝16W/（m²·K）	室外对流换热系数 $h_{c,out}$＝16W/（m²·K）
室内平均辐射温度 $T_{rm,in}$＝T_{in}	室内平均辐射温度 $T_{rm,in}$＝T_{in}
室外平均辐射温度 $T_{m,out}$＝T_{out}	室外平均辐射温度 $T_{m,out}$＝T_{out}
太阳辐射照度 I_s＝0W/m²	太阳辐射照度 I_s＝500W/m²

根据《建筑门窗玻璃幕墙热工计算规程》（JGJ/T 151—2008），传热系数计算应采用冬季标准设计条件；遮阳系数、太阳光总透射比计算应采用夏季标准设计条件。设置 WIN-DOW 环境条件（图 8～图 10）。

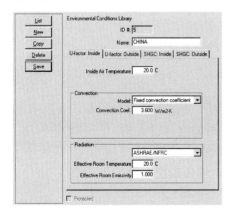

图 7　室内环境条件（冬季）

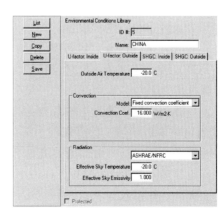

图 8　室外环境条件（冬季）

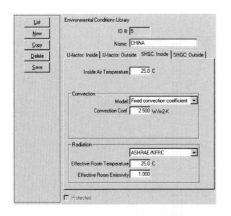

图 9　室内环境条件（夏季）　　　　图 10　室外环境条件（夏季）

3）WINDOW 计算中空玻璃传热系数（图 11）；

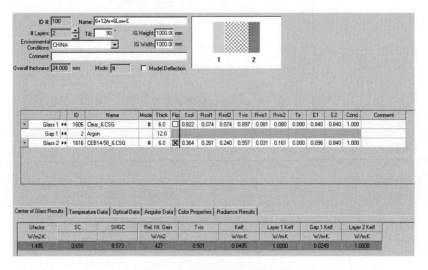

图 11　中空玻璃传热系数计算

玻璃传热系数 U_g＝1.495W/（m^2·K）。

2.1.2　THERM 进行立柱框传热系数及线传热系数计算

（1）THERM 进行首选项设置；

（2）THERM 进行环境边界条件设置（图 12）；

（3）THERM 进行幕墙立柱建模计算。

①计算框传热系数

第一步将玻璃面板转换为导热系数 λ＝0.03W/（m·K）替代面板，满足 JGJ/T 151—2008 建筑门窗玻璃幕墙热工计算规程中 7.1.2-2 的规定（图 13）。

替代面板条件下，整个截面的热流为 73.658W/m^2（图 14）。

第二步建导热系数 λ＝0.03W/（m·K）替代面板模型进行计算（图 15）。

替代面板的传热系数为 1.033W/（m^2·K）（图 16）。

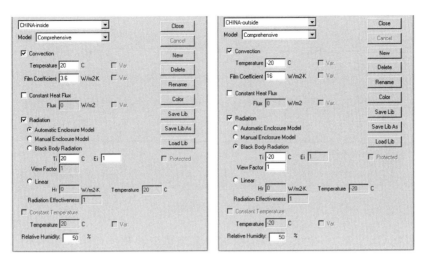

图 12　环境边界条件设置

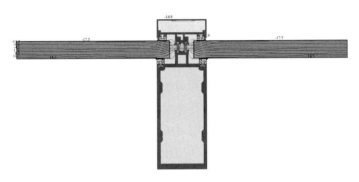

图 13　替代面板节点图

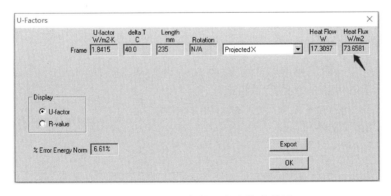

图 14　替代面板条件下节点热流结果

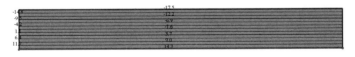

图 15　替代面板单独建模图

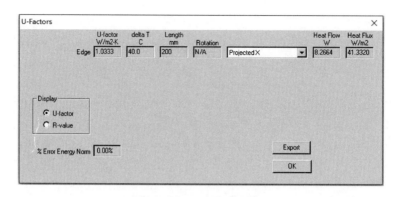

图 16　替代面板热流结果

第三步根据 GJ/T 151—2008 建筑门窗玻璃幕墙热工计算规程中 7.1.2-3 规定，计算框的传热系数见式 3～式 5。

$$q_{\mathrm{w}}=\frac{(U_f \cdot b_f+U_p \cdot b_p) \cdot (T_{n \cdot in}-T_{n \cdot out})}{b_f+b_p} \tag{3}$$

$$U_{\mathrm{f}}=\frac{L_f^{2D}-U_p \cdot b_p}{b_f} \tag{4}$$

$$L_{\mathrm{f}}^{2D}=\frac{q_w(b_f+b_p)}{T_{n \cdot in}-T_{n \cdot out}} \tag{5}$$

式中　U_{f}——框的传热系数 $[\mathrm{W}/（\mathrm{m}^2 \cdot \mathrm{K}）]$；

　　　L_{f}^{2D}——框截面整体的线传热系数 $[\mathrm{W}/（\mathrm{m} \cdot \mathrm{K}）]$；

　　　U_{p}——板材的传热系数 $[\mathrm{W}/（\mathrm{m}^2 \cdot \mathrm{K}）]$；

　　　b_{f}——框的投影宽度（m）；

　　　b_{p}——板材可见部分的宽度（m）；

　　$T_{n \cdot in}$——室内环境温度（K）；

　　$T_{n \cdot out}$——室外环境温度（K）；

　　　q_{w}——流过整个截面的热流（W/m^2）。

替代面板条件下，整个截面的热流 q_w 为 73.658W/m^2；

第四步计算框的传热系数见式 6 和式 7。

$$L_{\mathrm{f}}^{2D}=\frac{q_w(b_f+b_p)}{T_{n \cdot in}-T_{n \cdot out}}=\frac{73.658(35+200)/1000}{40}=0.433 \mathrm{W}/(\mathrm{m} \cdot \mathrm{K}) \tag{6}$$

$$U_{\mathrm{f}}=\frac{L_f^{2D}-U_p \cdot b_p}{b_f}=\frac{0.433-1.033*200/1000}{35/1000}=6.459 \mathrm{W}/(\mathrm{m}^2 \cdot \mathrm{K}) \tag{7}$$

注：35mm 为立柱一半宽度。

在实际项目中，经常有计算人员将框与替代面板单独定义名称，直接读取框的数值（图 17）。

虽然结果与上述计算结果相近，但没有理论支撑。

②计算线传热系数

第一步建实际模型进行计算（图 18）。

用实际玻璃条件下，整个截面的热流 q_w 为 109.55W/m^2（图 19）。

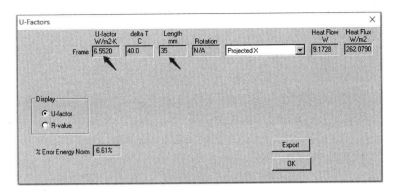

图 17　直接读取节点框的传热系数

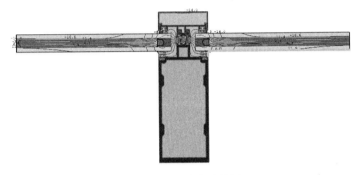

图 18　实际节点建模图

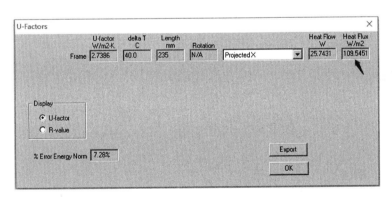

图 19　实际节点热流结果

第二步根据 GJ/T 151—2008 建筑门窗玻璃幕墙热工计算规程中 7.1.3-2 规定计算线传热系数（式 8～式 10）。

$$q_\Psi = \frac{(U_f \cdot b_f + U_g \cdot b_g + \Psi) \cdot (T_{n \cdot in} - T_{n \cdot out})}{b_f + b_g} \tag{8}$$

$$\Psi = L_\Psi^{2D} - U_f \cdot b_f - U_g \cdot b_g \tag{9}$$

$$L_f^{2D} = \frac{q_w (b_f + b_g)}{T_{n \cdot in} - T_{n \cdot out}} \tag{10}$$

式中　Ψ——框与玻璃（或其他镶嵌板）接缝的线传热系数 [W/（m・K）]；

L_Ψ^{2D}——框截面整体的线传热系数 [W/ (m·K)]；

U_g——玻璃的传热系数 [W/ (m²·K)]；

b_g——玻璃可见部分的宽度（m）；

$T_{n·in}$——室内环境温度（K）；

$T_{n·out}$——室外环境温度（K）。

第三步框的传热系数计算过程（式 11 和式 12）

$$L_f^{2D}=\frac{q_w(b_f+b_g)}{T_{n·in}-T_{n·out}}=\frac{109.55(35+200)/1000}{40}=0.644\text{W/(m·K)} \quad (11)$$

$$\Psi=L_\Psi^{2D}-U_f·b_f-U_g·b_g=0.644-6.459\times35/1000-1.495\times200/1000=0.119\text{W/(m·K)} \quad (12)$$

注：235mm 为立柱一半宽度。

在实际项目中，经常有计算人员将框与玻璃单独定义名称，读取框范围及玻璃范围的数值 U_{f1}，U_{g1} 进行计算，如图 20 所示。

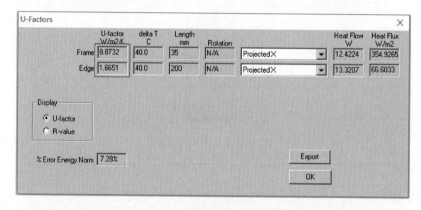

图 20　按部位读取传热系数结果

U_{f1} 为 8.873W/ (m²·K)；U_{g1} 为 1.665W/ (m²·K) 计算过程见式 13、式 14。

$$L_f^{2D}=U_{f1}·b_f+U_{g1}·b_g=8.873*35/1000+1.665\times200/1000=0.644\text{W/(m·K)} \quad (13)$$

$$\Psi=L_\Psi^{2D}-U_f·b_f-U_g·b_g=0.644-6.459\times35/1000-1.495\times200/1000=0.119\text{W/(m·K)} \quad (14)$$

计算逻辑与规范相符，计算结果一致。

2.1.3　THERM 进行幕墙横梁建模计算（步骤与立柱一致）

幕墙横梁建模计算结果见式 15 和式 16。

$$U_f=\frac{L_f^{2D}-U_p·b_p}{b_f}=2.112\text{W/(m²·K)} \quad (15)$$

$$\Psi=L_\Psi^{2D}-U_f·b_f-U_g·b_g=0.139\text{W/(m·K)} \quad (16)$$

2.1.4　整幅幕墙的计算

整幅幕墙计算过程见式 17。

$$U_t=\frac{\sum U_g A_g+\sum U_f A_f+\sum\Psi l_\Psi}{A_t}$$

$$=\frac{1.495\times1.33\times2.03+[(6.459\times0.035\times4.2)+(2.112\times0.035\times2.8)]+[(0.119\times4.2)+(0.139\times2.8)]}{1.4\times2.1}$$

$=2.068\mathrm{W/(m^2 \cdot K)}$。 (17)

经过计算，整幅幕墙传热系数为 $2.055\mathrm{W/(m^2 \cdot K)}$。

2.2 美国 NFRC 体系传热系数的计算方法

利用 WINDOW 进行中空玻璃传热系数计算（步骤同国标，环境边界条件选择 NFRC 100）玻璃传热系数 U_g 为 $1.484\mathrm{W/(m^2 \cdot K)}$，如图 21 所示。

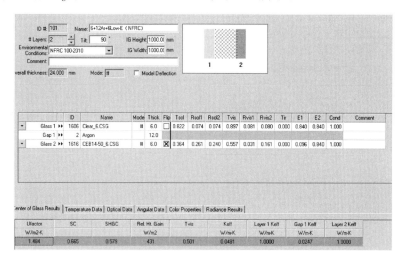

图 21 中空玻璃传热系数计算

THERM 进行立柱、横梁框传热系数及边缘传热系数计算（环境边界条件选择 NFRC 100）立柱的框传热系数和边缘传热系数（边缘宽度为 63.5mm）结果如图 22 所示。

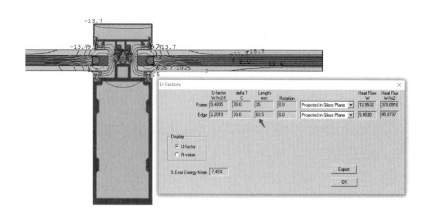

图 22 按部位读取立柱框传热系数结果

横梁的框传热系数和边缘传热系数（边缘宽度为 63.5mm）结果如图 23 所示。

WINDOW 进行整幅幕墙传热系数计算，整幅幕墙传热系数为 $2.148\mathrm{W/(m^2 \cdot K)}$，如图 24 所示。

以上是采用国标体系和美标 NFRC 体系进行幕墙（窗）传热系数的计算，两种计算方法的区别在于国标需要计算线传热系数而美标需要计算边缘传热系数。但追根溯源，都基于玻璃在嵌入幕墙（窗）框的位置会受到框的因素的影响，两种方法都力求通过计算反映出真实的情况。作为设计人员，可在学习计算方法的同时，深刻理解规范的内容，不仅有利于对计算结果的分析，而且对优化节点设计有所帮助。

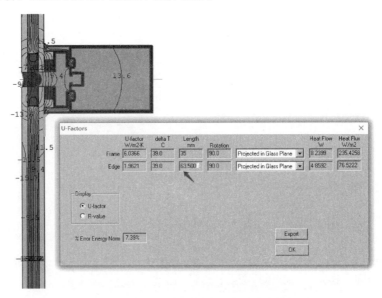

图 23　按部位读取横梁框传热系数结果

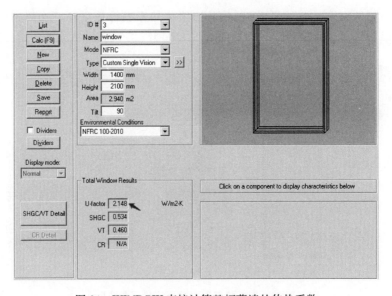

图 24　WINDOW 直接计算整幅幕墙的传热系数

参考文献

［1］　中华人民共和国住房和城乡建设部．建筑门窗玻璃幕墙热工计算规程：JGJ/T 151—2008［S］．北京：中国建筑工业出版社．

[2] 马扬，杨士超，杨华秋．中外建筑门窗幕墙热工计算标准体系[J]．中国建筑金属结构．2011(02)：33-38.

[3] THERM 6.3/WINDOW 6.3 NFRC Simulation Manual

作者简介

徐涛（Xu Tao），女，1973 年 9 月生，高级工程师，研究方向：建筑幕墙设计；北京市建筑设计研究院有限公司；北京市西城区南礼士路 62 号；100045；xutao1@biad.com.cn。

白飞（BaiFei），男，1972 年 7 月生，高级工程师，研究方向：建筑幕墙设计；北京市建筑设计研究院有限公司；北京市西城区南礼士路 62 号；100045；baifei@biad.com.cn；。

四、材料性能篇

填充高沸硅油对中空玻璃硅酮
结构胶的老化性能影响的研究

胡 帅 蒋金博 罗 银 何伟杰

广州市白云化工实业有限公司 广东广州 510540

摘 要 本文通过试验和测试分析了填充高沸硅油对中空玻璃硅酮结构胶性能的影响。分别采用二甲基硅油与高沸硅油制备的中空玻璃硅酮结构胶进行对比试验，考察了其加速老化后的粘结性能、硬度、暴晒老化性能、泡水性能。试验结果表明：填充高沸硅油会对中空玻璃硅酮结构胶的使用寿命和粘结稳定性造成不利影响。

关键词 硅酮结构密封胶；高沸硅油；老化性能

1 前言

中空玻璃其大方美观的装饰效果，普遍为商业和办公楼建筑所青睐。用于中空玻璃间起密封粘结作用的中空玻璃硅酮结构胶经过产业界研究者的共同努力，我国中空玻璃硅酮结构胶产业现已初具规模，但是，长期以来快速粗放的发展也产生了一些问题。有部分企业为了降低生产成本，在中空玻璃硅酮结构胶配方中使用价格较低的高沸硅油替代二甲基硅油，使其耐候性、力学性能及老化性等均受到很大的影响，给建筑玻璃幕墙的工程质量埋下隐患，不利于此行业长期稳定的发展。

高沸硅油是甲基氯硅烷单体合成过程中产生的高沸点混合物，通常是酱色、带有刺激性气味并具有强烈腐蚀性的混合液体，包含大约 30 多种硅烷混合物，这类高沸硅油产品中仍含有氯原子，产品呈酸性，残余有多种可反应基团，同时还含有大量的有机硅小分子等。二甲基硅油则是一种化学性质稳定，具有生理惰性，耐高低温性能良好，常被作为硅酮密封胶的增塑剂。

为了规范高沸硅油的技术指标及应用，中国氟硅有机材料工业协会提出了团体标准《高沸硅油》（T/FSI 007—2017），此标准未提及高沸硅油可以用于硅酮结构胶领域。高沸硅油主要用于制备硅油、有机硅防水剂、有机硅树脂及有机氯硅烷单体的混合物等。部分企业受利益驱使，采用价格相对低廉的高沸硅油制备硅酮结构胶，但未对高沸硅油添加后对中空玻璃硅酮结构胶的影响进行系统测试，缺乏可靠性验证、耐老化性能的研究等。对此，本文对中空玻璃硅酮结构胶中填充高沸硅油后的基本力学性能及老化性能进行了相应研究。

2 试验部分

2.1 主要原材料

α，ω－二羟基聚二甲基硅氧烷（107 胶），10000mPa·s，内蒙古恒业成有机硅有限公司；二甲基硅油（PDMS），350mPa·s，唐山三友硅业有限责任公司；纳米碳酸钙，山西兰花华明纳米材料有限公司；重质碳酸钙，广西科隆粉体有限公司；二月桂酸二丁基锡，吉林华信化工；高沸硅油，市售。

2.2 仪器及设备

试验型捏合机：NHZ-5，佛山市金银河机械设备有限公司；万能拉力试验机：CMT4304 型，深圳三思纵横科技股份有限公司；行星分散搅拌机，ZKJ-2，江阴市双叶机械有限公司；双离心混合机：DACC 600.2V，上海均值进出口有限公司；水-紫外线辐照试验箱：河南建材研究设计院；橡胶硬度计：LX-A 型，上海市六菱仪器厂。

2.3 试验部分

A 组分制备：将 107 胶 100 份，活性纳米碳酸钙 70 份，活性重质碳酸钙 60 份，二甲基硅油 10 份加入捏合机并升温至 90℃，充分混合 60min，制得 A 组分。保持其他条件不变将二甲基硅油替换为高沸硅油得到填充高沸硅油的 A 组分。

B 组分制备：将适量的炭黑、硅油混合，120℃条件下进行反应持续 60min 形成基料，再将混合好的复配偶联剂，复配交联剂，催化剂投入行星机中，真空条件下充分混合，制得 B 组分，密封储存。

制得的 A、B 组分按照体积比 10：1 于真空下混合均匀制成样胶，按《建筑密封材料试验方法》（GB/T 13477.8—2017）制备成 H 形试片。本文将以上填充二甲基硅油的硅酮结构胶命名为试样 A，填充高沸硅油制备的硅酮结构胶命名为试样 B。

2.4 测试

2.4.1 拉伸粘结性测试

试片在标准条件（温度：23℃±2℃，相对湿度：50％±5％）养护 28d 后按《建筑用硅酮结构密封胶》（GB 16776—2005）中 6.8.4 条规定进行测试。

2.4.2 水-紫外线光照测试

水-紫外线光照后的拉伸粘结性测试按照 GB 16776 中 6.8.8 条进行测试。

2.4.3 加速老化测试

取制备的试片放置于 70℃烘箱保持 14d，取出后置于试片在标准条件（温度：23℃±2℃，相对湿度：50％±5％）养护 24h 后进行拉伸粘结性测试。

2.4.4 暴晒测试

制备的试片养护结束后置于户外试验暴晒场（广州，典型亚热带湿热气候特征）进行自然老化 6 个月暴晒测试。暴晒结束后分别选取一组进行拉伸粘结性测试，另一组对其进行 2.4.2 条中水-紫外线光照测试。

3 结果与讨论

3.1 填充高沸硅油对中空玻璃硅酮结构胶常温拉伸粘结性影响

目前《中空玻璃用硅酮结构密封胶》（GB 24266—2009）对中空玻璃硅酮结构胶各项性能指标有明确规定，由表 1 可知高沸硅油的添加对中空玻璃硅酮结构胶初始拉伸粘结强度、粘结性、硬度影响很小，其拉伸强度分别为 0.83MPa 和 0.82MPa，且粘结面积均为全粘结，硬度基本一致。但填充高沸硅油会使中空玻璃硅酮结构胶最大强度伸长率降低，最大强度伸长率由 125％降低至 98％。通过上述结果分析，填充高沸硅油的样品 B 测试结果能符合

《中空玻璃用硅酮结构密封胶》（GB 24266—2009）的要求，用户在前期使用时很难发现差异，为了考察填充高沸硅油的中空玻璃硅酮结构胶长期使用情况，本文对其进行了加速老化后的相关应用性能进行了研究。

表 1　填充高沸硅油对中空玻璃硅酮结构胶常温拉伸粘结性能的影响

样品	23℃拉伸强度（MPa）	最大强度伸长率（%）	硬度（A）	粘结面积（%）
试样 A	0.83	125	47	100
试样 B	0.82	98	47	100

3.2　填充高沸硅油对中空玻璃硅酮结构胶水-紫外线光照影响

中空玻璃硅酮结构胶在实际工程使用中会长期面临紫外线照射、雨水侵蚀。为了模拟试样 A 和试样 B 在室外环境下老化后性能变化情况，对两组试样进行了水-紫外线光照测试，从图 1 可得经过水-紫外线光照 300h 测试后，试样 A 的粘结面积测试结果前后均为 100％粘结，试样 B 的粘结面积测试结果则由 100％下降至 96％。

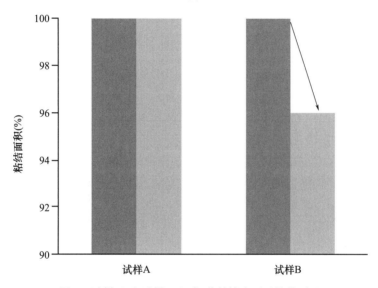

图 1　试样 A 和试样 B 经水-紫外线光照后性能对比

3.3　填充高沸硅油对中空玻璃硅酮结构胶 70℃加速测试影响

为了进一步研究填充高沸硅油对中空玻璃硅酮结构胶老化后性能的影响，对试样 A 和试样 B 进行 70℃加速测试结果如图 2 所示。

对比可以发现，经过 70℃热氧老化 14d 后，使用二甲基硅油试样 A 的粘结面积测试结果前后均为 100％粘结，试样 B 的粘结面积测试结果则由 100％下降至 95％。

3.4　填充高沸硅油对中空玻璃硅酮结构胶常温养护后力学性能的影响

将表 2 数据与初始表 1 数据对比可得，添加二甲基硅油的试样 A 在长期养护后，其硬度、拉伸强度略有上升，最大强度伸长率略有下降。而对于添加高沸硅油的试样 B，其强度、硬度增长均高于试样 A。试样 B 的最大强度伸长率从 98％下降到 75％，硬度由 47 升至 55。通过表1、表2数据对比分析可得，填充高沸硅油对中空玻璃硅酮结构胶长期养护后的应用性能会造成一定影响，随着使用时间的延长，填充高沸硅油的中空玻璃硅酮结构胶更容易变硬和脆化。

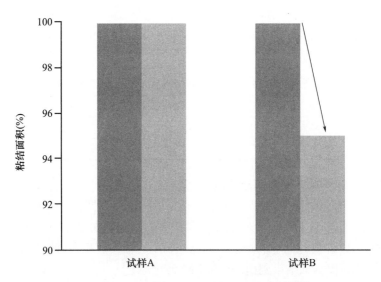

图 2　试样 A 和试样 B 经 70℃加速测试后性能对比

表 2　填充高沸硅油对中空玻璃硅酮结构胶养护 6 个月后力学性能的影响

样品	23℃拉伸强度（MPa）	最大强度伸长率（%）	硬度	硬度增长率（%）
试样 A	0.92	117	49	4.26
试样 B	0.96	75	55	17.02

3.5　填充高沸硅油对中空玻璃硅酮结构胶暴晒老化性能影响

为了模拟中空玻璃硅酮结构胶在工程中的实际使用情况，将试样 A 和试样 B 进行自然暴晒试验，将表 3 数据与初始表 1 数据对比可得，自然暴晒 6 个月后，试样 A 的最大强度伸长率下降了 9.4%，试样 B 的最大强度伸长率下降了 31.1%。试样 A 的硬度由 47 增长至 51，试样 B 的硬度则由 47 增长至 63。且自然暴晒 6 个月后，使用二甲基硅油试样 A 的粘结面积测试结果前后均为 100%粘结，而添加高沸硅油试样 B 的粘结面积测试结果则由 100%下降至 97%。

表 3　填充高沸硅油对中空玻璃硅酮结构胶暴晒后的影响

样品	23℃拉伸强度（MPa）	最大强度伸长率（%）	粘结面积（%）	硬度
试样 A	0.98	106	100	51
试样 B	1.05	70	97	63

为了模拟中空玻璃硅酮结构胶在较为严格条件下的使用情况，我们将经过自然暴晒试验后的试样 A 和试样 B 再次进行了 300h 的水-紫外线光照测试，结果如图 3 所示。

可以发现在较为严格的条件下，使用二甲基硅油试样 A 的粘结面积测试结果由 100%下降至 88%，而添加高沸硅油试样 B 的粘结面积测试结果则由 100%下降至 45%。根据以上测试结果可得，填充高沸硅油对中空玻璃硅酮结构胶的老化性能影响很大，试样 B 性能下降非常明显，不粘结面积进一步扩大，长期应用中会存在很大的质量隐患。

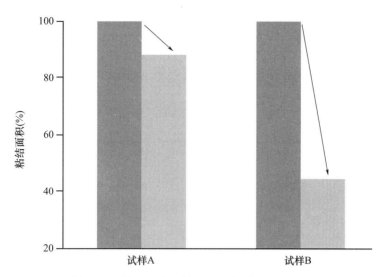

图3　试样 A 和试样 B 经自然暴晒再经水-紫外线光照后性能对比

经过以上几种加速老化测试后，填充高沸硅油后的中空玻璃硅酮结构胶对比填充二甲基硅油的中空玻璃硅酮结构胶各项性能均有下降，这种现象可能是高沸硅油在中空玻璃硅酮结构胶中的相容性差于二甲基硅油，并且高沸硅油中包含的多种硅烷混合物如含 Si-H 键等物质，也会导致密封胶耐老化性能下降。因此，为了保证中空玻璃硅酮结构胶在工程中的使用质量，用户应注意不要使用填充高沸硅油的中空玻璃硅酮结构胶。

4　结论

（1）填充高沸硅油到中空玻璃硅酮结构胶中其初始力学性能满足标准要求，但对中空玻璃硅酮结构胶的老化性能影响较大，从老化后性能的对比分析，填充高沸硅油会造成产品硬度上升，伸长率降低，粘结性下降，长期应用会有很大的安全隐患。

（2）目前行业内对填充高沸硅油到中空玻璃硅酮结构胶的影响无系统性研究，笔者在此建议用户不要选择填充高沸硅油的中空玻璃硅酮结构胶产品，也希望行业内能加强监管，对中空玻璃硅酮结构胶的性能进行严格检测。

参考文献

[1]　韦远怡，陈炳耀，彭小琴，等 . 硅酮胶在工业领域的应用研究[J]. 粘接，2021，46(06)：21-24.

[2]　周平，邝淼，汪洋，等 . 填充矿物油对硅酮密封胶老化性能影响分析[J]. 合成材料老化与应用，2017，46(S1)：33-37，46.

[3]　徐芸莉，吴东亮，王一飞，等 . 建筑用单组分硅酮胶产品质量安全风险研究[J]. 中国胶粘剂，2019，28(09)：38-42

[4]　熊艳锋，宋维君，张宁 . 有机硅高沸物的综合利用[J]. 工业催化，2006(09)：50-53.

[5]　王莹 . 硅酮密封胶用二甲基硅油的制备及应用性能[J]. 化工技术与开发，2021，50(Z1)：19-21.

[6]　国庆，谷佳占，汪进 . 有机硅高沸物利用的研究进展[J]. 山东化工，2015，44(17)：40-43.

[7]　Syao O，Malysheva G V. Properties and application of rubber-based sealants[J]. Polymer Science Series D，2014，7(3)：222-227.

作者简介

胡帅（Hu Shuai），男，湖南常德人，1993 年 8 月生，硕士研究生，研究方向：有机硅密封胶配方开发；工作单位：广州市白云化工实业有限公司；地址：广州市白云区广州民营科技园云安路 1 号；邮编：510540；联系电话：13203111658；E-mail：hushuai@china-baiyun.com。

浅析玻璃幕墙结构胶失效原因

王　涛　朱　涛　窦锦兵　魏新海　房娜娜
山东沃赛新材料科技有限公司　山东潍坊　262600

摘　要　玻璃幕墙玻璃与副框粘结主要依靠硅酮结构密封胶，在使用过程中承受玻璃自重、风压及温差变形引起内应力等，硅酮结构密封胶关系到幕墙安全使用寿命，我们从施工、选材等方面系统分析，并通过比对找出防范措施。
关键词　结构胶选用；施工控制；不规范示例

1　引言

随着我国建筑业的快速发展，玻璃幕墙建筑非常受欢迎，特别是我国建筑幕墙行业从20世纪80年代开始兴建，一直到现在已成为世界第一玻璃幕墙生产国和使用国。硅酮建筑结构胶在玻璃幕墙中将玻璃与金属框架连接在一起，起结构性粘结作用，传递并承担主体结构应力及各种载荷，保证玻璃幕墙安全性。由于施工控制不严格，结构胶选择不规范从而导致胶与副框出现不粘、胶体变硬、变脆等问题时有发生，我们将这些问题分类讨论分析，可有效提升玻璃幕墙安全性。

2　施工质量控制

2.1　相容性粘结性测试

硅酮结构密封胶使用前要按照《玻璃幕墙工程技术规范》（JGJ 102—2003）与基材做相容性粘结性试验。标准依据为《建筑用硅酮结构密封胶》（GB 16776—2005）中附录 B 进行测试（图 1）

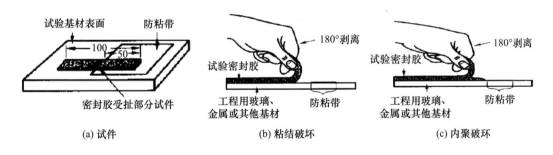

图 1　粘结性试验

做该项测试的目的：硅酮结构密封胶在使用前，必须进行与其相接触材料的相容性和剥离粘结性试验，确认是否粘结良好，以及确认相应的施工控制流程，比如选择的施工环境、拉断试验以及基材的处理方式等过程控制。

因副框多为铝合金，铝合金表面处理方式多样，容易导致结构胶与基材粘结性出现问题，通过表 1 和图 2 展示不同处理方式对粘结性的影响。

表 1   不同处理方式对粘结性的影响

项目	表面未处理	表面打磨	表面涂底漆	表面打磨＋底漆
结构胶	－	－	－	△

注：△代表内聚破坏；－代表粘接破坏

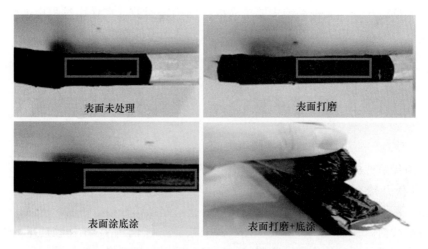

图 2   附框不同处理方式后与结构胶粘接情况对比

2.2   割胶试验

成品割胶试验是最终确定结构密封胶施工质量，判定结构密封胶应用是否合格的依据，根据《建筑用硅酮结构密封胶》（GB 16776—2005）中附录 D 进行测试（图 3）

图 3   割胶试验

每个工程的割胶频率根据施工情况自行决定。如发现施胶不饱满（图 4a）、施胶厚度不符合设计值（图 4b）、结构胶未固化导致附框错位（图 4c）、粘结不稳定（图 4d）、存在气泡（图 4e）问题，应及时停工查找原因。

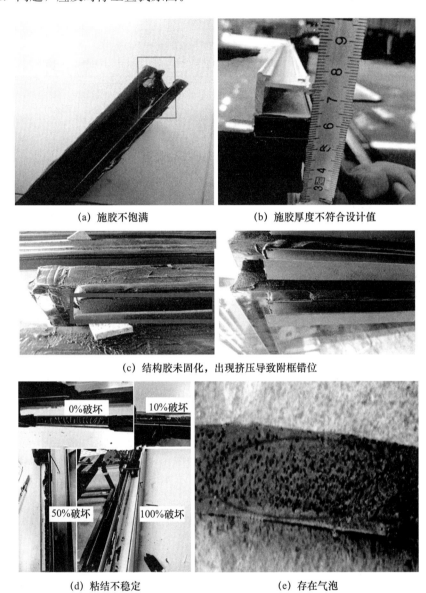

(a) 施胶不饱满　　　　　　　　　　(b) 施胶厚度不符合设计值

(c) 结构胶未固化，出现挤压导致附框错位

(d) 粘结不稳定　　　　　　　　　　(e) 存在气泡

图 4　结构胶施工存在的问题

3　结构胶选用

符合高标准规范的产品保证安全性和耐久性，选用结构胶主要考虑的因素为粘结性、拉伸强度、最大拉伸强度时伸长率以及耐久性。前三个因素在《建筑用硅酮结构密封胶》（GB 16776—2005）中有严格规定，但硅酮结构胶在使用过程中不可避免的要受到紫外线、冷热、盐雾、机械应力、腐蚀等外界环境因素的影响，使得结构胶性能变差，慢慢丧失其作

用。《建筑幕墙用硅酮结构胶密封胶》（JG/T 475—2015）引入了盐雾、酸雾、清洁剂老化试验（表 2），增加了撕裂、蠕变等力学性能的变化检测（表 3）。在评价硅酮胶老化后性能时，不仅要求其性能指标不小于某一值，而且要求性能的衰减不能过快，至少要保持标准条件下性能的 75%。因此我们在选用结构胶时既要考虑安全性，耐久性也是重要指标之一，否则造成玻璃幕墙安全隐患。

表 2　环境因素对密封胶加速老化方面

	检测项目	GB 16776		检测项目	JG/T 47
拉伸粘结性（MPa）	90℃（1h）	≥0.45	拉伸强度比值	80℃（24h）	≥75
	−30℃（1h）	≥0.45		−20℃（24h）	
	浸水后（23℃去离子水 7d）	≥0.45		紫外线光照（1008h）	
	紫外线光照后（300h）	≥0.45		NaCl 盐雾（480h）	
	/	/		SO₂ 酸雾（20d* 8h）	
	/	/		清洗剂（45℃，21d）	
	/	/		100℃，7d 高温	
	/	/		烷烃增塑剂	无

表 3　力学因素对密封胶加速老化方面

GB 1677		JG/T 475	
拉伸	风荷载、地震作用	拉伸	风荷载、地震作用
		剪切	重力剪切受力
		撕裂	密封胶产生缺口情况
		疲劳循环	密封胶在受力和位移往复疲劳循环
		蠕变性能	非支承系统中在风荷载地震作用以及持久重力作用下

　　我们选用的结构胶不仅要通过《建筑用硅酮结构密封胶》（GB 16776—2005），还要通过更严苛的《建筑幕墙用硅酮结构胶密封胶》（JG/T 475—2015）的产品。该标准大幅提高了结构胶应具备的耐久性要求，且明确提出了 25 年的质保年限。

4　结语

　　综上所述，本文提出了结构胶失效的几个重要节点，这就要求结构胶在实际的应用过程中，应确保施工质量控制，选择合适有保障的结构密封胶，最终杜绝玻璃幕墙结构胶失效问题出现。

参考文献

[1]　全国轻质与装饰装修建筑材料标准化技术委员会．建筑用硅酮结构密封胶：GB 16776—2005[S]．北京：中国标准出版社，2005．

[2]　中国建筑科学研究院．玻璃幕墙工程技术规范：JGJ 102—2003[S]．北京：中国标准出版社，2006．

幕墙用铜板及铜型材加工工艺研究

杨廷海　罗文丰　荆其成　夏金龙　王绍宏　李　淼
北京佑荣索福恩建筑咨询有限公司　北京　100079

摘　要　铜材在建筑幕墙上使用日趋频繁。在设计、选材、加工等环节，其独特的物理特性决定了其机械力学性能、加工特性、耐候稳定性、涂料附着力等方面都有别于铝板、不锈钢板等传统的建筑外饰面金属装饰材料，必须加以深入研究并制定特定的生产加工工艺，才能保证最终呈现的幕墙产品安全可靠，美观耐久。本文以铜板幕墙工程为例，介绍幕墙铜板及铜型材的生产加工工艺。

关键词　幕墙；铜板；铜型材；着色；喷涂；检测；试验；组装

1　引言

铜质幕墙以其大气磅礴、金碧辉煌的高贵气质被建筑行业广泛推崇，越来越多应用于高档酒店、场馆、商业会所等建筑。铜板饰面所独具的自然的色彩、丰富的肌理表现力都是其他金属、石材以及各种人造板材所无法模拟的，有些铜板的饰面处理方式可以在其漫长的生命周期中的不同阶段呈现不同的色泽韵味，其高贵典雅的气质和灵动变化的活力深受建筑师的青睐。

铜质幕墙主要以铜板及铜型材呈现，但在国内，用于幕墙的铜板和型材的加工制作还没有推出相应的指导标准及规范，在基材的选择、加工成型、上色或做旧、喷涂封装、试验检验、加强加固、包装保护等整套工艺上，需要通过制作样件和样板摸索出切实可行、具有经济性和可操作性的工艺流程，为实际工程大批量生产加工铜板提供成熟经验和质量保障。

某幕墙工程就是面临这一情况。经过建筑创意设计师和幕墙顾问、幕墙施工团队的推敲和打磨，最终确定了整个建筑外立面使用特殊效果处理的铜板这一方案。概念和可行性基本没有问题了，但使用近 2 万 m² 规模的昂贵铜板，建设、设计、施工各方都会高度重视，需要慎而又慎、不容闪失。因此，我们技术团队进行了大量的调研、论证和试制，获得了铜板幕墙的设计、制作和安装的第一手资料，为后续成功完成这一大型铜板幕墙项目奠定了坚实基础。

2　基材的选择

用于幕墙饰面板及造型的铜材，必须有良好的强度、刚度等力学性能和良好的机械加工性能，以保证达到幕墙要求；经过调研，最终确定采用 1.5mm 厚 H62 黄铜作为板材基材，用 H59 黄铜作为型材基材。

H59、H62 黄铜具有非常好的力学性能，热态塑性较好，冷态塑性亦佳，切削加工性好，可钎焊、焊接，适当条件下具有良好的耐蚀性。

3 样板墙的制作

图 1 为实体样板房。

图 1 完成后的 1∶1 实体样板

3.1 工艺流程

经过实地考察和深入研究，工艺如下：

(1) 放样下料：放样→下料→折边成型→焊接→打磨修整→检验；

(2) 预处理：拉丝打磨→露出金属光泽→清洗→检验；

(3) 氧化着色：浸渍上色→冲洗→二次着色→定色、冲洗→风干→贴膜→检验；

(4) 表面封闭：24h 内双面粉末喷涂（无色透明）→烘干→检验；

(5) 加强筋：铝方管下料组框→3M 胶带粘结→两侧打胶→成品检验；

(6) 成品包装：成品贴膜→贴标签→成品软包装→整件硬包装→入库（待发运）。

外墙铜板加工详图如图 2 所示。

3.2 样板墙制作获得的经验

(1) 铜板氧化着色后必须马上贴包装膜，防止氧化做旧表面同大气接触变暗。

(2) 铜板氧化着色后必须在 24h 内实现粉末喷涂，否则一方面颜色会随着时间的推移变暗；另一方面铜板表面形成氧化膜，影响粉末喷涂的附着力。

(3) 氧化着色受阴雨天气影响比较大，空气相对湿度大的条件下铜板氧化着色后颜色变化很快，阴雨天需停产。

4 铜板无色粉末喷涂附着力试验

建筑师要求铜板着色后表面用无色粉末漆双面固封，使铜板与大气隔绝，防止铜板腐蚀和继续变色。但各大涂料厂商均没有铜表面喷涂经验，不出具工程质保文件，只出具涂料质保证书。

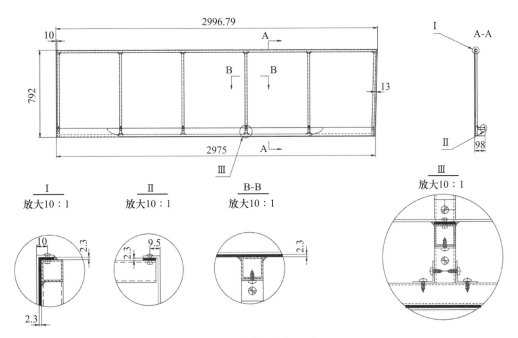

图 2　外墙铜板加工图

此情形要求我们尽快完成样板墙铜板的制作与喷涂，然后用大概一年的时间来观察实际涂层的可靠度。

涂层性能的实验室检测项目见表 1。

表 1　某幕墙工程"铜板喷涂质量检测"检测项目及试验要求

检测项目		板块大小	板块数量	试验时长	执行标准
涂层厚度		—	—	—	《铝合金建筑型材 第4部分：喷粉型材》（GB 5237.4—2017）
附着性	干附着性	150mm×75mm	3块	—	《铝合金建筑型材 第4部分：喷粉型材》（GB 5237.4—2017）
	湿附着性	150mm×75mm	3块		
	沸水附着性	150mm×75mm	3块		
耐盐雾腐蚀性		150mm×75mm	3块	1000h	《铝合金建筑型材 第4部分：喷粉型材》（GB 5237.4—2017）
耐湿热性		150mm×75mm	3块	1000h	《铝合金建筑型材 第4部分：喷粉型材》（GB 5237.4—2017）
加速耐候性		140mm×65mm	3块	1000h	《铝合金建筑型材 第4部分：喷粉型材》（GB 5237.4—2017）

4.1　涂层厚度检测

（1）铜板装饰面上涂层最小局部厚度≥40μm。

（2）涂层厚度按《非磁性基体金属上非导电覆盖层厚度测量涡流法》（GB/T 4957—2003）规定的方法进行测量。

（3）选取不少于 5 个测量点测定涂层厚度，每个测量点需测量至少 3 个数值。将平均值记为该点局部膜厚测量结果。

4.2　干附着性检测

（1）涂层的干附着性应达到 0 级（切割边缘完全平滑，无一脱落）。

（2）按《色漆和清漆 划格试验》（GB/T 9286—2021）的规定划格，划格间距为 2mm。

（3）将粘结力大于 10N/25mm 的粘胶带覆盖在划格的涂层上，压紧胶带以排去粘胶带夹杂的空气，然后以垂直于涂层表面的角度快速拉起粘胶带，按《色漆和清漆 划格试验》（GB/T 9286—2021）评级。

4.3　湿附着性

（1）涂层的湿附着性须达到 0 级（切割边缘完全平滑，无一脱落）。

（2）按《色漆和清漆 划格试验》（GB/T 9286—2021）的规定划格，划格间距为 2mm。

（3）将试件置于 38℃±5℃ 且符合《分析实验室用水规格和试验方法》（GB/T 6682—2008）规定的三级水中浸泡 24h，取出并擦干试样，在 5min 内将粘着力大于 10N/25mm 的粘胶带覆盖在划格的涂层上，压紧以排去粘胶带下的空气，然后以垂直于涂层表面的角度快速拉起粘胶带，按《色漆和清漆 划格试验》（GB/T 9286—2021）评级。

4.4　沸水附着性

（1）涂层的沸水附着性应达到 0 级（切割边缘完全平滑，无一脱落）。

（2）按《色漆和清漆 划格试验》（GB/T 9286—2021）的规定划格，划格间距为 2mm。

（3）将符合《分析实验室用水规格和试验方法》（GB/T 6682—2008）规定的三级水注入烧杯至约 80mm 深处，并在烧杯中放入 2～3 粒清洁的碎瓷片，在烧杯底部加热至水沸腾。

（4）将试样悬立于沸水中煮 20min，试样应在水面 10mm 以下，但不能接触容器底部。在试验过程中保持水温不低于 95℃，并随时向杯中补充煮沸的符合《分析实验室用水规格和试验方法》（GB/T 6682—2008）规定的三级水，以保持水面高度不低于 80mm。

（5）取出并擦干试样，在 5min 内将粘着力大于 10N/25mm 的粘胶带覆盖在划格的涂层上，压紧以排去粘胶带下的空气，然后以垂直于涂层表面的角度快速拉起粘胶带，按《色漆和清漆 划格试验》（GB/T 9286—2021）评级。

4.5　耐盐雾腐蚀性

（1）经 1000h 的乙酸盐雾试验后，目视检查试验后的涂层表面，应无起泡、脱落或其他明显变化，划线两侧单边渗透腐蚀宽度应不超过 4mm。

（2）在试样上沿对角线划两条交叉线，深至基材，线段不贯穿试样对角，线段各端点与相应对角成等距离，然后按《人造气氛腐蚀试验 盐雾试验》（GB/T 10125—2021）进行乙酸盐雾试验，至规定的试验时间后，目视检查涂层表面，并检查膜下单边参透的程度。

4.6　耐湿热性

（1）经 1000h 的湿热试验后，目视检查试验后的涂层表面，应无起泡、脱落或其他明显变化。

（2）按《漆膜耐湿热测定法》（GB/T 1740—2007）的规定进行试验，试验温度 47℃±1℃。

4.7　加速耐候性

（1）经 1000h 的氙灯照射人工加速老化试验后，变色程度 $\Delta E_{ab}^* \leq 5$，光泽保持率 ＞50％；

（2）按 GB/T 1865—2009 中方法 1 的规定进行氙灯加速耐候试验。按《色漆和清漆 不含金属颜料的色漆漆膜的 20°、60°和 85°镜面光泽的测定》（GB/T 9754—2007）测量光泽值。按《色漆和清漆 涂层老化的评级方法》（GB/T 1766—2008）评定变色程度。

经实验室检测，性能和颜色无显著变化（图 3），并出具了检测报告。

结论：从试验结果看，无色粉末喷涂铜板基本具备用于大气环境的可行性，附着力和耐候性（除了"耐盐雾腐蚀"项外）基本满足规范要求。

图 3　粉末喷涂铜板置于大气 90d 颜色、涂层无变化

5　结构胶、耐候胶的相容性、粘结力试验

结构胶能否和 H62 黄铜相容并保持良好的粘结性能，是本次研究的重点。3mm 甚至更薄的粘结厚度不满足幕墙规范的要求，结构胶能否在铜材应用上发挥良好的力学性能需要证实。试验室依据标准的试验程序进行了相应试验，并出具了检测报告，证明普通结构胶、耐候胶与 H62 黄铜基材的粘接性和相容性能良好，粘结厚度在 2～3mm 时仍然有正常的较好的粘结强度（图 4）。

图 4　结构胶与 H62 黄铜基材粘结良好

6 铜板、阳极氧化铝加强筋与 4945 型 3M 胶带粘结试验

本工程室外铜板幕墙采用 1.5mm 厚双面喷涂铜板，背衬的边长 20mm 铝方管加强筋采用 3M 胶带粘结在铜板背面。铜板内表面也为喷涂面，为提高粘结力基底涂底涂液。

经试验室按标准程序检测，3M 胶带满足粘结强度要求，且出具了检测报告（图 5）。

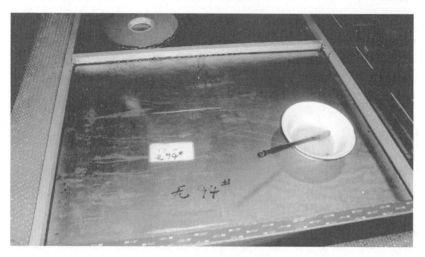

图 5　铜板与 3M 胶带粘结试验

7 耐候性试验

取粉末喷涂铜板、阳极氧化铝加强筋与 4945 型 3M 胶带的粘接，置于大气下 90d（暴晒、雨水等）无粘结性能失效现象。3M 胶带长 130mm，宽 15mm，置于大气中 90d。通过试验、样板墙的制作及后期耐候性试验得知，粉末喷涂铜板、阳极氧化铝加强筋与 4945 型 3M 胶带的粘结力、耐候性良好（图 6）。

图 6　耐候试验

8 异形铜板的设计与加工工艺研究

8.1 铜板折弯 R 角的控制

建筑效果要求铜板折弯的 R 角尽可能要小。

首先我们尝试了板背面刨槽后折弯，但由于铜板较薄（1.5mm），刨槽折弯后局部有开裂现象；并且刨槽折弯的内侧还得进行焊接加固，但焊接加固后铜板正表面会出现焊接变形，影响外观效果；另外后面焊接留下的焊肉影响加强筋的粘结。综上，我们决定采取不刨槽折弯。一方面我们采用最小折弯刀具和最小折弯刀座，试验得出 1.5mm 铜板最小 R 角控制在 3.5～4mm；另一方面我们积极同业主、设计师沟通，解释各种利弊，同时做样件展示以证明不会影响建筑效果，最终取得各方认可。

8.2 铜板的焊接打磨

我们做了三个样件，采用氩弧焊，焊丝为剪板机裁剪下来的铜丝，第一个样件为未调整的正常的铝焊接电压，电压比较大，焊接咬肉和焊接变形现象比较严重；第二、第三个样件降低了焊接电压，焊接质量较好。铜板焊接后采用手砂轮对焊缝人工打磨，效果良好。

8.3 铜板的分批提料与套裁

通过考察调研，国内大的铜板生产商只能生产出最宽 1015mm 的铜板，可以是卷材也可以是板材。板材最多只能生产 3m 长。本工程所需的铜板宽度从 100～1015mm 不等，种类多达 30 多种，我们最终决定来料宽度为 600mm、800mm、900mm、1000mm、1015mm 五种规格。铜板展开长度 3m 以下的采用板材，3m 以上的采用卷材。铜板分批套裁，整张铜板套裁剩下的大块余料也需要编号登记造册，后续下料时从余料清单中套裁，能用尽用。

9 其他研究

9.1 大板幅铜板幕墙的设计与施工可行性研究

部分铜板幕墙分格板宽为 4.2m，东西立面为 4.7m 和 5.4m 的大板幅铜板幕墙在本工程中很多，这些超大板幅铜板给机械加工、氧化着色、粉末喷涂、粘结加强筋、运输、安装等带来麻烦。设计过程中我们采用小板块密缝插接方式得以圆满解决。

9.2 铜型材与铝型材开模的配合

本工程的铜型材全部涉及到和铝型材的配合扣接问题，铜型材严格按照上述技术标准及尺寸偏差进行控制。即使这样也不能保证铜型材的精度能达到铝型材的水平。我们一方面在铝型材设计时考虑了多次折弯，使得铝型材和铜型材扣接是有较大的弹性，另一方面我们先让铜型材厂家生产出少量产品交给铝型材厂家，

铝型材厂家按照铜型材的精度进行试做和修模，最终达到良好配合的目的。

9.3 货物的质量标准及验收相关技术要求

（1）力学性能、表面质量、弯曲试验等必须满足《铜及铜合金带材》（GB/T 2059—2017）。

（2）化学成分必须满足《加工铜及铜合金牌号和化学成分》（GB/T 5231—2022）。

（3）允许偏差必须满足《加工铜及铜合金板带材 外形尺寸及允许偏差》（GB/T 17793—2010）。

（4）表面质量应满足《铜及铜合金带材》（GB/T 2059—2017）的规定。

（5）不同批次带材，不能有肉眼可分辨的色差。

（6）铜带弯曲 180°和 90°的时，弯曲处表面不能有肉眼可见裂纹。深加工后的产品折边宽度≥15mm（多种）。

（7）带材厚度按国标提供负差产品，负差值范围见表 2；长度和宽度允许偏差按《加工铜及铜合金板带材 外形尺寸及允许偏差》（GB/T 17793—2010）执行。

（8）铜带来料后不再做开平处理，铜带外形应平直，侧边弯曲度≤2mm/m；另外铜带在平整地面上展开后，不可出现局部凹陷或肉眼可见的局部不平整。

（9）带材的边部应切齐，无裂边和卷边，无飞边毛刺。

9.3.1　铜型材开模质量控制

（1）H59 铜型材尺寸要求

技术要求中除图纸资料中有特殊要求，否则按表 2 执行。

表 2　铜型材尺寸及允许偏差

mm

截面尺寸（mm）		公差（mm）	截面尺寸（mm）		公差（mm）
大于	至		大于	至	
0	3	±0.14	18	30	±0.33
3	6	±0.18	30	50	±0.39
6	10	±0.22	50	80	±0.46
10	18	±0.27	80	120	±0.54

铜型材的长度尺寸按图文技术资料执行。铜型材的弯曲度不大于 1.5mm/m。铜型材的扭拧度按 GB/T 5237.1—2008 第 4.4.3 条表 11 中的普通级控制。

（2）铜型材表面质量要求

不同批次铜型材，不能有肉眼可分辨的色差。铜型材表面应无破损、凹陷、沙孔、杂质等。如果有缺陷，按表 3 要求检验。

表 3　有缺陷的铜型材检验要求及检验范围

缺陷名称	检验范围	表面质量要求
拉伤划痕	黄铜材表面	长≤30mm，深≤0.1mm，宽≤0.1mm，每 1m 允许有 2 条，拉痕长度方向间距 500mm，拉痕宽度方向间距半个周长
沙孔	黄铜材表面	直径≤0.1mm，深度≤0.1，在 25cm² 范围内允许有 2 点，间距≥30mm
	以 25cm² 为单位的缺陷个数在表面上分布	每 1m 允许的缺陷数≤2，缺陷数相距≥450mm
以上各类缺陷总和	面积不超过黄铜材表面（%）	≤3
裂缝	黄铜材表面	不允许
局部凹痕	黄铜材表面	不允许
杂质	黄铜材表面	不允许

注：1. 铜材表面的拉伤、划痕检验，不包括车加工外圆表面的产品。

2. 在抛光完工后，以目测检验产品表面，表面的沙孔或杂质点等缺陷影响到外观装饰性的，这样的不良产品按退货处理。

（3）化学成分检验

铜型材的化学成分应符合《加工铜及铜合金牌号和化学成分》（GB/T 5231—2022）标准中相应牌号的规定，供货的每批产品需提供材质化验符合性报告。

（4）力学性能分析

铜型材的力学性能符合相关规范要求，包括：《铜及铜合金拉制管》（GB/T 1527—2017）、《铜及铜合金拉制棒》（GB/T 4423—2020）、《铜及铜合金挤制管》（YS/T 662—2018）、《铜及铜合金挤制棒》（YS/T 649—2018）。

厂家需提供质量保证文件（如合格证、质量保证书等）作为验收依据，必要时也可由质检部抽样送专业检测机构进行"力学性能分析"，对其体现力学性能的元素含量进行检测［分析方法按《铜及铜合金拉制管》（GB/T 1527—2017）进行］。

（5）产品应试制及送样，甲方封样后方可批量生产，但仍按上述标准进行质量控制和验收。

9.3.2 铜型材色差、缺陷质量控制

做旧后的 H59 铜型材、H62 黄铜板不得有任何的磕碰、凹凸等影响产品质量外观的缺陷，否则返厂整改直至合格为止。

完成的 H59 铜型材、做旧 H62 黄铜板，同批次产品以及同种颜色的不同批次产品在 1m 的人眼视力范围内，经表面喷涂以后，不应有明显的做丝质量和着色色差。

已经表面喷涂的铜板，应无明显肉眼可见色差。

9.4 铜板的包装、防护、运输

成品铜板的包装采用软包装＋硬包装的方式，即制作完成后先用气垫膜包好，再用硬木箱装箱。包装箱贴标签编号，确保在每个环节中都有专人负责保管。

10 重点难点

（1）铜板"氧化着色"颜色着色后，必须在 24h 内实现喷涂。即便如此，氧化着色后的铜板也必须马上采用热风机立刻吹干铜板表面并无胶贴膜包装，延缓大气继续氧化。

（2）大量异形板、挑檐造型、灯槽造型、巨柱、凸窗等需要用 Solidwork 建实体模型进行下料，费时费力。需要决策方重视并投入适当技术力量进行大量拆图工作，技术人员在拆图过程中需随时和生产加工工艺部门做好"工艺落地"性讨论，确保加工图纸工艺可行。

（3）铜材比较贵重，需要准确地画出每一块铜板的加工图和放样出每一块铜板的展开图，着重依靠三维下料软件和套裁软件，并做好三级图纸审核，提高面材和线材的套裁率。

（4）在不改变建筑风格的基础上，对超大板块进行拆分并采取密缝插接，搭接方式为本工程自创，需要保证插接的紧致和平整。

11 结语

通过上述调研和大量样件样板制作，摸索出了幕墙铜板和铜型材切实可行的加工工艺方法和检验控制要求，为工程的实际运作打下了坚实的基础，成本得到了有效控制，大幅提高了利润，也为我们积累了类似工程的各方面经验。

保障房装配式建筑外墙对密封胶
性能及施工要求的研究

朱 涛 王 涛 窦锦兵 魏新海 刘 帅

山东沃赛新材料科技有限公司 山东潍坊 262600

摘 要 装配式建筑保障房是改变传统建筑方式向工业化发展的一体化建筑，装配式建筑外墙存在大量的拼接缝，包括横缝、竖缝，拼接缝很容易发生渗漏隐患，这就要求我们对防水密封材料提出了新的性能及施工要求。

关键词 装配式项目；密封胶性能要求；施工工艺要求

1 引言

装配式建筑是一个系统工程，是将预制构件、部品部件通过系统集成的方法，在工地装配并实现主体结构、围护结构、设备管线、装饰装修一体化的建筑。装配式建筑是指传统生产方式向现代工业化生产方式转变的过程。其基本内涵是以绿色发展为理念，以技术进步为支撑，以信息化管理为手段，以实现装配式建筑为目标，运用工业化的生产方式，将房屋建造的设计、开发、生产、施工、管理的全过程形成完整的一体化产业链，从而提高建筑工程的效率、效益和质量。

随着国家住宅产业化的要求越来越明确以及住房和城乡建设部新政策出台，国内许多城市已认识到这是发展现代经济的一个新起点，争先整合资源、出台政策，大力扶持。装配式建筑外墙存在大量的拼接缝，包括横缝、竖缝，拼接缝很容易发生渗漏隐患。同时，夹芯保温外墙板的不易修复性大大增加了装配式建筑渗漏治理的难度。因此，装配式建筑防水的关键是外墙拼接缝的密封防水。装配式建筑预制外墙接缝的防水一般采用构件防水和材料防水相结合的双重防水措施，而防水密封胶是外墙板缝防水的第一道防线，其性能直接关系到工程防水效果，因此在装配式建筑施工时，需要选择专业的、具有针对性的防水密封材料。因此装配式建筑对密封胶提出了新的性能及施工工艺要求。

2 保障房工程案例介绍

2.1 项目介绍

某产业人才共有产权房建设项目位于南京市浦口区桥林，项目基地北临丹桂路、东临秋韵路、南临浦乌路、西临步月路。本工程总占地面积为 186 亩，建筑面积 334777m²，其中地上约 229357m²，地下约 105420m²。由 1 号～21 号住宅楼、22 号楼木结构会所（包含游泳池、瑜伽健身房）、23 号楼主入口、24 号楼商业、地下车库、门卫室、配电房、社区中心组成。住宅套数共 1610 户。

2.2 建筑外墙拼缝设计概况

图纸设计外墙水平缝、竖向缝宽度均为 20mm，缝内清理干净填塞直径 25mm 圆形 PE 棒，打耐候密封胶，厚度 10mm 以上。

PC 构件防水做法：由外侧密封耐候胶、高低坎构造、内侧密封胶条构成防水体系

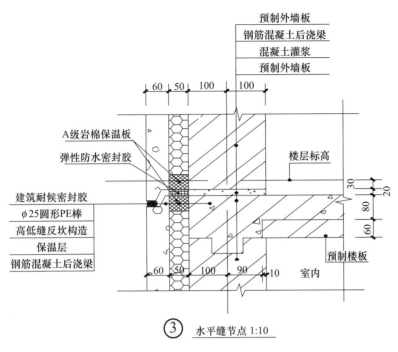

③　水平缝节点 1:10

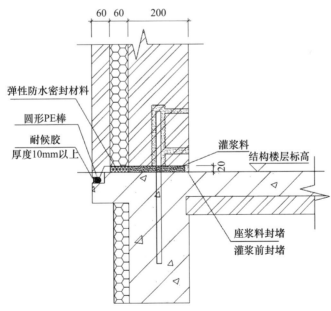

转换层预制构件水平缝防水构造详图

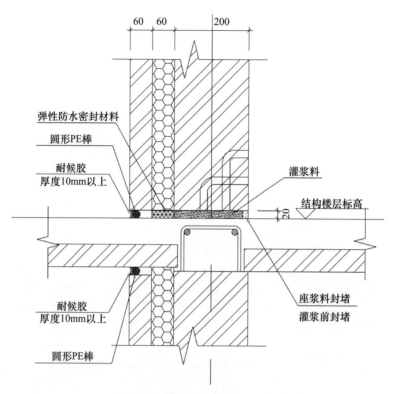

阳台处水平缝防水构造详图

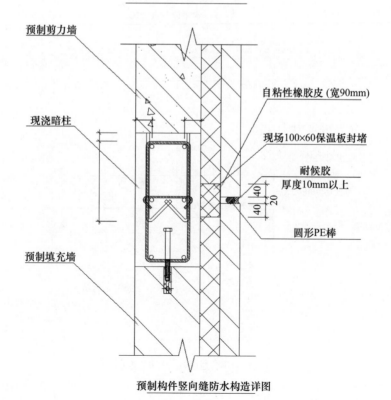

预制构件竖向缝防水构造详图

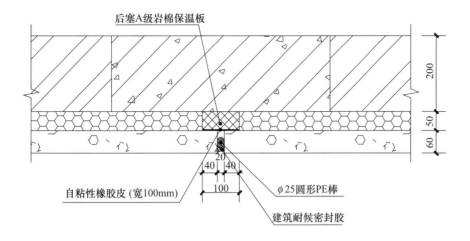

后塞A级岩棉保温板

200

50

60

自粘性橡胶皮（宽100mm）

φ25圆形PE棒

建筑耐候密封胶

④ PCF 竖向缝详图 1:10

3 装配式建筑用密封胶的性能要求

3.1 良好的抗位移能力和蠕变性能

预制构件在服役的过程中，由于热胀冷缩作用，接缝尺寸会发生循环变化；一些非结构预制外墙（如填充外墙），为了抵抗地震力的影响，往往要求设计成可在一定范围内活动的预制外墙板，所以密封胶必须具有良好的抗位移能力和蠕变性能，密封胶性能位移等级需满足 GB/T 14683—2017 的要求以及低模量（图 1）。

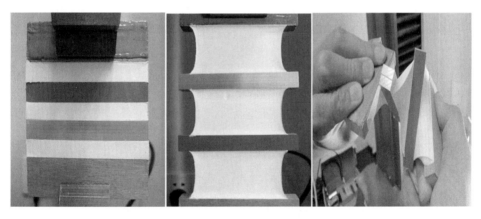

图 1　位移能力及模量体验

3.2 粘结性

对于密封胶来说，对基材的粘结性始终是最重要的性能之一，对于装配式建筑所用的基材亦是如此。就目前而言，市场上所用的 PC 板片大多数为混凝土板，因此需要接缝密封材料对混凝土基材有很好的粘结性。对于混凝土材料本身而言，普通的密封胶在其表面的粘结性是不易实现的。

（1）混凝土是一种多孔性材料，孔洞的大小和分布不均匀不利于密封胶的粘结。

（2）混凝土本身呈碱性，特别是在基材吸水时，部分碱性物质会移动到密封胶和混凝土接触的界面，从而影响粘结。

（3）PC 板片在车间预制生产的末端，为了脱模的方便会采用脱模剂，而这部分脱模剂残存在 PC 板片的表面，也使密封胶的粘结受到挑战。

所以密封胶的粘结需要满足《混凝土接缝用密封胶》（JC/T 881—2017）的性能要求（表 1）。而传统的硅酮胶粘结相对较差（图 2），因此我们需要选用硅烷改性密封胶（图 3），此类密封胶对混凝土的粘结良好。

表 1　《混凝土接缝用密封胶》（JC/T 881—2017）性能要求

检测项目	技术指标	基材类型	检测结果（25LM）	检测标准
定伸粘结性	无破坏	水泥砂浆块	无破坏	《混凝土接缝用密封胶》（JC/T 881—2017）
浸水后定伸粘结性	无破坏	水泥砂浆块	无破坏	
热压—冷拉后粘结性	无破坏	水泥砂浆块	无破坏	

图 2　硅酮胶界面破坏

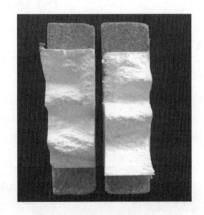

图 3　硅烷改性胶内聚破坏

混凝土板块接缝密封胶长期受雨水冲刷和浸泡，密封胶对于基材必须要保持良好的浸水粘结性。选用产品是需要查看浸水粘结试验结果，才能确认产品使用安全性。我司产品和市面产品对比试验（图 4）及结果（表 2）。

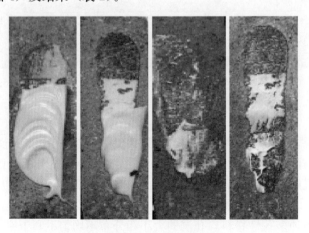

图 4　我司产品 VS 普通产品

表 2　浸水粘结破坏情况对比

浸水粘结破坏面积	1d	3d	5d	7d
我司密封胶	0	0	0	0
普通产品	浸水后粘结破坏			

3.3　优异的耐老化性能

《装配式混凝土结构技术规程》（JGJ 1—2014）中明确指出，外墙板接缝所用的防水密封材料应选用耐候性密封胶，密封胶应与混凝土具有兼容性，并具有低温柔性、防霉性及耐水性等性能。密封材料选用不当，会影响 PC 建筑的使用寿命和使用安全。硅酮胶能够大面积适用于建筑行业，由于主链由 Si—O—Si 键组成，Si-O 键（444kJ/mol）键能大于紫外光照的键能（阳光中强紫外线 398kJ/mol）因此硅烷改性产品利用硅酮胶的特性用硅氧烷封端满足装配式建筑对耐候性的要求（图 5）

图 5　硅烷改性产品分子链

我们在试验条件下及自然老化下对比发现硅烷改性的产品耐候性可以达到硅酮胶的能力，聚氨酯类产品经过一段时间后出现细小龟裂纹耐候性能较差（图 6、图 7）。

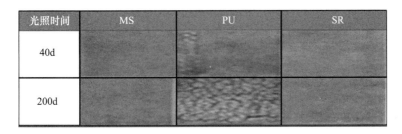

图 6　UV 照射试验

图 7　自然情况下使用 5 年状况

3.4　耐污染性

随着城市化进程加快，城市对建筑美观度要求越来越高，使用的防水密封胶不允许污染基材，否则密封胶污染基材会降低建筑美观度（图 8）。

首先我们需要找出污染建筑物的原因，密封胶中含有一定量未参与反应的小分子物质，随着服役时间的增加，未反应的小分子物质极易游离渗透到混凝土中；由于静电作用，一些灰尘也会粘附在混凝土板缝的周边，产生黑色带状的污染，严重影响建筑外表面的美观。（图 9）

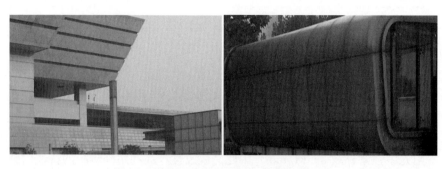

图 8　因密封胶污染造成建筑物美观度下降

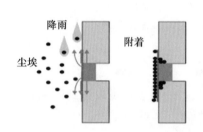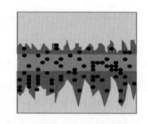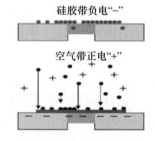

图 9　密封胶污染机理

因为传统的硅酮密封胶内含有硅油，长时间会造成渗透污染。硅烷改性密封胶不使用硅油作为增塑剂，不存在渗透基材的问题，也就不会造成污染基材的情况（图 10）。

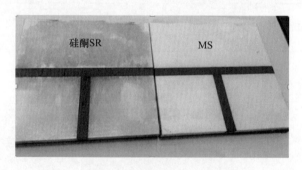

图 10　硅酮胶与硅烷改性胶污染性对比

4　施工工艺要求

4.1　接缝设计

因预制构件生产加工允许偏差、构件进场安装允许偏差，致使装配式建筑墙板缝隙宽度较其他建筑缝隙误差较大。图纸设计装配式建筑水平缝及竖向缝的宽度均为 20mm。

当接缝宽度小于 20mm 时，使用角磨机等将接缝有效宽修正为 20mm，深度修整为至少 10mm，施胶厚度不小于 8mm；当接缝宽度大，20mm 且小于 30mm 时，施胶宽厚比为 1：1

至 2：1，且厚度不小于 10mm，施工人员应根据实际的接缝宽度，选择相应的宽厚比。当拼缝宽度达到或超过 30mm 时，先对拼缝间隙进行防水砂浆勾缝，再进行打胶，厚度 15mm。

预制外墙板十字接缝部位每隔两三层设置导水管作引水处理；当竖缝下方因门窗等开口部位被隔断时，应在开口部位上部竖缝处设置导水管。导水管应选用与密封胶相容、粘结良好的产品。

导水管放置位置　　　　　导水管示例

4.2　施工挤出性

为降低工人劳动强度，打胶时的挤出性要良好，这就要求产品的粘度在不同温度时要十分稳定，其挤出性在气温较低的场所亦十分出众。图 11 是硅酮胶、聚氨酯胶、硅烷改性胶在不同温度挤出性对比，我们发现聚氨酯胶在低温时挤出性相对较差，硅烷改性胶和硅酮胶在不同温度挤出性表现优异。

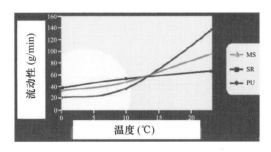

图 11　MS、SR、PU 挤出性对比

4.3　密封胶固化性

装配式建筑在工期上要求更精细，对密封胶的固化养护也有一定的要求，因此对使用的硅烷改性胶固化速度提出了要求，若是特别赶工期的话也可选用双组分硅烷改性密封胶进行施工。图 12 可以看到硅烷改性胶在 5℃低温情况固化速度优异。

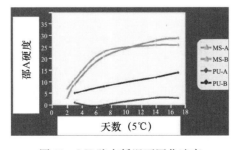

图 12　MS 胶在低温下固化速率

4.4 高温施工性

上边讲述了硅烷改性密封胶在低温的挤出性及低温固化速率，下面我们介绍夏季高温施工与聚氨酯胶的对比情况，固化后经切割我们发现聚氨酯在高温固化时会产生气泡，这将会大大降低密封胶的性能，甚至造成开裂漏水情况的发生，而硅烷改性胶在高温固化过程中不会产生气泡（表3）。

表 3　聚氨酯和硅烷改性胶在高温施工性能对比

聚氨酯（PU）	硅烷改性（MS）	聚氨酯（PU）	硅烷改性（MS）
无界面处理剂	无界面处理剂	无界面处理剂	无界面处理剂
混凝土（23℃养护）	混凝土（23℃养护）	混凝土（50℃养护）	混凝土（50℃养护）
无气泡	无气泡	无气泡	无气泡

5　结语

综上所述，我们通过对浦口区某人才保障房项目发现装配式建筑对密封胶的需求较传统建筑有了大幅改变，这个时候我们不能再将传统密封胶直接应用到装配式建筑上，通过解析项目要求了解装配式建筑对密封胶性能及施工操作性要求，这样我们才会正确地选用硅烷改性密封胶产品，避免出现一系列的施工及性能问题，造成不必要的损失。

参考文献

[1]　中华人民共和国住房和城乡建设部．装配式混凝土结构技术规程：JGJ 1—2014

五、分析报告篇

2022—2023 中国门窗幕墙行业研究与发展分析报告

雷 鸣 李 洋

中国建筑金属结构协会铝门窗幕墙分会、中国幕墙网　100037

第一部分　调查背景

2022 年是"十四五"规划的关键之年，是二十大胜利召开的一年，是党和国家事业发展进程中十分重要的一年，虽然面临着地产收缩、基建放缓的大背景，但在稳字当头、稳中求进的经济政策支持下，创新驱动成为了新时代的动力引擎。

新冠疫情的挑战，复杂多变的国际形势，都是中国经济当下发展过程中重要的影响因素，2022 年的中国经济经历了下滑、扭转、恢复、回稳的四个阶段。回望过去一年，建筑业作为拉动内需的一大利器，从城市建设到交通发展，数字化平台建立等，建筑业的参与者、主导者在"稳"定中，悄然发生着变化。而房地产较多企业出现了利润负增长，产值严重下滑的情况，行业调整态势明显，作为中国经济的重要组成部分，随着年末金融利好政策的陆续出台，"活"下来的房企有了盼头。

与房地产业、建筑业配套的门窗幕墙行业，进入了"确定与不确定"并存的时期，经受了订单量锐减、现金流紧张、人员及材料组织困难等众多问题困扰，现在是困难和未知的时代，追求的利润在行业不景气的背景下无从谈起，甚至部分企业入不敷出，一部分企业已经处在生存与死亡的边缘。随着"保交楼、稳楼市"，以及伴随着疫情防控政策的调整，"新"

的行业特性与"新"的发展思路已经逐渐清晰，从新从变、奋发自强成为了门窗幕墙行业企业自立、自强的精神力量。

顶部靠理智，底部靠信仰！没有人可以靠做空自己的祖国致富，越是在关键时刻，越要和她站在一起。中国经济能否重新引领全球，关键是科学防控、新基建、新能源，以及让民营经济重获信心。同时，金融"十六条"等房地产软着陆方针，充分利用平台经济的创新作用，中国经济仍然有望再度强势回归。

为了帮助门窗幕墙行业产业链企业，特别是广大的会员单位，更好地认清行业地位和市场现状，从而提升自身产品品质及服务能力，中国建筑金属结构协会铝门窗幕墙分会在2022 年 9 月启动"第 18 次行业数据申报工作"，通过历时 3 个月的表格提交，采集到大量真实有效的企业运行状况报表。随后，授权中国幕墙网 ALwindoor.com 以门户平台的身份，对门窗幕墙行业相关产业链企业，申报的数据展开测评研究，并建立行业大数据模型，推出《2022—2023 中国门窗幕墙行业研究与发展分析报告》力求通过科学、公正、客观、权威的评价指标、研究体系和评判方法，呈现出在建筑业、房地产新形势下，门窗幕墙行业的发展热点和方向。

注：调查误差——由于参与企业占总体企业的数量比值、调查表提交时间的差异化等问题，统计调查分析的结果与行业市场内的实际表现结果，数字方面可能存在一定误差，根据统计推论分析原理，该误差率在 1％～4％之间，整体误差在 2％左右。

第二部分　2022 房地产与建筑业动态分析

2022 年注定是一个伟大的年份，二十大的胜利召开让我们有了更强的信心和底气。我们正处在百年未有之大变革时代中，在新一轮的经济发展过程中，"房住不炒"的基本国策和"租售并举"的市场定调成为基本纲领，也决定了未来调控的方向和目标。在建筑业方面，城市更新、乡村振兴、生态保护等，以及超低能耗建筑、近零能耗建筑，尤其是新型城镇化建设，绿色建筑发展，成为了"十四五"期间的重点目标，随着时代的发展变化，国家、行业、企业，以及个人的转型升级迫在眉睫。

1　"活"下去、"活"得好，成为房地产企业追求的目标

今年，受到疫情冲击、俄乌冲突、美国货币政策加速转向等因素的影响，全球经济增速放缓，不确定性增强。2022 年全国房地产市场经历了前所未有的挑战，包括商品房销售规模大幅下降、房企频现债务危机等。为稳定楼市，中央频繁释放积极信号，从支持需求端到支持企业端，政策力度不断加大。各地全面落实因城施策，前 11 月地方出台优化政策近千条，创历史同期新高。

2022 年寒潮已现，房地产业下滑明显，百强房企同期业绩下滑 20％以上，以华润、万科、保利、龙湖等为代表的房企虽然市场口碑依然出色，但年度内的利润下降一半以上。国内各地的土地热回落明显，土地溢价率低，成交率下降，房企拿地积极性不高等成为了年度热点话题；年末的各项政策利好，包括"保交楼"等，让房地产受政策端持续放宽融资影响，房企可以减少在国外融资的比例，开始与国内机构开始加大合作，降低融资成本。

未来，在部分龙头房企和区域龙头的带领下，突破近三年疫情反复影响的市场背景，房

地产市场有望降低下降速度，进入平稳时期。

根据国家统计局发布的数据，2022 年全国房地产开发投资 13.29 万亿元，比上年下降 10%，回退到了五年前的水平。在市场"哀声遍地"的背景下，众多房企纷纷出台减员增效措施，从前的管理人员减半，从上到下全体人员都需要实现年度销售目标，加快内部资金流通速度和管控措施。"去库存、促回款、谨慎拿地"让企业内有更多的可流通资金，"活下去"成为了房企必须解开的一道难题。

当前的房地行业"国企进、民企退"成为不争的事实——2022 年度房地产行业发生了天翻地覆的变化，很多民企无奈躺下，而国企则逆市崛起，填补了市场空白（表1）。

表 1　部分央国企及优质民企 2022 年业绩表现（亿元）

企业类型	房企简称	2022 年 1—12 月	2021 年 1—12 月	累计同比
央国企	华润置地	3013.0	3157.6	−4.6%
	招商蛇口	2926.3	3268.3	−10.5%
	建发房产	1703.2	1711.3	−0.5%
	越秀地产	1260.0	1151.5	9.4%
	华发股份	1202.4	1218.9	−1.4%
民企	滨江集团	1539.3	1691.3	−9.0%
	仁恒置地	651.1	755.4	−13.8%
	瑞安房地产	263.5	302.7	−13.0%

从房地产行业发布的年度榜单表明：TOP10 强之中，纯民企只剩碧桂园、龙湖；而 TOP20 强当中，没爆雷的民企只有 4 家。如果说很多领域都存在"二八定律"，那么地产行业头部房企："国企八、民企二"将成为未来行业新的格局。

在二十大之后，住房和城乡建设部政策鲜明地指出将大力支持刚性和改善性住房需求，毫不动摇坚持房子是用来住的、不是用来炒的定位。同时，着力化解房企风险，因城施策、精准施策，提振市场信心，用力推进保交楼、保民生、保稳定工作。另外，要努力提升品质、建设好房子，提高住房建设标准，打造"好房子"样板，为老房子"治病"。

2022"活"下去，2023"活"得更好，以后房企的首要市场目标是保障新市民、大学生、三孩家庭等群体居住的刚性需求，紧抓人口流动较大的重点城市群和核心都市圈。"活好"成为了首要大事，"现金为王"成为房企的常态化思路，相信房地产企业会充分利用政策扶持力度，加大与政策引导性，加强内外融资通道，累积更多资本，实现产业的升级。

2　"稳"中求、"稳"当先，建筑业成为稳定中国经济的引擎

中国被称为世界"建筑大师"，尤其是在基建方面，"基建狂魔"绝非虚名，国内建筑业的发展一直是稳定增长，然而，2022 年房地产行业大幅下滑，对国内建业有一定的冲击。通过横向对比全国建筑企业，以上海建工、中国铁建、中国核建等国际国内基建、交通为主的建筑企业为例均实现了增长，尤其是上海建工增长率超过 50%。而以中南建设、重庆建工和隧道股份等房地产业务为主的建筑企业，营收同比下降。

2022 年，根据国家统计局的最新统计数据显示，建筑业全年总产值 311980 亿元，同比增长 6.5%。在固定资产投资增速放缓的前提下，建筑业在水利、公共设施等支持下，可谓

是顶住了压力，再上新台阶（表 2）。

表 2　2022 年建筑业总产值分布情况

指标	1—12 月	
	绝对量	同比增长（%）
五、固定资产投资（不含农户）（亿元）	572138	5.1
其中：民间投资	310145	0.9
分产业		
第一产业	14293	0.2
第二产业	184004	10.3
第三产业	373842	3.0
全国建筑业总产值（亿元）	311980	6.5
全国建筑业房屋建筑施工面积（亿平方米）	156	—0.7

当前中国经济依然面临"需求不足、供给冲击、预期转弱"的压力，同时中国经济发展中存在的结构调整和高质量发展等长期问题，未来仍将围绕短期稳增长，长期促发展和调结构为主。建筑业的发展历来较为稳定，这与其建筑项目工程周期通常较长，建筑项目签约与市场开展情况比较稳定有关。在"双碳目标"驱动下，国内建筑业即将进入更加稳定的发展阶段，稳中求进。

国家"十四五"规划以及"十四五"建筑业发展规划为未来建筑业的发展指明了方向，建筑业从追求高速增长转向追求高质量发展，从"量"的扩张转向"质"的提升，走出一条内涵集约式发展新路。

未来，建筑业将基于新战略、新阶段、新格局、新征程、新理念五位一体的发展态势，以高质量发展为主线，以质量、效率、动力变革引领建筑业技术升级，通过创新、技术、改革、人才四大驱动，打造"中国建造"升级版，形成一批智能建造龙头企业并带动广大中小企业向智能建造转型升级；将重点在两新一重、城市更新、乡村振兴、生态环保、军民融合等领域，以科研、设计、生产加工、施工装配、运营等全产业链融合一体的智能建造产业体系构建新格局，实现产品高质量和产业高循环，推动建筑业的工业化、数字化、智能化、绿色化发展。

过去一年，房地产业下滑明显，建筑业在国家宏观政策护航下，基本保持着平稳态势，房地产、大基建虽然脱离了黄金时代，市场方面"两极分化"成为主流。房地产的韧性和活力依然存在，还将是拉动投资增长的主要动力之一；建筑业除了新城镇化建设以外，将更多地依靠城市更新、商业地产中的绿色升级等完成市场置换。

第三部分　2022 年门窗幕墙行业基础数据报告

历年来中国门窗幕墙行业的数据统计工作，获得了行业企业，及房地产招采部门、设计院（所）、第三方服务机构、展览公司等的大力支持，收集到的数据既有来自于中国建筑金属结构协会铝门窗幕墙分会会员单位的财务数据，亦有第三方平台等提供的部分参考数据。

2022 年政府的经济工作报告中重点指出：扩大内需、提高消费水平，其中支持住房改造赫然在列；房地产业在经济发展中的支柱作用依然明显，市场空间可能无法恢复到三、五年前的水平，但仍然是 10 万亿以上的体量规模，对门窗幕墙行业的发展推动，只是在项目结构上发生较大转变，合作共赢的基本面不会改变。

同时，在 2022 年度内门窗幕墙行业对项目的投入与产出比，包括招投标、施工投入等多方面经历了"阵痛式"的调整，部分新出台的利好政策正在深刻地影响着门窗幕墙行业的发展转变。接下来行业产业化、数字化等会更多地替代现有的行业结构和模式，行业的转型发展将伴随着中国经济的发展而全面进步。

我国铝门窗幕墙行业 2022 年度总产值接近 6400 亿元左右，总体水平较 2021 年有了明显的下降，这主要是因为房地产明显下滑、建筑业发展受阻、海外贸易订单变化等因素，在上述的总产值的变化中，中小企业的产值变化与规模化大中型企业成反比，前者下降，后者上升。

关于行业生产总值的统计，在其他行业协会，上游协会也有相关的数据，采集标本数量，以及统计方法各有不同。

综合来看，数据本身只是一种参考依据，更重要的是对发展趋势的研判，这是帮助企业决策者调整产品布局、市场定位以及是否多元化跨界发展的基础支撑。通过近年来较为系统和扎实的数据采集，引入相对客观科学的统计分析策略，铝门窗幕墙分会得到了比以往更加详实的数据，相信能够为行业企业的发展提供帮助。

表 3　行业数据统计工作调查企业类型表

行业分类	企业家数（家）	数据来源
铝门窗	9000	国家公布的资质企业
建筑幕墙	1200	国家公布的资质企业
铝型材	1000	引用行业协会的数据
建筑玻璃	2000	引用行业协会的数据
建筑五金	4000	根据行业协会掌握的
建筑密封胶	400	根据行业协会掌握的
隔热条、密封胶条	300	根据行业协会掌握的
门窗加工设备	200	根据行业协会掌握的

从统计结果的数据来看，幕墙工程市场的体量进一步收缩，较多的中小幕墙企业在寻求转型与变更经营方向，幕墙的总体量中玻璃幕墙的建筑面积在减少，国家倡导绿色建筑新发展，绿色建材、可再生材料应用正在加大，有能力与规模化的企业正在大力发展新型节能幕墙，通过新材料的应用与项目技术能力提升获得新的利润增长点。

从统计结果来看，幕墙行业 50 强企业的产值汇总数据中，一半以上的企业保持了稳定，其余的少量上升，但总体而言 50 强企业的总产值相较去年出现了明显的下滑。

门窗的总产值相比上一年度下滑幅度不大，减少的主要是工程门窗部分，这与疫情期间房地产开发项目数量大量减少有关，保持增长的是部分家装市场和既有门窗改造的市场份额。大中型企业有 15% 的企业年产值得到提升，而中小微企业的产值继续保持稳定与缓降的情况，同时上述产值均为合同签订金额，垫资、欠款情况较为严重，大多数工程甚至出现"以房抵工"的现象。

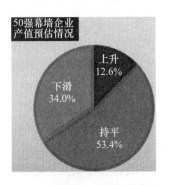

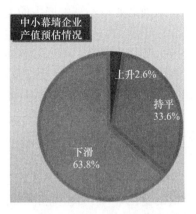

图 1　50 强幕墙企业产值预估情况　　　　　图 2　中小幕墙企业产值预估情况

我们的统计主要来源于幕墙工程企业，而门窗，我们的数据主要针对工程中门窗的应用情况，家装市场的数据采集主要通过对家装上市公司，以及南北主要家装品牌的统计。在建筑外围护结构体系中，商业建筑减少、新建房地产项目开工量不足，让 2022 年度内门窗幕墙的项目总面积减少，尤其是工程门窗的量下滑较为严重，部分建筑项目采用了以低价板材代替的方式。

这样的市场环境下，与之配套的铝型材、玻璃、五金配件、密封胶，以及隔热条和密封胶条等分类产品，还包括前端的加工设备，销量均有所下降。不过伴随下半年的原材料价格的回落，以及工程开工率的提升，工程总量和市场环境有所改善，但全年总产值依然在低位运行。

2017-2021与2022行业企业生产值对比 各类别 产值变动 单位（亿元）	铝门窗	幕墙	铝型材	玻璃	五金	建筑密封胶	隔热与密封材料	加工设备
2017年	1902.01	1462.64	978.30	687.20	764.69	93.32	29.11	33.19
2018年	2003.73	1378.03	1019.70	672.30	783.00	97.24	31.89	29.93
2019年	2215.11	1318.11	1112.30	703.20	842.10	99.33	32.76	28.11
2020年	2303.37	1237.01	1203.70	691.60	911.50	113.45	32.44	26.87
2021年	2355.37	1225.50	1403.70	740.60	1011.50	143.45	34.44	28.87
2022年（预估）	1842.52	1163.17	1499.20	721.30	993.20	145.11	35.12	25.11

图 3　2017 年—2022 年铝门窗幕墙产值分类汇总表

2022 年的疫情反复对门窗幕墙行业的复苏造成了较大困难，年初门窗幕墙行业内的多种原材料的涨幅已经超过了企业预期，价格变动直观地从下游末端（原料生产企业，向销售市场传导）向玻璃、型材、五金、密封胶、隔热条及密封胶条等产品生产、加工企业传导，价格均有不同程度的提高，让行业内的产品单价均开始提升，因此从单一产值的统计中，需要考虑价格因素的影响，年度内的产值下滑率会更加惊人。

	总体	铝门窗	幕墙	铝型材	玻璃	五金	建筑密封胶	隔热与密封材料	加工设备
2017年	6.73	12.74	4.87	5.33	1.65	2.06	5.45	4.98	3.68
2018年	6.70	12.34	5.01	5.23	1.49	2.06	4.34	4.42	4.18
2019年	6.87	12.27	5.49	5.05	1.42	2.18	4.59	4.21	4.59
2020年	6.34	12.13	5.60	5.15	1.44	2.23	3.98	4.23	4.96
2021年	6.20	10.58	5.51	4.76	2.12	2.33	3.72	3.63	4.88
2022年（预计）	5.63	9.89	5.53	4.75	1.83	2.24	3.81	3.45	6.17

图 4　2017 年—2022 年铝门窗幕墙利润率汇总表

行业企业的利润率进一步下滑，不良资产率激增，尤其是门窗工程企业，今年在面对铝型材、玻璃、密封胶等主要原材料涨价，以及主要服务对象房地产企业资金链风险频发的双重压力下，现金流十分紧张，经营现状较为糟糕。

上述情况，"两极分化"的格局在一段时期内很难被打破，尤其是受到疫情与融资困难的双重压力下，门窗幕墙项目的运作与结算机制没有发生根本性转变的前提下，拥有更多资本与资金抗风险的大型企业，获得了更多的市场份额。同时，低价中标与原材料价格上涨的因素，也导致了部分中小企业谨慎接单或不敢接单。

2022 年"利润率"成为了非常难以界定的指标，众多企业的利润仅停留在纸面的"应收账款"上，再加上中小企业缺乏研发资金，同质化、低效率、拼价格的项目和产品竞争模式，叠加原材料价格的大幅波动，行业的整体盈利情况不容乐观。

基于上述情况，大部分企业选择了减员增效以及开源节流等措施，管理层面的费用基本保持稳定和下降，但企业的"回款率"非常不理想，2022 年的利润额预期则非常不乐观，未来还将大概率延续"低利润"模式。

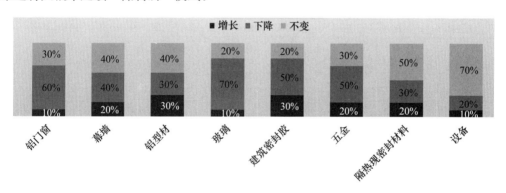

图 5　2022 年铝门窗幕墙行业利润变化汇总表

整体来看，利润率下滑的企业较上年大幅增加，2022 年建筑业作为支柱产业的结构没有发生大的改变，房地产的严重下滑对门窗幕墙行业的影响较大，费用结算困难，利润无法保证。市场蛋糕的分配已经从资本与资源上进行了重大的改变，市场的自我清理机制作用，让"游戏规则"的变化趋势较为明显，能够有较多资金实力与研发实力的企业，才能获得市场内的青睐。

行业从业人员申报统计数据历来是很难进行准确判断的一项，企业对从业人员的填报有时候无法做到准确，毕竟生产密集型企业和工程项目服务人数等，具有行业专属的特征。我们运用统计中的指标对比分析及数据回归法，将行业产值、利润与市场上的人力资源需求与数据结果进行科学对比，充分的数据支持显示幕墙从业人员的减少，铝型材与五金配件等传统制造业的从业人员有所增长，其他分类从业人员缓增，门窗和幕墙公司的人员则呈现出"净流出"的迹象。

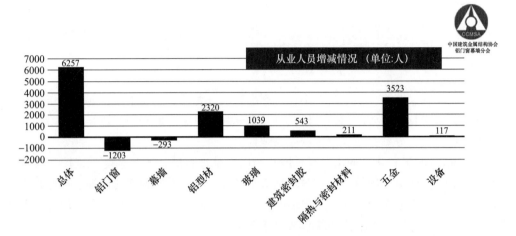

图 6　2022 年铝门窗幕墙行业从业人员汇总表

2022 年门窗幕墙行业受到疫情的严重影响，在国内几乎所有地区的设计投标、工程施工、材料生产、运输都因陆续爆发的疫情，以及随之而来的管控，使施工、安装和材料配送等人员出行不便，生产要素组织困难。市场活动与商务往来减少或取消等情况时有发生，给行业的发展带来很大的不确定性。

同时，市场形式严峻，交付问题不容忽视，2022 年间因疫情防控造成工人返程困难、部分地区物流停运、原材料企业停工减产、材料供应不足等问题层出不穷。仅在 2022 年内，门窗幕墙行业约 80% 以上的施工进度受阻，都来自于原材料的发货受阻、到场进度受阻，对所有在建的门窗幕墙工程都带来了较大的负面影响。其中，对工地在河南、山东、重庆、湖北和湖南等省市的项目冲击较大，交付风险直线上升。

2022 年末，在出台"保交楼"的政策底线后，市场信心正逐渐恢复，各个工程项目正在稳步复工，但按合同提前，甚至如期交付的压力仍然很大。找准定位，顺势而为，能够产业化、高品质、智能化，而且不断升级，针对不同产业做出细分的好产品的规模化的企业，以及区域性龙头加细分市场领先者，还有能提供独特服务的配套厂商……这样的企业会活得很好。

总之，门窗幕墙企业需要用弹性来化解危机，没利润的项目订单不去做，专业的事交给专业的人，公司更多的部门或通过"外包"来解决，总之，未来要拼成本和创造力，要用创新来寻找蓝海，用柔性来降低成本，用斗志来克服绝境。

第四部分　行业内各分类数据报告

门窗幕墙行业每年的数据变化在统计报告中都会非常科学、直观的体现，中国幕墙网 Alwindoor.com 通过将行业主流的八大类和顾问咨询、家装门窗及小众分类产品进行了详细的数据梳理，结合相应分类的行业背景与现状，将分类的各种市场问题及发展热点以数据的方式进行展示。

注：其中部分类别的非建筑用材料产值，也被计算在了行业总产值之中（数据来源于中国建筑金属结构协会铝门窗幕墙分会第18次行业统计）。

（1）建筑幕墙

行业探底，继续保持低位运行！2022年幕墙类产值约1150亿左右，行业内产业结构发生了巨大的转变，"强弱两极"之间的差距进一步加大，行业内的不良竞争与项目缺少，成为了难以调和的矛盾，不少二三线幕墙公司悄然失去踪影。

另外，行业整体缺乏向上的精神，不论是房地产或建筑业都无法给予幕墙行业足够的市场支撑，拓展海外曾经是众多大型幕墙企业非常期待的发展新路，但国内恶行竞争的弊端和不良经营习惯，较大的运营管理成本，让海外市场建立容易，失去更容易。

图7

2021—2022年度内幕墙工程市场的项目区域版图发生了巨大的变化，国内工程项目的主要市场区域，来自于以大湾区、长三角为中心的城市圈，以及国家基础设施建设投入较大的中西部核心城市群。在众多优秀幕墙企业的共同努力下，又诞生了一个个超级体量的大场馆、直入云霄的超高层、工艺复杂的总部楼、高端大气的商业体……

从造型复杂，由江河承建的"广州无限极广场"，到难度大得惊人的"世界第一扭"，亚厦承建的"重庆高科太阳座"等项目，再到方大承建的"腾讯数码大厦"，广晟承建的"华为数字能源安托山总部大厦"，以及金刚承建的"新华人寿保险合肥后援中心"项目、光华承建的"明晟科技大厦"等项目，作为科技、金融等巨头总部亮相。

与此同时，三鑫承建的"375米深圳大百汇广场"、中南承建的"272米杭州世茂智慧之门"、远大承建的"274米南京华新城"这样的"净身高"均是幕墙在超高层上应用的典范，纷纷成为当地新一代的地标天际线之作。

另外，中建深装承建的"西安奥体中心游泳跳水馆"，以及由金螳螂承建的"兰州奥体中心体育场"等成为精致幕墙外皮在大型场馆应用的典范。还有凌云承建的"中国工艺美术馆"、中建海峡承建的"福州市群众艺术馆"等幕墙造型中溶入中国元素与地域文化的项目。

同时，三合泰承建的"江东中心（HSC）"，以及来自于旭博承建的"华润（南昌）万象城"，柯利达承建的"阳澄湖锦江国际大酒店"、晶艺承建的"金湾华发商都中心"、大地承建的"华侨城宝湾大厦"、兴业承建的"珠海横琴灏怡财富中心"、合发承建的"常州金融商务区金融广场"等商业综合体的代表作品。

通过数据统计，我们发现2022年来自海外及港澳台等地区的工程项目数量，较往年也有较大下降，过去较多在国内生存困难的二三线幕墙企业，将目光聚焦国外工程，但市场人脉与政策理解、运营管理等缺乏相关人才，让企业举步维艰。目前只有个别央企借助"一带一路"政策支撑，以及兄弟单位的护航下，通过规模化能够在西亚、非洲等国际舞台上保持着稳定的上升态势。

2022年度注定是国内幕墙行业非常困难的年份，年内的总产值下降是肉眼可见的，但更可怕的是市场内资金困难，让幕墙企业的信心大受打击。国内部分地区出现了明显的数量下降，究其原因与疫情的反复有着直接的关联，政府投资项目及基础建设项目的开工与建造时间受到了较为严重的影响。

目前，国内在数字化产业、仓储物流、5G 等相关项目增加明显，大量的项目中采用了玻璃幕墙与金属幕墙、石材幕墙相搭配的建筑设计理念，业主与开发商们愿意认可并采用新型绿色建材与节能、可再生材料，对传统建筑幕墙产品类型的冲击越来越大。

图 8

另外，在项目中小众化的材料包括电动开启、遮阳百叶、锚栓、精致钢、珐琅板、涂料等材料也受到了越来越多的关注，每一笔项目中的材料资金都尤为重要。未来各类新型面板材料与幕墙龙骨材料，包括并不限于替代新生石材、新生铝合金等。

正所谓"时势造英雄"，在市场不利因素的影响下，幕墙行业的发展信心在头部企业纷纷体现，纷纷聚焦"三新"。"新设计"在实体幕墙生产之前，数字化模拟全过程：协同设计、虚拟生产与施工、虚拟交付等都呈现在全数字化样品中；"新建造"将业主、开发商、生产制造、物流、施工等整合形成数字化的生产线，将幕墙原材料、加工厂与施工现场在线连接、实现构部件生产大规模与柔性化；"新运维"基于 BIM＋大数据技术分析，通过空间战略规划，空置面积分析，空间优化组合等，科学合理的利用空间，降低运营成本，提高空间收益；同时，为用户提供高效、适宜的空间使用布局，提高工作和协作效率。

幕墙行业的市场底气主要来自于房地产行业的新建、在建项目数量，建筑业带来的项目体量相对占比仅为 30％左右。2022 年末提出的"保交楼"让部分头部房企的融资得到了补充，但来源于总包、内装等的分润，幕墙行业能够得到应收工程项目款依然在 40％～50％的预期低位，行业的发展在最近 5 年内已经触底。未来的市场，对幕墙行业企业来说，在低预期状态下，保证自己的心态不会崩盘，把幕墙行业当作使命与信仰，成为了最大的企业发展责任和个人成长动力。

（2）铝门窗

坚持发展的信心，进一步提升产品品牌影响力！2022 年，铝门窗类产值约 1800 亿左右，总体下降明显，主要是受到房地产业"大变盘"的直接影响，新建住宅数量不足，既有改造受疫情反复影响停工较多，整体上游行业资金投入不足，门窗施工总面积较往年减少在30％以上，门窗企业开工量不足，大量企业关停，工程恢复开工后工人因疫情无法及时返工，都成为了阻碍门窗行业发展的最大难关。

2021—2022 年，门窗行业工程项目企业普遍受困于项目收款及企业现金流，以房抵工，延长付款周期是常见的现象，甲乙双方在触发激烈矛盾的情况下，只能抱团取暖，由对立逐步走向信任与互助。

面对房地产行业发展陷入低迷，未来的长期市场将走向稳定，门窗工程项目虽然发展潜力依然存在，但需要时间来赢得空间，大部分的中小门窗企业将无法熬过"寒冬"，纷纷转型成为家装或品牌供货商。同时，铝门窗工程项目市场，在一段时间内要继续忍受低速增长与市场利润下滑的过程，需要谨慎投入及保持融资渠道畅通。

而在需求端，老百姓对门窗的品牌认可度日益上升，通过家装门窗产品的知识普及，大部分人已经能够简单识别一樘好的门窗，新一代"买房人"或"换窗人"，对产品的价格和品牌会勾上等号，品牌为王时代拉开大幕。YKK AP、嘉寓、AluK、贝克洛、旭格、森鹰、墅标等重视产品研发，持续投入技术创新的国内外门窗企业，越来越多的出现在门窗幕墙界、房地产业的品牌榜单中；而华夏建辉、雨虹、峨克等在华东、华南、东北、西南等市场，首先专注于地域市场内高品质门窗产品的研发与品质管控，通过不断的积累经验，与头部房企展开战略合作，打开了国内市场的渠道；同时，像传统的型材强企和平、高登等启动的"门窗定制化"发展战略，也越来越多的被门窗行业、甲方、设计单位以及社会民众所了解、认知；飞宇、皇派等作为家居定制门窗领域的杰出代表，成功从众多家装品牌中突围而出。

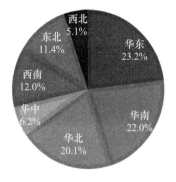

图 9

铝门窗的项目区域，国内各片区华东、华南和华北占据绝对市场主力，其他地区也比较平均；各地的工程项目竞争较为激烈，以房地产为主的铝门窗企业在 2022 年受到的冲击较大，普遍出现了产值下滑的情况，且下滑幅度非常明显。

在多元化方面，铝门窗工程企业的思想较为开放，对家装市场与既有门窗改造的项目投入力度较大，尤其是针对高端铝门窗产品的研发与市场投入，利用差异化的产品竞争策略占领市场，获取利润成为了普遍的手段，进一步提升了行业产品的性能和质量。

如今铝合金门窗（含铝包木）已经成为国内门窗市场的绝对顶流，以内开内倒、外开上悬、外开下悬、新风门窗等等专利产品为例，在国内老百姓的心中已经获得了较大的认可度，市场潜力巨大。在大环境的抑制下，对于许多家居企业来说，2022 年或许正处于企业周期的低谷，但是对于整个系统门窗行业来说，则更像一个蓄力的新起点，门窗似乎成为更快找到支点，"喝头汤"的"人"。

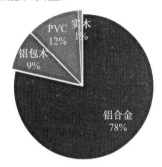

图 10

随着"碳达峰"、"碳中和"重大战略决策的不断贯彻落实，门窗在住宅改造中会成为产业型标志项目，当前国家对建筑节能环保的重视程度不断提高，优质的门窗产品需求成为重要的发展方向。

（3）建筑铝型材

我国是铝加工大国，铝型材行业是门窗幕墙行业企业中材料类体量较大，转型与发展较为成功的典型，2021—2022 年的建筑铝型材市场内家装门窗略降，工程门窗大降，幕墙基本持平，是较为普遍的共识，全年建筑铝型材的产值约 1500 亿元。

国内外铝锭价格因战争与能源危机等产生了较大差额，铝型材企业从建筑到工业、交通的转型成本相对较低，提升管理与运营水平的意愿较大，让铝型材行业的发展在 2022 年的逆市中显得如此的可贵。

我国铝加工行业产能产量全球过半，装备技术水平世界领先，已经成为了世界首屈一指的铝型材加工制造大国，全球老大的地位稳固。产能出众、生产线布局完整的兴发、坚美、亚铝、凤铝、华建等在行业内处于领先地位；广亚、豪美、伟昌、伟业等在深挖建筑行业产品创新和服务，走出一条独具特色的发展道路；和平、新合、高登、奋安等在项目服务和产品创新方面有着丰富经验，打造了出色的项目服务或门窗、全屋概念的出色产品；崛起于西北的铭帝，西南的三星等品牌，在区域市场优势尤其明显，同时也开始多地域建设工厂，扩大品牌影响力。中国的"LV",已经成为了全球铝型材领域,影响力越来越大的"通用名词"。

据统计,2015 年至 2021 年,我国铝材产量从 5200 万吨增加到 6100 万吨左右,年均复合增长率为 2%。作为"十四五"关键之年,从传统基建到新基建,2022 年延续了上一年的发展势头,同时优化供应链管理,提高产品和服务质量,降低采购价格,建筑材料的选择实现优中选优。国内市场分布中,除华北、华东及华南占比较大外,其他地区出现了西南的强势突起,市场对铝型材的原材料价格变动反响巨大,深加工企业的利润伴随着铝锭价格波动受到了较大影响。

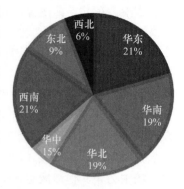

图 11

铝型材企业提交的总产值增长较为突出,主要的增长来自于克服了铝价大幅波动、能耗双控、有序用电、疫情多点散发、多地严重洪灾、国际航运成本飙升等诸多困难,让产量、规模和出口"三增长",全行业统筹疫情防控与产业发展取得超预期成绩,在建筑以外的版图拓展让型材企业的日子好过起来。

疫情的阴霾正在逐渐散去,为了追求更高质量的生活,提升居住条件成为共识,结合国家统计局的数据,居住消费支出成为居民各项消费中,仅次于食品支出的第二大支出,进而加大了建筑铝型材的潜在市场份额。从消费结构上来分析,建筑行业仍是铝型材应用的主要领域,需求占比长期保持在 6 成以上,在 2022 年铝型材产量达 6300 万吨左右,同比增加 5%,国内铝型材需求旺盛,铝型材向绿色节能转型已成必然。

(4)建筑玻璃

2022 年是让"玻璃人"非常焦灼的一年,玻璃作为我国目前最大的建筑材料,在我国房地产的需求量中占据了 70% 以上,而随着房地产市场的不断变化,玻璃产品,尤其是浮法玻璃受到了一定的冲击。2022 年建筑玻璃产值约 720 亿元,较 2021 年有明显下滑,产品的同质化更加严重,部分头部玻璃企业对国内外市场的错误预期,继续扩大产能,但利润率却出现了一定幅度的下滑,只能用上一年度获取的原片利润和项目利润进行填补。

尽管对市场的前景依然看好,但对企业利润的预期却充满悲观情绪,企业需要加大运营管理与转型升级,将同质化竞争与低价竞争进行适度规避,保持头部企业的合理市场空间,避免盲目扩张,形成行业新的"金字塔"。

高品质、高品牌影响力的建筑玻璃品牌,诸如像南玻、信义、耀皮、旗滨、台玻、新福兴、海控特玻(中航)等拥有玻璃全产业链能力的企业,将布局新的生产线,涉及新能源、新基建,并加大房地产、建筑业市场的深挖,及配套服务能力,赢得了在严峻的市场环境中更大的生存空间。

图 12

同时,以北玻为代表,通过引导设计潮流,颠覆传统观念,赋予产品高性能为主的企业,在创新探索转型发展,市场潜力依然巨大;以生产特种玻璃见长的格兰特、皓晶等企业,以深加工为主的隆玻、渝玻等正在加快转型,加大产品创新;而独树一帜的金晶,正引领超白玻璃原片产品的进化之路。

国内以华东、华南、西南为主要市场,增长较大的是西南区域。伴随着建筑玻璃节能性能要求提升，LOW-E玻璃、镀膜玻璃、超白玻璃等在节能性能上的突出表现，市场增长强劲；建筑＋光伏的市场需求，也让BIPV的产品市场快速增长。

2022年的原片、浮法厂家与深加工企业，从2021年的"冰火两重天"，变成了共同的"水深火热中"，加工企业已经连续几年运营困难，原片企业却刚刚迈入，还能指望已得利润进行支撑，但留给企业的时间并不多，进入2022年，房地产行业严重下滑的现状，让建筑玻璃市场变得扑朔迷离，玻璃企业的生存与发展成为了非常困难的事情，利好的一面是随着国家绿色战略——新能源产业的崛起，让"玻璃圈"又充满着诗和远方的期望。

（5）五金配件

是配件，不是配角，而是门窗幕墙系统的"关节"。2022年五金配件产值约990亿左右。我国五金配件产业起步比较晚，目前还属于比较零散的制造业，行业准入门槛较低，在庞大的市场中充斥着众多企业，包括小型低端企业和中大型品牌企业。市场内的低价竞争，出现了劣币驱逐良币的现象，往往追求短期利益的企业能够接到订单，但坚持产品品质的企业却难以为继，市场恶性竞争比较严重，竞争程度趋于饱和。

当前的建筑市场虽鱼龙混杂，但品质赢天下、服务创品牌的"游戏规则"不会改变，以坚朗、合和、国强为代表定位于国际化竞争，全球化、专业化的品牌企业渐渐脱颖而出；春光、兴三星、奋发为代表的经过一段时间积累，已成为具备较高研发水平和制造能力的实力品牌；雄进、亚尔、坚威为代表的新势力，创新能力突出，在滑撑、铰链、窗控，以及防火、智能等方面产品性能突出；澳利坚、三力、田边为代表的在产品品质管控，材质选择及承重等方面各有所长。

2021—2022年的五金配件市场正在承受同质化严重，市场利润大幅下降的阵痛，为了保持国内市场的竞争力，部分企业将目光投往了海外市场，积极开发海外版图，国内建筑五金产品的价格优势在国际市场内非常明显，且产品品质相比国外同类产品价廉物美，拥有着一定的竞争优势。五金配件相对与其它门窗幕墙配套材料而言出口率较高，2022年度的海外市场占比达到了18%左右。

图13

以外补内，曾成为短期的经营目标，但由于五金配件企业对人才的储备较少，在海外贸易中存在的风险较大，同质化产品的渠道容易被攻破，辛苦建立的营销渠道，成了为他人做嫁衣，非大体量的企业，在经历过几次贸易危机后，往往主动后退，将竞争的主市场又放回了国内。

2022年的五金企业承受了房地产下滑、原材料价格上涨、疫情反复影响、用工短缺等众多不利因素，利润下滑严重，而且付款周期拉长。在与上游门窗企业的博弈中，处于弱势地位的五金配件企业，往往只能承受较为苛刻的付款条件与供货周期，回款较不稳定，虽然国内订单和海外订单与往年相比有所增加，但整体企业利率却没有增加。

图14

要打败对手，必须先战胜"自己"！要搞好市场，必须从市场开拓方面入手，舍得投入，五金配件的市场需求只要源自于老百姓对家居产品的智能化期待，让五金产品插上全屋智能的翅膀，让家变得更加舒适，是市场的主流思想。配合市场需求的研发，五金配件企业的主要工作重心，也从新建住房的五金供应，向既有房屋五金配件改造与智能化提升延伸。

同时，随着精装房渗透率提升，地产商"集采"偏好有利于中大型五金企业，市场面临以稳为主的发展态势，已由粗放型的竞争向经济性的竞争转变，对品质和口碑更为关注，房屋的建造、装修设计以及五金配件的配置，将受到越来越多的重视，产业当前的优质客户群体集中度更高，未来的竞争将更加集中。

（6）建筑胶

高品质、高性能、环保型的产品供不应求，2022 年建筑胶产值约 150 亿左右，较 2021 年基本持平，建筑胶的企业圈子较小，国内的企业总数虽然不大，但已经占了全球较大比例，国产建筑胶远销全球成为了颇具竞争力的产品。

在建筑胶价格方面，国产头部品牌的价格与国外头部品牌之间的差距巨大，产品品质较为接近，未来的国际竞争力随着人民币支付领域的扩大，有望获得更好的全球空间；在国内，建筑胶企业率先启动"现款现货"的交付模式，让自己的产值与利润得到了较大的保障，避免了三年疫情期间，行业企业大部分的资金链断裂危机，但 2022 年面临着房地产市场严重下滑，建筑业发展放缓，部分企业加大的竞争，对产品低价销售与不良营销，让行业内硝烟弥漫，获利不多、树敌不少。

未来行业将进行短期洗牌，没有效率与运营管理水平的建筑胶企业将成为首先淘汰的一批，品牌与品质的双保险，才能让企业的发展更加稳定。近年来，密封胶市场由于原材料价格的大幅波动，在全年内销售市场受到了较大冲击，市场在众多不利环境因素的干扰下，以白云、之江、安泰、硅宝、中原、DOW 等为首的品牌胶企依然取得了突破，全年行业销售总额再创新高；永安、奋发、大光明、高士、宝龙达、华硅、建华等品牌地处交通便利的省份，自古以来便是"兵家必争之地"，其地域优势明显，脱颖而出得益于长久以来的品牌建设；新达立足于"西南双城区域"，发力华南、华东，取得了优异的成绩与市场份额；而时间将健康生活、绿色生态的经营理念，从产品覆盖到品牌的方方面面。

同时，像回天、新安、雨虹兴发等拥有产业链、集团化优势的品牌，也在竞争中是取得稳定、可持续的成长和发展。另外，后起之秀的以恒、高立德等也在用创新，寻求着转型与突破。

如今，中国已成为全球密封胶应用第一大国，总产值超百亿，产品主要应用于门窗、幕墙，以及中空玻璃等领域，占比超 70%；家装、电子、光伏、工业、交通等方面的用胶需求逐年上升，也是"头部胶企"愿意加大投入的主要多元化市场。

密封胶企业品牌"两极分化"较为显明，众多的头部企业已经逐步认识到产品低价，只能带来低质，而低价、低质的产品无法持久占领市场；同时，随时还要面对原材料价格大幅波

图 15

动等不可控因素，所带来的产、供、销矛盾，以及现金流断裂等问题。为此，一些有实力的头部企业，已经主动退出部分低端产品的竞争，大力进行新技术、新产品的研发，集中优势开拓中高端产品领域。

同时，伴随着基建投资与房地产投资的下滑，以及海外出口量较往年的下滑，整体行业

的产值数据与往年相比有明显的变化，密封胶的原材料价格在年度内出现大幅波动，虽然企业早有预期，但不足的资金量，让较多企业没办法灵活地应对材料价格变动，致使胶产品的出货价变动较大，让供应合同履行过程中出现了一些衍生问题，这也在一段时间内给密封胶企业的生产、销售和服务造成了困难。

综上所述，中低端密封胶产能过剩，无低线的拼价格；高端产品供给不足，存在着巨大的市场缺口。尤其是在"碳达峰、碳中和"战略目标下，装配式建筑、光伏建筑一体化将迎来爆发增长时期，建筑密封胶高端市场发展空间广阔，在未来市场发展中，相关企业在扩大产能规模的同时，仍需加大产品、技术研发投入，凭借质量、规模、品牌等优势抢占更多的市场份额。

（7）铝门窗幕墙加工设备

"适者生存"——从学习到模仿，从模仿到超越，从超越到创新！2022年门窗幕墙加工设备的总产值约30亿左右，加工设备行业的市场内也充斥着"以次充好"的现象，甚至是明目张胆的"一字之差"，让消费者防不胜防，购买了虚假伪劣的设备产品，根本利益和服务得不到保障。

加工设备的单台投入成本较大，以往在市场预期较好的前提下，门窗幕墙企业愿意投入，将旧的设备进行更新换代，但随着门窗幕墙企业的利润下滑，产值锐减，设备更新成为了"鸡肋"。从前瞻性来看其实恰恰相反，在低谷期修炼自身、凝聚力量，在高峰时才能不断攀登，加工设备的更新是数字化与智能化时代来临的标志，没有优良的加工设备，"输在起跑线上"的现象屡见不鲜。

2021—2022年铝门窗幕墙加工设备行业的发展较为稳定，整体出口情况较好，尤其是在欧洲等地受到能源危机及贸易影响的情况下，大量的国际订单投往国内及东南亚及一带一路沿线，甚至是2022卡塔尔世界杯的场馆项目中也经常见到"Made in china"的加工设备在积极运转，如此鲜明的现象让行业的市场占比上升明显。国内市场以华北、华东为主，这与TOP幕墙企业、大型门窗生产基地的选址密切相关。

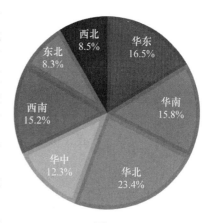

图16

在产品研发方面，铝门窗幕墙加工设备企业针对智能化、无人化、数字化技术的应用非常广泛，天辰、金工、满格、平和、欧亚特、机智等各大品牌，均有着自己的拳头产品，市场前景突出。加工设备企业的研发投入需要较大的资金，市场的需求在短期内发生的巨大变化，让设备的需求上升，但中小企业对市场需求的消化速度并不能满足市场需求，因此在发展中，行业内的集中度较高，人才与资金的集中化是市场倒逼产生的现状，将在近几年内呈现出更加显著的变化。

加工设备企业发展智能制造是"中国建造""中国智造"的必然趋势，也是门窗企业转型升级的必然方向，更成为了解决门窗幕墙生产、制造难点、痛点的必由之路。接下来，智能化、无人化技术替代传统，打破内部数据传输的信息壁垒，实现了多个加工单元的信息化、自动化、智能化联网作业，极大地降低人工成本，提高生产效率，减少错误成本，引领门窗行业的发展新潮流。

（8）隔热条及密封胶条

小小的隔热条、小小的密封胶条，却是节能大产业！目前我国建筑能耗已占全社会总能耗的 40％，而门窗幕墙能耗占到了将近一半，门窗幕墙产品对隔热和密封材料的选择不当，是造成建筑能耗增加的主要原因之一。在房地产大变盘的背景下，2022 年隔热条及密封胶条的总产值约 40 亿左右，相比 2021 年基本持平的态势，这也印证了基于"双碳目标"下，隔热条及密封胶条的市场前景被一致看好的市场基调。

首先，优秀的隔热条品牌均具备强大的研发能力，不断为门窗幕墙的整体设计感，产品体验感带来了变化。同时，部分企业具备产业链原材料优势，通过不断地研发与创新，将材料进行了优化匹配与改良升级，确保整个门窗幕墙系统获得尽可能低的传热系数。

建筑隔热条的领军企业、技术专家型企业的代表包括：泰诺风、优泰、白云易乐、信高、源发等，市场表现越发强势，呈现出逆风飞翔之势；而多年来，致力于产品改革与升级的金科利、圣科、宝泰、菲思科等成为了行业新的主力军；采用新工艺、新材料注重节能效果提升，及管理体系培养的融海、科源、炳彰、德诺锋等品牌度提升明显；威帕斯特作为进入国内较早的海外品牌，形成了一定的核心竞争力；而恩信格作为全球隔热条的知名品牌，由于进入国内市场较晚，在市场影响力与业绩方面还需持续努力。

其次，从建筑、门窗幕墙，再到工业，汽车等领域，密封胶条的应用涉及到了节能降耗、减振隔声的方方面面，需求度增加，随着市场蛋糕的做大，企业品牌也将逾期强大。诸如像海达、联和强、瑞得、荣基等以高品质、高性能产品为主的企业，依然是市场内最受追捧的品牌；而窗友、奋发、合和、亿安、新安东等老牌企业更加重视产品材质创新，及项目细节的服务，布局品牌在市场内新的影响力；以品质提升获得更大生存空间的澳顺、瑞达佰邦、金筑友、星耀五洲和高仕达，重视客户维护及服务的企业，在加快品牌及市场培养，局部区域市场内品牌话语权正在加大。

而正面因素则是业界对密封胶条材质的升级换代，已经做到了基本同步，在产品研发方面及产品创新方面认可度较高，品质在竞争中不断提升，市场内低价、低质正在受到抵制，以品质创造全新生存空间，以服务及周期性获得边际利益成为了众多"一线品牌"的共识。

当前，建筑节能与绿色环保，成为门窗幕墙产业链，乃至全社会最关注的焦点，虽然房地产下滑、建筑业短暂停滞，但在 2022 年度内全国众多省市又针对建筑节能，绿色建材要求等纷纷出台规范及标准，并大幅提高了对门窗幕墙的节能性能要求，从各个方面提高保温、隔热效果，并引导市场使用优质节能系统，让隔热条及密封胶条的市场前景较为乐观。

2022 年在区域市场方面，华北、华南、华东地区占绝对优势，最为突出的是华北占比近 24％，华东、华南占比近 22％。华南以幕墙为主，华北以门窗为主，需求量巨大。在国际市场方面，全球众多的幕墙、门窗工程，都选用中国的密封胶条；同时，国际知名隔热条品牌的主要市场在中国。

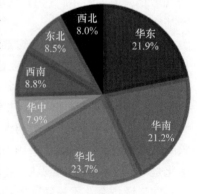

图 17

曾经由于隔热条和密封胶条市场内的产品品质不透明，而产品应用的专业度高，且因其是在型材腔体内,以及门窗边框中使用,难以直观检测,一度让隔热条和密封胶条成为了"鸡肋"产业。

再次,当初中高档市场主要以外资品牌为主,市场中充斥着造价极低的劣质隔热条,带来了产业的"极暗时刻"。"低质、低价"的竞争带来的是市场生存环境的全面恶劣,在隔热条和密封胶条这个"小而精"的行业中,生产企业的技术壁垒和方案设计与创新能力,是这个行业内企业品牌知名度与规模化最大的核心竞争力。

近年来,随着国家标准、行业规范较多的门窗幕墙产品节能,提出了对隔热条及密封胶条的应用和材质要求。同时,隔热条大多应用在隔热型材中,密封胶条是在门窗幕墙封边中,应用场景和时间限制较少,所以销售方的供货订单需求与服务反馈较为固定,能够帮助企业的回收款要求达成,保障了行业内较为良性的发展。综上所述,隔热条、密封胶条等相关产品,成为了降低门窗幕墙整体传热率的关键因素,市场需求持续上扬。

(9)顾问咨询

"是金子,就一定会发光!"2022年全国建筑幕墙顾问咨询行业的市场总体量估算应在30亿上下,行业发展面临着较大的困难。2022年的风险预期估计不足,让顾问行业从头到尾没有能够收获累累硕果,甚至年尾仍然需要催收应收款项,不然接下来的日子会更加难过。

首先,是房地产行业严重下滑带来了巨大影响,房地产企业的资金现状不佳,让顾问行业企业的收款非常困难,年度内大部分企业的收款甚至不到50%,绝大多数行业企业存在入不敷出的经营风险。

其次,行业整体市场情况出现了一定量的下滑,门窗幕墙项目的开工面积大幅减少,房地产新建减少,让高速发展的顾问咨询行业按下了"暂停键",同时还存在着收款难、周期长、项目合作要求增多、责任划分不明确等种种乱象,行业内人才流失严重,制约了行业企业的人才储备及技术升级投入。

以房地产企业合作为主体的顾问咨询企业,需要在未来尽快转型升级,从较为单一的服务类型向多元化服务转变,从咨询官、军师的角色向全面化服务管家类型企业转变,加大对项目服务及周期过程的服务能力,成为建筑全生命周期的"全能型"选手。

同时,精兵简政加强运营与管理机制的升级,让人尽其用、人尽可用,打造行业内的生存新常态,做好过苦日子的准备,尽量开放合作机制,加大与产业链上下游的进一步交流,拓展市场服务面,寻找企业新的产业支柱,为"后疫情"时代的行业发展,带来新的加速力量。

(10)家装门窗市场

万亿规模却无"巨无霸",市场急需"TOP"品牌!2021年家装行业的市场规模大概2.85万亿元,年增速约为18.89%,而整个大家居产业链估计已经突破5万亿。今年在疫情搅动、材料成本上升等因素综合影响下,家装门窗版块仍然表现出十足的发展韧性。

随着住房"存量时代"到来,一些行业呈现蓝海之势,家装就是其中一个持续增长的"万亿级"子赛道,随着我国家装门窗的市场需求在不断攀升,预计将成为家居建材未来十年甚至二十年的朝阳板块,未来市场发展潜力巨大。

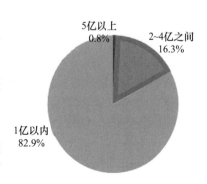

图18 家装门窗产值分布

但如此巨大的市场体量内，甚至总体量超过数百万人地级市的 GDP，却没有行业"巨无霸"，目前，我国家装门窗市场还处于"群雄逐鹿"的混战阶段。虽然已经有了皇派、飞宇、新豪轩、派雅、贝克洛、森鹰、亿合、智成轩、亮嘉、美顺等布局全国、门店较多的家装门窗品牌，以及 YKK AP、AluK、Schüco 等全球知名的海外门窗品牌，但它们在市场内的总占比依然不到 10%。更多的市场份额被分布在各省会，及大、中城市的区域品牌占据，行业龙头企业数量较少，品牌度与市场占有率有着巨大的发展潜力。

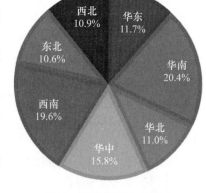

图 19　家装门窗企业分布

2022 年我国家装门窗市场受到了疫情和经济压力的双重影响，在艰难中起步，但受惠于国内城市化进程的加速和消费升级时代的到来，消费者从应付生活，转变为经营生活、享受生活，选购门窗心态也从"将就"，转变成"讲究"。

"智能化"定制是家装门窗的未来，过去一年，中国智能家居设备出货量超过 2.2 亿台，随着消费升级、个体精神需求增强，智能家居已成为人们提升生活幸福指数的刚需。全屋智能将是未来趋势，消费升级则是家居生活向全方位智能化发展的长期驱动力，门窗作为家居产品的主要分类，众多品牌企业也在积极开拓智能化门窗产品。

2022 年随着房地产行业的下滑明显，建筑业又是以"新基建"为主，让工装门窗企业受到影响的同时，家装门窗店也减少了不少来自新房装修的订单。门窗"玩跨界"门槛低，但门窗"跨界大战"门槛高！产品体系、品牌经营、安装售后等业务环节都具有巨大的提升空间，其未来的市场潜力无限，随着年轻消费者对于家居装修的个性化追求越发明显，家装（零售）门窗市场规模也在不断扩容。

由于建筑外窗通常占房屋建筑面积 20%～30%，住宅类建筑竣工面积占比 6 成以上，所以家装门窗的市场主要从"三大类"消费场景产生，即新房装修、二手房装修和存量住宅更新。由此对门窗产品的节能、静音、气密、水密的高性能需求，还有智能化、安全性，以及外观、颜色更具审美个性和品位的整合趋势越发明显，这也为家装门窗行业未来的发展，提供了前提条件。

（11）小众材料

小众却不普通，创新源于"小"细节！门窗幕墙行业里的小众材料，受关注较高的铝板、百叶、遮阳、电动开启扇、防火玻璃、涂料、精致钢、锚栓、搪瓷钢板等，综合年产值超百亿，各自的市场都是有所区分，却也融合在门窗幕墙行业的工程项目内，常常被忽视，实际却是不可或缺的存在。

单单以其中九种小众材料为例，企业"小众却不普通"，每个产品的市场份额区别较大，其行业内的品牌泾渭分明，有些头部企业仅数千万，有些能够达到数十亿的年度产值，跨众多行业与分类。大部分头部企业的总产值是跨建筑、工业、民用等多个行业，其产值较大，但细分到铝门窗幕墙行业内却很小，因此将它们整合到一起来提出。

接下来，中国建筑金属结构协会铝门窗幕墙分会联合中国幕墙网 ALwindoor.com 将重点关注各个细分市场，通过调研走访等形式，落地小众产品的品牌采集与推荐，实现对全行业、全过程的发展规划与指导作用。

（12）小结

数据统计调查工作重点对 2022 年度内的行业数据进行了采集与整理，主要的参与对象来自：幕墙企业、铝门窗企业（工程门窗为主、家装门窗为辅），以及相关配套的铝型材、玻璃、五金配件、密封胶、隔热条、密封胶条、加工设备等众多细分领域。

2022 年在疫情影响下，统计到的年度内行业整体经营状况表明：在房地产大幅下滑，建筑业发展受阻的背景下，让上述细分领域企业均处于困难较大的时期，整个年度内从原材料、劳务用工、工程进度、施工环境、生产计划、客户订单等各个方面统计结果均不理想，行业内大多数从业者都形成了"过冬"的思想认知。

在企业经营过程中，从门窗幕墙行业发展的市场风口与需求端来看，尽管有国家出台的"限期付款"政策支持，但由于房企遭遇土地政策与资金问题带来的资金链问题，以及建筑业总包方 EPC 模式的大力推行，让产业链上、下游之间的资金结算方式不断更新，出现了越来越多的股权合作、金融合作，甚至在三四线不断涌现"工抵房"，打破了传统的直接占款、商票支付、供应链合作等合同模式。

目前，困扰行业发展最直接的问题还是企业缺"钱"，2022 年末"金融十六条""保交楼、稳民生"，在因城施策、支持刚性和改善性住房需求，缓解房地产企业贷款压力等多方面有利政策下，让门窗幕墙行业看到了一片新的发展机遇。

经历过低谷才更有勇攀高峰的渴望，2022 年数据统计调查中各项数据下滑较明显，被行业有志之士视为"2023 重新起航"的全新动力，行业内已经没有了"安逸"的氛围，未来的市场竞争将更为激烈，狭路相逢勇者胜，2023 是勇者的时代，更是品牌重塑辉煌的全新起点。

第五部分　铝门窗幕墙行业市场前景分析

门窗幕墙行业的 2022 年注定是一个大变之年，房地产的震动有多广、烈度有多大，建筑业的转型就有多快、变革有多猛，决定了 2022 年与之配套的门窗厂、幕墙企业、设计院所、顾问公司，以及建筑玻璃、铝型材、五金配件、密封胶、隔热条、密封胶条、加工设备，还有铝板、涂料、锚栓、防火、遮阳、百叶、电动窗、精钢……等生产企业、品牌厂商，整个产业链上、下游的蛋糕怎么分？

适者生存，强者制霸！市场环境的转变，带来的是对企业发展新一轮的讨论，企业不仅要提高管理水平，整合成本控制能力，更要有拓展市场的决心和勇气，新的市场在哪里呢？有的企业有可能就此吃不上这个蛋糕了。

（1）房地产仍然是较大体量的市场，"活"下来的房企会是市场的新热点

地产体量依然巨大，市场信心正在缓步回温！地产经济人士分析：当前的地产市场处于上、下半盘的转换期，出清的过程会非常惨烈，行业重整完了才会进入下半场，在国家坚持房地产行业遵循经济规律下进入新的平衡发展期；其次是中国人口基数大，市场存量比较大，国内较多房产到了年限需要改造新造，每年 2% 就将会是非常巨大的体量，国内房产保质期 50 年；再次是未来地产市场内，全国性房地产公司将减少，区域地产公司增加，地产的总体规模会保持在一个稳定的区间，初步估计仍是 10 万亿起步；最后是房地产的转型与

周期性有关，未来房地产行业的平均利润率仍高于社会平均利润率，高于一般的企业利润。

面对着体量依然巨大的房地产市场，震荡只是一时的，铝门窗幕墙行业的企业，谁能坚守，谁能率先转变观念，敢于在波谷等待，才能再次攀上波峰，享受荣耀。

（2）未来的项目市场较为集中，自贸区不可忽视

2022 年门窗幕墙工程项目热点与房地产项目市场发展息息相关，而房地产行业的集中变化又与人口与区域有着密不可分的关联，城镇化建设与城市群建设同步下，各类优质门窗幕墙项目将集中涌现。随着一系列国家战略的实施，以及国家区域规划的出台，推动着门窗幕墙行业市场中心不断向其他直辖市、省会城市等二三线城市转移，宏大的区域经济振兴规划，将形成巨大的门窗幕墙行业市场需求。

二十大报告中强调，要坚持以推动高质量发展为主题，把实施扩大内需战略同深化供给侧结构性改革有机结合起来，增强国内大循环内生动力和可靠性，提升国际循环质量和水平，加快建设现代化经济体系，着力提高全要素生产率，着力提升产业链供应链韧性和安全水平，着力推进城乡融合和区域协调发展，推动经济实现质的有效提升和量的合理增长。

同时，并着重提到了自由贸易试验区建设，加快建设海南自由贸易港，实施自由贸易区提升战略，扩大面向全球的高标准自由贸易区网络，带动的是海南岛这片实验之地的项目建设全面铺开并加快，将带动众多国内建筑企业与铝门窗幕墙企业的产能提升。

（3）文化数字化战略带动了全国一盘大棋

在二十大后，国家文化数字化战略，实施国家文化数字化战略，健全现代公共文化服务体系，创新实施文化惠民工程，新的文化数字化项目会陆续在各地落地。

重大文化产业项目带动战略，健全现代文化产业体系和市场体系，实施重大文化产业项目带动战略。文化产业是一盘大棋，打造的是民族之魂，文化建筑项目具有高投入、高标准、严要求的特点，作为建筑中文化的关键元素——外立面，成为铝门窗幕墙行业必须抓住的机会。

（4）"认房不认贷"驱动保障性住房成为市场关注焦点

多地楼市出台"认房不认贷"，对购房者的补贴提高，从"房住不炒"过渡到"租售并举"，从"抑制"到"分流"。历经 2017—2022 年的五年"调控和压制"，中国"炒房团"和"炒房现象"已经被彻底"消灭"干净了，就连银保监会都公开宣称：房地产金融化泡沫化势头得到实质性扭转。这说明过去五年的"房住不炒"政策，已经取得了阶段性的重大胜利。

然而，接下如果仅仅依靠"房住不炒"政策，并不能真正解决城市居民的住房问题，更不能达到"关于支持刚性和改善型住房需求"的目的。所以这一次省略"房住不炒"，重点提及"租售并举的住房制度"，可能意味着未来五年，"楼市政策将会持续优化"，甚至会"更加放松"，为门窗幕墙及相关配套材料的应用带来市场空间。

（5）2022 "35 号文"标志着绿色建筑进入实施阶段

财政部、住房和城乡建设部、工信部三部门联合发布《关于扩大政府采购支持绿色建材促进建筑品质提升政策实施范围的通知》，再度释放积极推广应用绿色建筑和绿色建材，大力发展装配式、智能化等新型建筑工业化建造方式的强调信号。

升级绿色建材政府采购扶持力度，不仅提升了采购品质，更能够强化政府采购在国民经济高质量发展中的引擎作用，引导行业转型、升级，推动我国经济增长方式实现"弯道超

车"，意义深远，积极且务实。

未来伴随产业升级浪潮，绿色建筑、建材等将成为建筑装饰行业新一轮成长周期的重要推动力，新型城市化建设带来了金融、科技企业的总部建设，推动城市进一步发展。同时，文化类场馆、城市科技园区等，也为城市基础建设添砖加瓦，为门窗幕墙行业项目拓展带来支撑。

(6) 门窗幕墙行业的"新"时代

门窗幕墙行业在"双碳目标"下即将跨入"新"时代：

"新"材料，现有的铝门窗材料，大部分以金属、玻璃和天然石材为主，这些材料的生产存在能耗高、破坏自然环境和过度消耗天然资源等诸多方面的不利影响，是阻碍"双碳"达标的因素之一。随着科学技术的发展，利废、低耗、轻质、高强的人工复合新型建材正在不断产生，应该加以研究并探讨应用，比如仿真利废再生材料、免烧制品、复合材料。

"新"系统，为降低能耗，实现建筑节能，绿色清洁能源包括光伏幕墙等新系统，利用太阳辐射热能设计光热幕墙，通过建筑内的能源输送和交换系统为建筑内部提供热水或循环可用的热气也可降低碳类能源的消耗。

"新"技术，优化门窗幕墙的装配式技术，满足建筑装配式要求，例如提高单元式幕墙的设计标准，利用人工智能、软件算法、BIM技术，逆向形成工程现场数字模型和预装数据及效果。

"新"气象，让既有门窗幕墙的升级改造进入全面实现的时期，让更加高质量的门窗幕墙产品替换既有的旧门窗幕墙产品，突出产品安全与维护，实现建筑改善及建筑节能改造，实现对建筑环境的全面升级。

第六部分　铝门窗幕墙行业政策及企业发展分析

(1) 门窗幕墙行业的人才储备机制需要尽快提升

2022年对比前两年，门窗幕墙行业的利润下降，存在着多方面原因，其中企业管理也是重要的一环，密集产业市场需求转移，倒逼我国产业转型升级。行业转型升级，带动行业企业人才储备及培养升级，人才机制继续改革。

目前，建筑产业工人面临的工作临时性强、流动性大、作业时间长、环境恶劣、老龄化严重、企业归属感差、文化程度低、技能培训不足、劳动权益与社会保障不到位等诸多现实问题依然没有得到根本解决，严重制约了我国建筑行业的发展。

"十四五"时期，新一轮科技革命和产业变革推动全球产业链、供应链、价值链加快重构，以大数据、物联网、人工智能、区块链等为代表的数字科技，已成为推动产业转型升级的核心力量，因此行业内广泛提升工资及激励制度，从过去粗放式的管理理念和管理方法，转变为以员工为中心的精益化管理，转变短期用工思维，从管理理念、方法、激励、环境、机会、福利等各方面，根本上转变劳动力的观念，形成一支秉承劳模精神、劳动精神、工匠精神的知识型、技能型、创新型建筑工人大军，这也完全符合国家对建筑工人产业化培养的目标。

(2) 逐渐取消"劳务分包"，实现企业自有工人施工

2022年，多地提出针对"劳务分包"现象的"建筑企业自有工人队伍"培养，积极探

索全面取消劳务分包：总承包、专业承包企业必须采用自有工人施工，或分包给全资、控股、参股的自有专业作业企业施工，不得分包给其它专业作业企业或个人。

鼓励支持现有劳务企业加强与总承包、专业承包企业的合作，通过划、转、并、购等多种方式转型为总承包、专业承包企业控股或独资的自有专业作业子公司；要从源头上杜绝工人在岗数量不足、技术证书人证不符、以管理和后勤冒充自有工人等情况，并且让临时挂靠、未经考核的外部流动人员或没有实名制信息的人员进入"黑名单"的方式，把工程项目的不可控因素降到最低。

未来的门窗幕墙用工将是以专业作业企业为主，逐步实现建筑工人公司化、专业化管理，所以不管是农民工、包工头还是劳务公司，如果不想被社会淘汰，最好顺应趋势，提前布局，谋划转型！

（3）新招投标法将更加制约饱受诟病的"最低价中标"

"最低价中标"这一行业内广为诟病的问题受到高度关注！2021 年 5 月，国家发改委公布了招标投标法（修订草案公开征求意见稿），标志着已经实施了近 20 年的招标投标法将迎来大修。

2022 年期间在针对"最低价中标"行为中，4 条大修后的提议最值得关注，它们分别是：

（1）不得低于成本影响合同履行的异常低价竞标；

（2）招标要按照实际需求和技术特点确定评标方法，选择全生命周期内能源资源消耗最小、环境影响最小的投标；

（3）中标前招标人不得就招标价格、方案等实质性内容进行谈判；

（4）评标提出书面评估报告，对不超过三个中标候选人展开优势、风险等说明，不表明排序。

经过调整最低价优先的交易规则，研究取消最低价中标的规定，取消综合评标法中价格权重的规定，按照高质量发展的工作要求着力推进优质优价采购，建筑企业的经营者们，翘首以盼招标投标法的大修对"最低价中标"有个说法，能合理地兼顾招标投标双方的合法权益。

现在看来，盲目地以最低价中标的方式，从此将得到遏制，招标投标市场将步入健康的轨道，这次招标投标法大修，变动非常大，使招标投标法更完善、也更符合规范建筑市场的实际。

（4）新的施工许可管理方案利于门窗幕墙行业

住房和城乡建设部修改《建筑工程施工许可管理办法》对建筑企业是利好，着重强调《建筑工程施工许可管理办法》修改部分对施工企业的重要性，在建筑市场的几方主体中，施工方毫无疑问是弱势的一方，面对甲方建设单位的强势，乙方施工企业往往只有选择委曲求全，甚至忍气吞声。因此，只有依靠越来越完善的法律法规，为弱势一方主持公道。

52 号令中《建筑工程施工许可管理办法》把原 18 号令中相应管理办法第四条第一款第五项修改为"有满足施工需要的资金安排、施工图纸及技术资料，建设单位应当提供建设资金已经落实承诺书，施工图设计文件已按规定审查合格。"要想上项目，资金、图纸、技术资料当然是必须的，让建设单位应当提供建设资金已经落实承诺书，这是开天辟地头一回。此条款确实增加得好，非常接地气。

（5）提高工程价款支付比例与方式

2022 年 6 月 22 日，财政部、住房和城乡建设部联合发布《关于完善建设工程价款结算有关办法的通知》，就提高建设工程进度款支付比例、当年开工且当年不能竣工的新开工项目，可以推行结算等事项的过程指导。

自 2022 年 8 月 1 日起施行，自此日期起签订的工程合同应按照本通知执行。其中明确：政府机关、事业单位、国有企业建设工程进度款支付应不低于已完成工程价款的 80%；在结算过程中，若发生进度款支付超出实际已完成工程价款的情况，承包单位应按规定在结算后 30 日内向发包单位返还多收到的工程进度款。

（6）为企业减负，取消保证金等

住房和城乡建设部及多个省市在 2022 年纷纷出台有利政策，持续推进减少工程建设领域涉企保证金，优化营商环境，降低制度性交易成本，让企业拥有更良好的资金状况，充分激发市场活力。机关、事业单位、团体组织使用财政性资金进行政府采购工程招标投标活动的，招标人不得收取投标保证金；与中标人签订合同时，招标人不得收取履约保证金。

招标人、招标代理机构收取投标保证金、工程质量保证金的，投标保证金金额不得超过招标项目估算价的 1%，且最高不超过 50 万元。工程质量保证金预留比例不得高于工程价款结算总额的 1.5%，在工程项目竣工前，承包人已经缴纳履约保证金的，发包人不得同时预留工程质量保证金。

采用工程质量保证担保、工程质量保险等其他保证方式的，发包人不得再预留工程质量保证金。

（7）为建筑工人护航，订立劳动合同范本

2022 年 12 月，住房和城乡建设部印发《建筑工人简易劳动合同（示范文本）》，规范建筑用工管理，保障建筑工人合法权益，更好地为建筑企业和建筑工人签订劳动合同提供指导服务。

根据目前中国建筑业的基本情况，并结合我国基本国情和有关法律司法解释规定，在建筑行业企业内 95% 甚至更高比例的农民工与其"名义上的雇主"（劳务公司或建筑公司）并不存在劳动关系，道理非常简单，它的"实际雇主"另有其人，因此不宜强制要求劳务公司与农民工签订劳动合同，也不易认定二者之间存在劳动关系。如果这样做，有违反劳动合同法的嫌疑，也让众多建筑企业头顶高悬农民工社保的达摩克利斯之剑。

住房和城乡建设部和人社部迈出了关键的一步，将建市〔2019〕18 号进行了实质性的修改，凡是涉及到农民工劳动合同的条款，一律修改为"劳动合同或用工书面协议"，并且在修订后的第八条，旗帜鲜明的提"对不符合建立劳动关系情形的，应依法订立用工书面协议"。

第七部分　门窗幕墙行业市场热点分析

2022 年，地产去金融化、财政去土地化……这些正在发生，我国即使在贸易摩擦不断升级、被各种措施打压、疫情突袭的最近几年，经济总量也没有停止过增长，从基本趋势讲，中国经济的体量仍然在增长的上升周期，但深刻的改变正在眼前。

2022 年门窗企业的成本居高不下，除生产成本与材料成本外，往往会忽略隐形成本。

隐形成本为成本中较大的部分，包含人才流动成本、加班成本、制造流程成本、会议成本、岗位错位成本、采购成本、沟通成本、停滞资源成本、企业文化成本、信用成本、风险成本、企业家成本等，会给企业带来巨大的负担，工厂在经营管理中，常常要背负着很多负担，而隐形成本正是其中最重的一项。发现并有效降低隐形成本，也许是工厂进步的有力举措。

铝门窗幕墙行业需要抓住机遇，以"科技创新"解决核心问题；以"数字化和智能化"顺应大势所趋；把握全球化趋势；关注"产品与品牌"的双重消费升级；增强本土化自信；我们有着优秀的企业和开放的政策，有着最美好的时代，我们的行业需要不断做优、做强，掌握"独门绝技"，成为工程项目的"冠军"，或单项冠军、配套专家。

（1）铝型材需要重视海外订单

2022 年我国铝型材行业克服了铝价大幅波动、能耗双控、有序用电、疫情多点散发、多地严重洪灾、国际航运成本飙升等诸多困难，取得了铝材产量、规模和出口"三增长"，全行业统筹疫情防控与产业发展取得超预期成绩。

伴随着国际经济局势的转变，国内资源优势与整合优势成为了铝型材企业重大的竞争力，虽然近期伴随着铝锭价格的回落，经营风险加大，但以"规模化求利润量"的主导思路不会改变，海外市场的同类产品与国内相比明显存在着价格差异，海外出口订单未来将持续上升，铝型材企业需要开足马力增加产量。

（2）玻璃行业需要重点加强"光伏玻璃"

玻璃是我国目前最大的建筑材料，2021 年，我国玻璃产线新增 26 条（新/复产），玻璃行业的产能继续扩大，2022 年上半年，由于玻璃企业能够获得较为稳定的持续利润，使得玻璃企业特别是拥有浮法、原片，及相关原材料的企业，渡过了一段难得的好时光。

然而进入下半年，房地产行业大幅下滑的现状，让建筑玻璃市场一地鸡毛，市场突破的重点在于新产品与新市场领域，恰逢其时，光伏建筑、新能源的市场正在快速扩张，玻璃行业需要重点强化"光伏玻璃"产品。

（3）五金配件避免同质化，智能化方是正道

2022 年，房地产下滑为五金企业带来了巨大的经营负担，但市场内存量房和既有建筑更新，让 00 后、10 后的年轻人也成为了市场主体之一，五金产品同质化成为了约束企业利润最大的拦路虎。

加大产品智能化研发，将五金产品与门窗深度融合，打造智能门窗五金配件将成为打开新市场的钥匙，尤其是五金产品的新功能研发与新造型创新必须结合时代背景，以疫情为例——抗菌五金（把手、门锁等）是老百姓喜闻乐见的，特别是在儿童房上使用和厨房的应用会非常多。

市场已由粗放型的竞争向经济性的竞争转变，对品质和口碑更为关注，房屋的建造、装修设计以及五金配件的配置，将受到越来越多的重视，产业当前的优质客户群体集中度更高，未来的竞争将更加集中。

（4）绿色建筑胶产品与多元化经营

经过多年发展与积累，我国已成为全球密封胶生产和消费大国，主要应用在门窗、幕墙，以及中空玻璃等领域，其中门窗是建筑密封胶主要应用场景，占比超 40%。

在"碳达峰、碳中和"战略目标下，装配式建筑、光伏建筑一体化将迎来爆发增长时

期，建筑密封胶高端市场发展空间广阔，从工程到家装，从密封胶等企业充分利用多元化经营思路，从大的工业、交通等领域，也从小的家装，如瓷砖胶、免钉胶等开展产品延伸。

在未来市场发展中，相关企业在扩大产能规模的同时，仍需加大产品、技术研发投入，凭借质量、规模、品牌等优势抢占更多的市场份额；同时建筑胶产品具备工业与交通等多个应用的可能，开展多元化经营，让企业的"武器库"与现金流更加充裕，是决策者应该重点思考的内容。

（5）低碳春风！引领隔热条与密封胶条产业

目前我国建筑能耗已占全社会总能耗的40%，而门窗幕墙能耗占到了将近一半，门窗幕墙产品对隔热和密封材料的选择不当，是造成建筑能耗增加的主要原因。

2022年建筑节能与绿色环保，成为建筑业、房地产，以及全社会最关注的焦点，全国众多省市针对建筑节能，纷纷出台规范及标准，并大幅提高了对门窗幕墙的节能性能要求，从各个方面提高保温、隔热效果，引导使用优质节能系统。同时，绿色环保、可循环利用也是建筑市场对材料应用的全新要求，而隔热条、密封胶条等相关产品，是降低门窗幕墙整体传热率的关键因素，市场需求持续上扬。

（6）门窗行业重拳出击：门窗保险

在新闻中常常看到"门窗掉落""窗扇被风吹掉"等，这对处于门窗环境中的行人和车辆等带来了巨大的安全隐患，而且出现此类社会事件后，责任认定和赔偿纠纷难以了结，让老百姓对门窗的使用安全和质量问题忧心忡忡。

2022年，面对如此棘手的市场热点问题，众多门窗品牌率先提出解决方案，尤其是以上海建科院牵头的工装门窗品牌，以及广东地区以家装门窗品牌，纷纷主动与第三方保险公司合作，积极制定"门窗保险"，保险的本质是加强门窗品质管理，提升使用安全。

门窗品牌企业为提升市场用户信心，通过与国际知名保险巨头合作，确保从型材五金选择、门窗制造工艺，再到安装流程规范，把控每一个细节，匠心炼就精工品质，确保每一扇门窗的安全防护性。门窗保险不仅是一项保险，更多的是一种责任和担当，是家装门窗品牌对自身产品拥有的决心，具备对己严苛的标准，让市场上的老百姓有了更大的信心，也能够让搅乱市场的劣质竞争者的生存空间一减再减，让家装门窗行业更加有序、稳定的发展。

综上所述，随着建筑业、房地产进入稳定阶段，也为门窗幕墙行业带来了更多的变化，前期为了迎合产业链高速发展而建厂，过度扩张的门窗幕墙行业企业，及配套材料企业正在"还旧账"。而以稳为主的长期主义者，重视产品研发及市场积累的品牌，却在逆境中享受到了市场红利。

第八部分　铝门窗幕墙行业新技术应用

2022年市场对门窗幕墙优质产品的关注度越来越高，自媒体的广泛应用，引领了越来越多的行业内部开展自我救赎，希望通过自身拓展行业深度，深挖市场潜力，打通上、下游关节。

建筑师作为建筑的创造者，一直是建筑行业创新的源头，创新设计是每位建筑师的终生追求和梦想。新特材料作为建筑表皮构成元素，在建筑的创新和发展中扮演着不可或缺的角色，设计师也要加入到创新应用的队伍中来，不断的挖掘新材料、新工艺，为人类社会建筑的多元化发展做出贡献。

同时，市场需求对产品性能、质量、美观、节能等都提出了新的要求，从"大行业、小公司"的无序竞争阶段，到开启存量搏杀的新时代，门窗幕墙市场已进入一个前所未有的大转折时期，消费场景、营销服务、供应链管理、生产制造、产品研发等环节都在发生深刻变革，企业要想健康可持续发展，利润要一点一滴的"挖掘"出来。

随着社会经济发展，建筑个性化越来越强，对应的建筑形体越来越复杂，建筑材料也越来越丰富，现有的常规建筑装修材料主要包括玻璃、铝板、干挂石材等已经很难满足个性化的需要，出于循环利用与科技进步，出现了很多非常规材料，这些材料相对常规材料，在加工成型工艺及安装工艺等方面均有所区别，对加工厂和施工单位都提出了很大的挑战。

1 新型镀钛板结合了"质优与价廉"

钛金板作为高档应用材料，具备自愈性与优质的延展性等，但因其较为昂贵的价格，仅在高档写字楼、高档中心、文化中心等较少的建筑中使用。目前市场中出现了新型板材——新型镀钛板，在理论上铝板和不锈钢板均可以作为钛金板的基层，经过试验对比，铝板镀钛后因为铝板本身的材料属性，最终形成的钛金板没有金属光泽，且局部有镀钛不均匀形成的色差。而不锈钢板作为镀钛的基层，因为不锈钢板本身的特性，通过金属打磨处理后，本身的平整度和光泽度很高，镀钛之后形成的镀钛层很均匀，金属感也很强。新特材料目前在少数建筑中采用，一些新型建筑装饰材料大规模应用的影响因素很多，包括建筑需求、价格因素和工艺水平等等。

随着科学经济的发展和加工工艺水平的进步，有越来越多的新型建筑材料应用到建筑工程中，通过早期项目的应用经验的不断积累，为后期材料的大规模使用提供良好的经验。

2 绿色的复合板材具备全面应用趋势

随着我国绿色建筑的发展及绿色新型建材认证工作的推广，我国新型建材正朝着节约资源、节省能源、健康、安全、环保的方向迅猛发展。作为建筑幕墙主要材料的幕墙面板材料，也在向着轻质、高强、节能、耐火、环保和集成化的方向发展，新型建材已成为建筑幕墙现代化不可缺少的环节。

当前，我国建筑幕墙面板和构件材料的选用，已从过去简单的玻璃、石材、金属板材发展到各种各样的人造板材、高性能复合材料和集成构件等，对材料的各种性能要求都有了全面的提高，以不燃级铝复合板、钛、铜、不锈钢复合板、双金属复合板、非金属板（免烧瓷质饰面再生骨料板、轻质高强陶瓷板、人造石面板、超高性能混凝土板（UHPC）、饰面涂料（免烧釉面涂料、水性纳米烤瓷涂料）、无机防火保温一体化板、陶瓷太阳能集热板、智能调光玻璃、高压热固化木纤维板等绿色复合板材将逐渐成为市场首选，实现全面应用。

3 "光储直柔"带来 BIPV 的春天

2022 年 10 月底，国务院印发的《2030 年前碳达峰行动方案》对推进碳达峰工作作出总体部署，其中的"光储直柔"，就是重点在于深化可再生能源建筑应用，推广光伏发电与建筑一体化应用，提高建筑终端电气化水平，建设"光储直柔"建筑。

根据方案计划到2025年，城镇建筑可再生能源替代率达到8％，新建公共机构建筑、新建厂房屋顶光伏覆盖率力争达到50％，新建建筑对光伏建筑一体化的应用正式大量开启，在光伏玻璃、光伏幕墙及材料的市场中。

未来BIPV在建筑中的应用市场将大幅增长，市场前景可期。

4 智能化、自动化技术是设备市场的必选项

门窗幕墙行业的发展与上、下游产业链的发展密不可分，在工业化4.0的发展模式基础下，未来的无人化工厂、自动化应用等工厂环境将逐步取代现有的密集型与非节约型工厂环境。

智能化、自动化技术广泛应用的工厂及设备加工车间会具备更广阔的应用空间，结合大数据技术的加成，市场内的功能细分将更快、更完善。早在疫情的反复倒逼下，智能化、自动化生产的设备流水线的订单量增长越发明显。

未来，国家大力倡导发展建筑工业化，在此载体上，以自动化、智能化升级为动力，创新驱动为核心，加大智能化、自动化建造在工程建设各环节的应用，形成涵盖科研、设计、生产加工、施工装配、运营等全产业链，成为了铝门窗幕墙行业内设备市场新的增长点。

5 数字化、可视化技术应用

建筑设计与幕墙设计的有机融合，让数字化、全可视化、全流程管控技术的发展成为前卫技术。建筑工业化的发展脚步加快了如VR、MR等技术引入建筑领域，随着3D扫描、二维码、物联网、云计算、区块链、元宇宙等科技的融合。

目前在行业内应用可视化最多的是施工现场管理，以及BIM技术为核心的门窗幕墙数字化应用，在建筑项目设计之初，既开始对全建筑过程的管控，实现了"所见即所得"的项目效果，科技性拉满。

6 材料循环利用技术

现有的建筑门窗幕墙材料，大部分以金属、玻璃和天然石材为主，这些材料的生产存在能耗高、破坏自然环境和过度消耗天然资源等诸多方面的不利影响，是阻碍"双碳"达标的因素之一。为了节约材料，减少利废，降低能耗，提高建筑性能，以再生铝进行加工的新型构件龙骨材料，以利用石材废弃物等制造高仿真板材来替代天然石材，以利用废旧木材再利用生产的复合木方等，在铝门窗幕墙行业内逐步推广应用，各类人造板材、高性能复合材料和集成组合类再生材料，通过不断研发提升性能，已成为环保和集成化发展的新方向。

7 从绿色认证到"绿色建材"应用

"双碳目标"驱动下，对既有建筑的"绿色化"改造，对城市更新的"绿色化"布局，对"绿色建材"的大力推行，对装配式建筑的全面支持，让绿色新型建筑成为了未来发展的首要方向，尤其是借助"高性能幕墙、智慧式门窗，以及因地制宜的BIPV体系"等先进设计手段和科学营建工法。

中国绿色建筑实现跨越式增长，在此过程中，全过程绿色建筑技术创新成为了从设计、组织、施工及维护的整体驱动，建筑材料采用可回收降解，屋顶实现光电技术等等，这还仅仅是最常见的"超低能耗"绿色新建筑的冰山一角，"中国建造"优化升级，让铝门窗幕墙行业的绿色创新全面受益。

8 智能门窗成为全屋智能先锋

智能门窗是全屋智能大趋势背景下的时代产物，是全屋智能发展进步的必然结果，随着5G 时代的到来，万物互联的趋势越发明显，门窗智能化的进步巨大，已经从初级的"电动开启""远程控制""语音控制""风雨感应"等功能形态，向深度、全屋智能进步。

风口已至，行业格局逐渐形成，智能门窗，作为智能家居的重要组成部分，入网与全屋智能产品互通互联，决定着全屋智能一体化的宽度与高度。新一代智能门窗的显著特点是"感知能力""生活适态""互联互通"，成为有感知、有互联互通、有习惯的全屋智能组成部分，普及与全面覆盖，智能门窗是智能家居最后的一块拼图。

随着智能家居各品类产品的不断完善和丰富，全屋智能已基本实现家居室内空间所有产品的智能化。门窗作为建筑外立面，是智能家居不可或缺的重要组成部分，实现智能化转型升级，加快与智能家居"互通互联"是大势所趋。

9 智能建造成为建筑现代化主要途径

现在，智能建造已成为建筑业发展的必然趋势和转型升级的重要抓手，也是建筑业转型升级的必经之路。智能建造是通过计算机技术、网络技术、机械电子技术、建造技术与管理科学的交叉融合，促使建造及施工过程实现数字化设计、机器人主导或辅助施工的工程建造方式，是加快建筑业转型升级，实现建筑业现代化的主导途径。

智能建造的实现只要通过几个层面，打造信息技术与工程建造融合形成的建造新模式；在工程要素资源数字化的基础上，通过规范化建模、网络化交互、可视化认知、高性能计算以及智能化决策进行全面赋能；实现数字链驱动下的立项策划、规划设计、施工生产、运维服务一体化集成与高效协同，交付以人为本、智能化的绿色可持续工程产品与服务；促进工程建造过程的互联互通、线上线下融合、资源与要素协同，是实现建筑业高质量发展的重要依托。目前，全国范围内已经建成一批智能建造示范工地，形成了积极的社会效应，有力助推了我国智能建造的发展进程。

拒绝"躺平"、拒绝"裸泳"，抓住"绿色、低碳、数字化、新市场"，让中国品牌闪耀世界，让全球品牌服务中国，以高质量的门窗幕墙发展观坚定不移助力中国式现代化！

技术创新与产品升级正在成为中国门窗幕墙产业链优秀品牌、优质企业生存与发展的核心竞争力，"顺势而为"方能事半功倍，行业无论"势"强与弱，始终都会存在，而且越是在"势"弱的时候，越发显现出优秀的企业的竞争力，也越发显现出哪些企业在"裸泳"，在"势"弱的时候，往往就是竞争更加激烈的时候，也是企业优胜劣汰的关键时期！

在国家战略层面，建筑低碳化已是大势所趋，绿色建筑建材，尤其是装配式、工业化建造模式，系统门窗、品质幕墙、智能遮阳、自然通风、隔热保温等配套产品，是实现建筑行业"双碳"目标的重要技术路径。建筑行业是我国实现"双碳"目标的主战场之一，在相关政策引导下，绿色建筑、绿色建材、装配式建筑、光伏建筑一体化、可再生材料应用、数字化应用等行业将迎来爆发增长期，进而带动门窗幕墙行业中节能门窗、科技幕墙等产品需求持续释放，各类配套材料市场发展潜力加大。

同时，随着建筑的高端化发展，市场对建筑材料的品质、性能、质量、可循环利用等要求不断提升，将推动行业向高端化、多功能化、环保化、多元化方向升级。

"量变，才能带动质变"——建筑业、房地产行业作为稳经济大盘重要的一环，在行业出清和整合后，必将在新周期下重新焕发生机，门窗幕墙行业的所有人"不躺平"的自救，不忘初心的坚持，积极乐观的应对，终将铸就一首伟大的"赞歌"。

2022—2023中国家装门窗市场研究与发展分析报告

雷　鸣[1]　曾　毅[1]　邱建伟[2]　李　健[2]
1. 中国幕墙网　2. 广东新合铝业新兴有限公司

1　开篇：国际、国内的经济形势

近年来，全球经济一直受到一个接一个的打击：疫情危机、地缘危机、战争危机、供应链危机、能源危机等，所有这些都导致了全球生产和供应的一系列系统性问题，也让全球经济出现阶段性衰退，部分国家债台高筑。

疫情大流行使全球GDP下降了近7%，这是自第二次世界大战以来最大的经济衰退。封锁对物流的打击最大，由于病毒的传播，大型运输枢纽被迫停止工作，全球原材料运输出现停顿，能源供应也出现问题，积累的货物无法快速交付，这导致许多地区货物短缺并加速通货膨胀，原油、铝锭、玻璃等大宗原材料出现不稳定的大涨大跌，门窗作为生产加工类产品受到材料的限制，影响是非常直接的。

2　产业链：国内建筑业和房地产的状况

国内正处在一个大变革的时代，建筑领域、地产行业出现"大洗牌"的现状，市场供需链条逐次传导，让生产制造企业的发展呈现波段化，部分行业企业发展信心不足。建筑业在2021年保持低速稳定增长的基础上，2022年依然保持了同比2.8%左右的增长；但房地产业在2021年调控升级以来，2022年更是出现了大幅下滑，同比跌幅在20%以上。

门窗产品的市场要迎合建筑业、房地产，在新时代背景下的新发展方向，在新型建筑工业化、智能化、绿色化的深度融合下，将传统门窗工艺与信息技术、数字化技术相结合，与"双碳"目标相融合，配合装配式建筑、BIPV、被动房、低碳建筑等新建造方式为载体，新品质的门窗产品才能够实现再次突破。

3　家装门窗行业的发展现状

3.1　家装门窗的产品介绍

建筑门窗在数十年前并不被重视，甚至在2008年以前，建筑业与房地产业等上游产业链也没有对公用、商用及住宅建筑中的门窗引入品牌化管理及采购要求管理，市场上充斥着大量低劣门窗产品，工程项目类交付的门窗产品中的80%达到国标的最低要求。自2008年到2019年疫情前，受到建筑业与房地产业的精细化管理和成本、品牌管控变革，门窗品牌及品质化进入大众视野，众多门窗品牌企业开始建立品牌化快车道，不论是工装门窗还是家装门窗在这一阶段内投入呈现逐年上升趋势，产值增长也非常明显。

家装市场内常见的六大类材质的门窗包括：（1）实木窗，一般只出现在复古、仿古的家居环境中，大气奢华，尤其是高档商业建筑与别墅经常选用，木材绿色环保，有益于身心健康。（2）塑钢窗，具有优良的耐酸、耐碱、耐腐蚀性能，安装方便，国内的市场竞争导致价格低廉，缺乏品牌空间。（3）铝合金门窗是当下最受欢迎的门窗类型之一，材料可根据要求设计成不同的窗户类型，包括推拉、平开、上悬、平开上旋等，材质强度较大，能够适应国内多种不同地理环境，在制造过程中容易成型，能满足不同层次消费者的需求。（4）钢窗，具有优良的耐磨、耐腐蚀和抗氧化性能，表面光泽亮丽，但自重较塑窗、铝窗更大，工艺度及安装较为不便。（5）铝包木窗，是时下新流行的门窗类型，保留了实木的优点，又拥有铝窗的多种特点，大大提高了实木的性能，门窗的外观看起来更加美观，贴合中国传统文化的审美观。（6）断桥铝窗，在铝合金的基础上采用"断桥"技术，将铝合金容易导热的性能加以改善，阻挡及降低热量传递，能够起到很好的节能效果，价格适中，受到市场热捧。

随着大家的生活需求变化，家装门窗衍生出许多不同类型的产品，按照性能要求分为：普通型、隔声型、保温隔热型。窗按照开启形式分为：平开旋转类（平开合页、滑轴平开、上悬、下悬、中悬、滑轴上悬、内平开、内平开下悬、立转）、推拉平移类（推拉、提升推拉、平开推拉、推拉下悬、提拉）、折叠类（折叠推拉）。

门按照开启形式分为：平开旋转类（合页）、推拉平移类（推拉、提升推拉、推拉下悬）、折叠类（折叠平开、折叠推拉）。

随着节能技术、材料技术、物联网发展，家装门窗出现低能耗/近零能耗平开门、低能耗/近零能耗平开窗、智能平开门、智能平开窗、智能提升窗等。

3.2 家装门窗行业的市场现状

据家装门窗业内专业人士表示，我国家装市场当前规模超2万亿元，预计未来五年有望维持近两位数的增长。家装行业已经成为住房存量时代持续增长的万亿元级"新赛道"，广阔的市场空间和高度分散的市场格局，吸引着无数门窗产业链上、下游的介入。除工装门窗企业纷纷转型家装以外，家居行业也出现了大型企业发展家装门窗这块，甚至与之配套的铝型材、建筑玻璃、五金配件，还有密封胶、隔热条和密封胶条等各类配套材料，也纷纷切入家装"赛道"。

然而，家装行业正在加速洗牌，品牌化影响力加大，行业金字塔正在扩大，头部企业的市场占比份额逐年递增。《2021中国门窗行业发展趋势蓝皮书》显示，虽然我国门窗行业格局仍然较为分散，头部企业的影响力也正在逐步加大，龙头企业皇派、森鹰、飞宇、贝克洛等在2021年家装门窗行业市场占有率保持领先；而YKK AP、旭格、阿鲁克等海外品牌，也一直拥有良好的市场销量及口碑。同时，建业（墅标）、欣叶安康（智宬轩）等工程领域的代表品牌，也纷纷从中开拓出一定市场。

单从零售端来看，营收超过10亿的窗企有2家，超过5亿的有5家，2亿以上10家左右，此外更多的是营收1亿~2亿元之间的企业，基本还处于成长阶段。业界普遍认为营收突破2亿元，才能拿到"系统门窗"溢价权的门票，这也使得门窗企业更加专注产品与服务的提升，走"品牌化""规模化"的成长之路。

家装门窗市场主要从三类消费场景产生，即新房装修、二手房装修、存量住宅更新，市场销售方式以经销和直销模式为主。家装门窗品牌的经销店，有几种渠道，比如与装修公司合作进驻主材馆、门店的自然进店客户，以及商场内其他材料商引荐过来的客户，还有线上客户经过短视频平台引流到线下门店来选购。

近年来，在经销商模式取得的收入增长，也在一定程度上反映出门窗行业终端需求的变化，这也是多数企业会采取的销售方式。另外，头部企业也在尝试直销模式，将车间与市场、消费与生产相联通，达到生产前置化，降低生产、库存与运输等多个环节的消耗与成本，这样的直销模式需要大量资本投入，需要提升生产与销售的一体化管理，目前直销模式产生的销售收入仍然无法完全超越经销模式，两者在现有市场情况下存在互补的关系。

家装市场对于铝合金门窗需求量越来越大，所以市面上的品牌也越来越多，根据不完整统计目前铝合金门窗厂家数量超 30000 多家，其中这些年也涌现了一批优秀的品牌，例如新豪轩、派雅、皇派、飞宇、蒙特欧、墨瑟、穗福、富轩、圣米兰、新标、百利玛、德技优品、安格尔、博仕、欧铂曼、欧哲、亿合、红橡树、唯美宅配、圣梵诺、欧迪克、意博、诗尼曼、罗兰西尼等。

由于广东的门窗产业链配套相对齐全，所以品牌衍生得也多，其中华南地区门窗企业占比达到 37%，华北地区门窗企业占比 18%，华东地区门窗企业占比 17%，华中地区门窗企业占比 13%，西南地区门窗企业占比 9%，华东地区门窗企业占比 6%。

近年来，定制家居头部企业也纷纷推出自有门窗品牌，无疑是看中了这一行业的前景及潜力。其中，高端系统门窗市场增速更是十分"抢眼"，市场规模同比达到 30%～40% 的增长，但行业空间大且高度分散，品牌、渠道皆优的头部品牌存在较大整合空间。

3.3 家装门窗行业中存在的主要问题

（1）家装市场内个性化需求较高

近年来门窗应用领域在家装市场上的占比提升，家装市场主要是住宅零售市场，零售市场一般特点为单一订单需求量小，功能和性能要求不一致（具有个性化），施工场地分散等，大部分门窗企业无法完成市场匹配。同时，消费者对门窗的需求点各不相同，抗风压、隔声、防水、外观、材质、功能性等。

（2）头部企业市场占有率总体不高

家装门窗市场的门槛不高，行业内产品生产及销售的国标与工装存在较大差异化，消费者对门窗产品品质的评判较难，因此市场内品牌化格局较为分散，90% 的市场份额被中小品牌占据，行业龙头企业数量较少，品牌度与市场占有率有着巨大的发展潜力。

（3）家装门窗产品的规范标准执行不到位

家装门窗在我国建筑门窗行业一直占据半壁江山，但相当一部分家装门窗企业缺乏系统门窗技术的支撑，以单户居民住宅装修用门窗的散单产品为主，注重产品的外观、细节和市场营销，与严格执行建筑门窗相关产品和工程标准的工程门窗行业相脱节。

同时，家装行业的特点，决定了相关产品无法纳入国家建筑工程验收的范畴，因此家装门窗企业一般不关注门窗的产品标准、技术规范，更不进行产品各种物理性能的检验，使得产品存在不符合国家标准、安装不规范等问题，甚至存在一定的安全隐患，因此，亟待通过制订相关标准和技术规范，对定制门窗行业进行引导和规范。

（4）产品研发方向、市场方向有失偏颇

首先，根据全国各大城市过去一年房地产行业的市场数据可以看出，一二线城市随着 70 后和 80 后人口消费红利的结束，销量开始加剧萎缩。同时，全国多个城市由于投机性置业者的市场操作，导致众多城市空置率居高不下，真正的自用型置业者比例相当低。

而站在另一个角度看"人口消费红利"，70 后和 80 后在居住产业和建材产品消费周期已经接近尾声，90 后在居住产业和建材产业的市场需求无法激发，近 30% 的 90 后不需要置业，另外多数的一二线城市90后普遍没有能力置业。

其次，运营模式存在困局。目前门窗市场上很多产品利润出现下滑，有的企业只能靠走量、以去库存化的方法来赚取微薄的利润来养家糊口。在低端产能过剩的门窗行业，小品牌零利润运营，二线品牌微利润经营，大品牌低利润经营，三者彼此影响与牵制，让市场变得更加无序。任何企业的发展都必须遵循利润正常化的原则，但门窗行业不少二三线品牌的利润一直处于不正常状态，甚至是亏本运营的局面。

最后，战略布局有失偏颇。市场营销学通常认为，定制家居行业是成品家具与民用装饰两大行业在需求市场相互"联姻"、交叉运营的结果，成品家具与民用装饰是定制家具的两大母体行业。虽然有些业内人士把定制家居归为成品家具行业，但这往往是从工艺传承、技术特点的角度上讲的，从市场运营、设计理念及服务客户的角度上来讲，定制家居行业也是属于家装建材行业的。

3.4 家装门窗的未来发展前景

（1）家装门窗市场发展潜力巨大

随着新房、二手房、存量房等房产经济的发展，我国家装门窗的市场需求在不断攀升，预计将成为家居建材未来十年甚至二十年的朝阳板块。目前，我国家装门窗市场还处于"小、乱、散"的混战阶段，产品体系、品牌经营、安装售后等业务环节都有巨大的提升空间，未来的市场潜力无限。随着年轻消费者对于家居装修的个性化追求越发明显，家装（零售）门窗市场规模也在不断扩容。

（2）市场呈现年轻化趋势

家装门窗企业需要抓住"年轻人"的消费心态，从90后、00后的生活需求及视角切入，抓住年轻人是一个系统工程，涉及到产品、品牌、营销、渠道等方方面面，比如产品层面要迎合年轻人风格多元化、个性化、潮玩化的趋势，研发更多新品如新风系统、高颜值产品、门窗套装、智能化体验等产品，或者以家装组合风格去抓住年轻人，线上门窗体验店或线上布局，各类APP或智能化、数字化演播层出不穷。

（3）新型门窗产品，迎合住宅新要求

以节能性门窗产品为例，我国对于建筑节能标准也日益提高，带动了节能门窗发展。在建筑领域，建筑能耗占全国社会总能耗的30%左右，而通过门窗损失的能量约占建筑物外围护结构能量损失的50%。因此，节能门窗的使用对于建筑节能具有重要作用。国家及各地高度重视建筑节能标准提高，以断桥铝合金门窗、铝包木窗等为代表的节能门窗，在保持外观美观的同时，其隔热效果优异，节能降耗效果明显，居民对于节能门窗需求正在持续释放，如果对旧有门窗进行全面升级与改造，未来将达到数十万亿的规模。

（4）定制门窗的高端化、专业化

当前，我国经济发展进入新时代，已由高速增长阶段转向高质量发展阶段，在建筑行业装配式、全装修等政策的引导下，门窗市场也出现了新的变化，在经历"系统化"热潮之后，门窗产品日趋成熟，当前门窗产业已跨入"定制化"时代，这不仅给高品质、高标准、系统化、品牌化门窗带来新的发展机遇，同时也给传统门窗产业经营发展带来新的挑战。

近几年是门窗定制家居产业转型关键时期，形成行业发展的分水岭，各种产能圈地、品类圈地力度加大，迫使企业求新重整。许许多多门窗生产企业也意识到了这种变化，门窗的高端化、系统化发展趋势明显。随着生活水平的提高，消费者也越来越注重高品质的装修生活，高端门窗产品已经成为广大消费者、装修公司的推荐。个性化的需求和对门窗认知的提升，客观促进了定制门窗产品需求总量的高速增长。

家装门窗亟待创新，同质化的产品给消费者的体验是"都差不多"，最终导致价格战，而唯有创新，创造出差异化的产品，才能冲破壁垒，成为企业发展的不竭动力。在门窗研发的道路上，坚持"生产一代，预研一代，储备一代"，必需走创新之路，才能提升企业的品牌和产品竞争力。

4 家装门窗供应链的需求与变化

一樘门窗，如何成为家装门窗市场中既叫好又叫座的"首选"？首先要拥有完备技术体系支撑，一体化技术解决方案，同时，还要满足物理性能、机械力学性能、反复启闭，耐候性能，以及应对气候变化、地候变化、人候变化，综合考虑水密性、气密性、抗风压、机械力学强度、隔热、隔声、防盗、遮阳、耐候性、操作手感等一系列重要的功能。更要考虑生产线设备、型材、玻璃、五金件、密封胶、隔热条和密封胶条等各环节性能的综合结果，缺一不可，最终形成高品质的"全天候"门窗。

4.1 对铝型材的要求

具备硬实力，中国铝型材全球第一！我国是建筑铝型材的第一大生产和消费国，2021年生产加工突破 6000 万吨，而在家装门窗市场中，铝门窗的市场占比超过 70%，需求量巨大。国内铝型材生产企业众多、技术水平不一，而家装门窗特别是高端家装门窗品牌，对铝型材的要求十分精细严苛。如新河、英辉等专注于家装铝型材细分领域生产的企业，具备较高的生产工艺水准和研发实力，在产品验收标准、尺寸、表面等专攻专研，成为高端门窗品牌的首选。

家装门窗行业对铝型材需求的几大要点：

（1）品牌化铝生产加工企业：家装门窗市场内大中型企业寻求的是稳定及长期合作，能够有足够的供货能力，具备品牌效应的铝企业。

（2）标准化、定制化生产：家装门窗对铝型材的需求由终端传递，在国内各个区域内的需求大致相同，虽然单次单个订单用量不大，但订单总量巨大，需要首先保证标准化的品质，较少呈现成品门窗的品质差异。

同时，在定制化产品的生产中，对每个批次不同的涂装方式，甚至是不同颜色的需求，工艺要求较高。因此，铝型材企业要具备智能制造能力，实现规模化、可视化、可追溯、个性化的定制服务，以及齐全的表面处理工艺，如：氧化、电泳、消光电泳、粉末喷涂、氟碳喷涂、木纹转印等。

（3）服务辐射范围：铝型材的运输需要时间周期，家装企业的订单周期通常较短，需要在一周或更短时间内完成产品生产和交付，因此需要铝型材企业能够满足服务辐射范围，比如 100km 范围内。

（4）供货周期：家装的供货周期以 10 天、15 天较为常见，特殊需求的供货周期，可以根据双方需求进行及时调整，加快速度。

（5）交付款项：家装的零散订单，需要在一定周期内完成销售，统一周期结算；铝型材企业的交付周期通常为 30 天或一个约定采购周期。

（6）售后服务：由于家装铝合金型材结构复杂，且影响灵敏，产品出现售后问题或不可预测风险问题发生时，供应方需能第一时间进行解决，解决方案周期不超过一个约定供货周期。

（7）资料信息维护：供应商需提供包括但不限于约定产品的参数、产品标准、优化记录、检验报告等在内的资料，并对其进行保密。

（8）持续改善：家装铝合金门窗由于其工艺改善是循序渐进的，供应商应对铝合金产品具有持续改善计划。

4.2　对玻璃的要求

价、质皆优，产能突出！2022 年，玻璃价格出现大幅下降，浮法玻璃的产能过剩，库存积压明显，大部分企业无法保证足够的利润空间，同质化竞争明显，短期内带给家装门窗企业的选择更多了。

家装门窗行业对玻璃需求的几大要点：

（1）品牌化玻璃生产企业：家装门窗市场内大中型企业寻求的是稳定及长期合作，能够有足够的供货能力，具备品牌效应的玻璃生产企业。

（2）标准化、定制化生产：家装门窗对玻璃的需求，主要集中在浮法玻璃、钢化玻璃等，对尺寸的需求变化较大，因此更需要玻璃产品在标准化品质要求上能够满足部分定制化需求，尤其是玻璃的颜色深浅，光照下的反光效果等。

（3）服务辐射范围：玻璃的供货主要通过陆路运输完成，在运输过程中，因对产品保护要求较高，家装门窗企业通常寻求在区域市场较近范围内。

（4）供货周期：家装的供货周期以 10 天、15 天较为常见，特殊需求的供货周期，可以根据双方需求进行及时调整，加快速度。

（5）交付款项：家装的零散订单，需要在一定周期内完成销售后，统一周期结算，与玻璃企业的交付周期通常为 10 天或一个约定供货周期。

（6）售后服务：产品出现售后问题或不可预测风险问题发生时，供应方需能第一时间进行解决，解决方案周期不超过一个供货周期。

（7）资料信息维护：供应商需提供包括但不限于约定产品的参数、产品标准、优化记录、检验报告等在内的资料，并对其进行保密。由于玻璃具有天然的不可靠率，对于玻璃可靠性，需要提供其可靠性的统计数据佐证。

（8）持续改善：玻璃供应商应有对于玻璃品质偏差、概率损坏问题的持续改善计划。

4.3　对五金配件的要求

智能制造提升定制化水平！五金配件的市场主要依托房地产项目的发展，由于国内房地产开发投资增速降低，一方面会使建筑五金市场整体需求增速放缓，另一方面也将加快房地产行业的整合和集中度提升，带来建筑五金市场需求结构变化。2021 年建筑五金配件的总体量超过 1000 亿元，尤其是中高端产品的市场需求仍将保持旺盛的增长势头。

家装门窗行业对五金企业需求的几大要点：

（1）品牌化企业：家装门窗在五金配件的选购上对品牌的要求没有型材或玻璃类那么高，但同样的价格竞争上，会倾向选择品牌五金合作。

（2）定制化生产：家装门窗中的订单，对五金的标准化需求较少，大多需要对五金配件的形状、材质进行定制化选择，在同样的供货市场中，找寻不同的五金供货商。

（3）智能化：家装门窗对五金的功能性要求较高，要能满足消费者日益提升的需求，比如安全锁、多功能锁、新风系统、智能开启等。

（4）供货周期：家装的供货周期以 10 天、15 天较为常见，特殊需求的供货周期，可以根据双方需求进行及时调整，加快速度。

（5）交付款项：家装的零散订单，需要在一定周期内完成销售后，统一周期结算，五金企业的交付周期通常为 30 天或叠加进口类物料运输周期。

（6）售后服务：产品出现售后问题或不可预测风险问题发生时，供应方需能第一时间进行解决，解决方案周期不超过一个供货周期。门窗五金因其精密性、特殊性，需要较为详细的申明质保范围，涉及到活动精度、操作体感、外形外观均应纳入范围。

（7）资料信息维护：供应商需提供包括但不限于约定产品的参数、产品标准、优化记录、检验报告等在内的资料，并对其进行保密。

（8）持续改善：门窗五金是优化细节较多，改善潜力最大的家装门窗组件，供应方应有持续的改善计划，并具有样例数据。

4.4　对密封胶的要求

产业领先，品质与国外品牌同质，品牌集中度高！2021 年建筑胶市场产值达到 150 亿元左右，我们预期有望在未来的两三年内实现行业产值 200 亿元的突破。2022 年的市场前景却并不理想，加大绿色环保产品投入，成为了拉开头部企业和中小企业之间的差距的最根本因素。

家装门窗行业对密封胶企业需求的几大要点：

（1）品牌化企业：家装门窗在密封胶材料的选择上，最关心的是品牌和价格。

（2）生产周期：家装门窗的订单需求量巨大，但其门窗厂内的材料需求呈现阶段性变化，自然年内每个月份需求并不相同，因此对应的密封胶企业可以匹配这样的生产周期，避免大量囤货占用家装门窗企业的现金流。

（3）强化合作：密封胶在家装门窗中不是像地产这样的集采，而是从零散合作到标准化合作，密封胶产品的使用在门窗产品中是消费者看不到的，因此通常以家装企业为主，强化双方在合作中的主导性。

（4）交付款项：家装的零散订单，需要在一定周期内完成销售后，统一周期结算，五金配件企业的交付周期通常为 10 天或一个约定采购周期。

（5）售后服务：产品出现售后问题或不可预测风险问题发生时，供应方需能第一时间进行解决，并提供产品更新方案。

（6）资料信息维护：供应商需提供包括但不限于约定产品的参数、产品标准、优化记录、检验报告等在内的资料，并对其进行保密。

（7）持续改善：密封胶是对家装门窗节能性、舒适性影响较大的安装材料，供应方应有持续的改善计划，并具有量化的测试数据。

4.5　对密封胶条及隔热条的要求

小胶条，大作用！建筑隔热条及密封胶条产品的独特属性，成为绿色建筑、节能减排起到关键作用的配料，隔热条与密封条在门窗产品中"小胶条"起到了"大作用"。

家装门窗行业对密封胶条、隔热条企业需求的几大要点：

（1）品牌化企业：家装门窗在密封胶条和隔热条材料的选择上，最关心的是品牌和价格。

（2）生产周期：密封胶条和隔热条的单一需求量小，下给企业的订单比较零散，需要与工装完全不同的服务、生产周期模式。

（3）强化合作：家装门窗企业强调以我为主的模式，在合作中要能够配合的企业才能"入选"。

（4）交付款项：家装的零散订单，需要在一定周期内完成销售后，统一周期结算，与密封胶条和隔热条企业的交付周期通常为 15 天或一个约定采购周期。

（5）售后服务：产品出现售后问题或不可预测风险问题发生时，供应方需能第一时间进行解决，解决方案周期不超过一个供货周期。

（6）资料信息维护：供应商需提供包括但不限于约定产品的参数、产品标准、优化记录、检验报告等在内的资料，并对其进行保密。

（7）持续改善：密封胶条是对于家装门窗节能性、舒适性影响较大的组件材料，供应方应有持续的改善计划，并具有量化的测试数据。

4.6　对门窗加工设备、生产线的要求

中国智造，享誉全球！门窗加工设备及生产线的制造水平，中国国内企业已经走在了世界的前列，尤其是数字化配套系统及智能化水平非常高，一整套生产线可以完成无人化生产。

家装门窗行业对门窗加工设备企业需求的几大要点：

（1）品牌化企业：品牌化企业的生产规模、行业认可度都比较高，能够让家装企业满意、放心。

（2）定制化生产：家装门窗的工厂设置会根据市场区域的不同，其中又与市场挖掘深度又关系，哪里产值大，哪里的工厂就大，需要的加工设备与生产线需要满足当前区域内的需求，尤其是对一些门窗组角、切割、组装、抛光等等需求。

（3）服务周期：家装门窗企业的加工设备订单完成周期要求较高，对服务周期，尤其是培训周期要求较短，尽量缩短周期，降低人才成本和经营成本。

（4）交付款项：家装行业选购设备订单的交付周期以 15 天或一个约定采购周期。

（5）售后服务：设备或生产线出运行问题或不可预测风险问题发生时，供应方需能第一时间进行解决，解决方案视设备功用不超过一个生产周期。

（6）设备维护及技术支持：具有完备的设备维护及技术支持团队，可提供同类设备的技术服务案例。

4.7　其他

绿色低碳，标准化包装！家装门窗由于其本身保护措施较为严密，需要消耗大量不同种类的包装材料，包装的标准化操作，绿色无公害成为重要关注方面。

家装门窗行业对包装材料企业需求的几大要点：

（1）品牌化企业：家装门窗在包装材料的选择上，最关心的是品牌和价格，以产品需求为依据。结合商品特点，如商品的形态，可显现考虑商品的档次。

（2）生产用料：具有一定的强度、韧性和弹性等，以适应压力、冲击、振动等外界因素的影响；来源广泛、取材方便、成本低廉、可回收利用、可降解、加工无污染的材料，以免造成公害。

（3）服务周期：家装门窗企业的加工设备订单完成周期要求较高，对服务周期，尤其是

培训周期要求较短，尽量缩短周期，降低人才成本和经营成本。

（4）交付款项：家装行业选购设备订单的交付周期为 10 天。

在当前环保要求不断升级的背景下，以及行业内低能耗建筑要求下，门窗的节能要求及个性化设计尤为重要，玻璃、型材、五金配件，以及密封胶、隔热条和密封胶条等材料是实现门窗节能的重要因素。

同时，门窗节能、隔声、渗漏、气密性跟密封构造设计和材料选择具有部分相关性，随着门窗的功能需求的提升，会倒逼企业逐步开发出满足高节能、高密封、零渗漏，且易拆换副框系统等构造需求的门窗系统及配件。

5 家装门窗品牌分析

任何市场做到后面都是做品牌，市场早期不同玩家利用产品创新、服务创新、模式创新等进行差异化竞争，然而随着时间推移大家的能力会不断接近，取得优势的企业一方面要不断推陈出新跑在前面，构建核心技术、专利、管理等壁垒；另一方面则要构建品牌。因为品牌的差距反而会随着时间推移而拉宽，企业打造品牌的本质是将产品的优势转化成心智的优势，让消费者认知、接纳与追随自己，最终化为标准，化为常识，化为不假思索的选择，进而得到市场份额、产品溢价、原生流量甚至成为行业标准缔造者，这正是家装门窗行业玩家们在做的事情，更多家装门窗品牌将华丽地浮出水面。

正如行业家装门窗的代表品牌——皇派家居（广东皇派定制家居集团股份有限公司）自2007 年创立至今，公司秉承"睿智、责任、包容、进取"的企业精神，以"品质与品牌同步，企业与社会共赢"为经营理念，坚持以研发技术为核心的技术路线，专注于高端铝合金门窗系统个性化解决方案，目前已发展成为具有双高端品牌，并集自主研发、设计、生产、销售于一体的大型铝合金门窗企业。

坚持打造产品力、渠道力！皇派家居始终聚焦门窗优质赛道，双品牌经营，深耕零售市场，公司采用"皇派"和"欧哲"双品牌的经营策略，截至 2021 年年底，拥有经销商数量合计 831 家，门店 910 家，总体单商年均提货额约 120.95 万元，形成了全国性的销售服务网络布局，公司在稳固省会城市、地级城市市场的同时，营销网络已陆续延展至区、县市场。

6 总结

国内建筑门窗市场优劣共存、让消费端无法明确辨别产品品质的现状，随着互联网时代及门窗市场品牌化建设的不断升级，门窗品牌、品质的差异化，正在市场中经受着考验。

家装门窗行业的头部品牌企业，越来越重视产品材料选购与安装服务质量，门窗企业将积极开展与材料及相关领域内的品牌企业合作；安装服务将通过员工培训、制定安装服务流程和规范、客户满意度回访等方式，不断提升服务水平，消除高空作业安全隐患，构建专业的安装体系，提升门窗产品安装质量。

面对门窗市场的潜在需求，这块未来将达到数十万亿规模的巨大市场蛋糕，一边是多家定制家居企业瞄准这一赛道，竞相推出门窗品牌；另一边，也有先一步进入门窗行业的定制家居企业，在逐步收缩门窗业务。两相比较，中高端家装门窗品牌企业拥有产品技术含量高、质量好、企业实力强、售后有保障的优势，不惧怕外来"巨无霸"的竞争，在市场上除了有较强的竞争力，还有让消费者放心的售后。

那么，低水平发展、拼价格的中小型门窗企业，想要在门窗行业占有一席之地，必须开展合作和转型，要么深化自身产品结构、细分市场层次，不断积累与培养市场、技术人才，达到市场占有率的提升；要么精耕区域市场，打破区域市场壁垒，将产品的性能与区域市场特点融合，成为特色代表。

未来，伴随着节能要求的提高，断桥铝门窗、铝木门窗、实木门窗等中高端门窗产品的品质与差异化越来越高，高品质门窗品牌的发展战略明显占据较大优势，这会进一步导致行业内的品牌细分。从头部到中等，市场呈现差异化：头部企业享受高红利、高回报；中等企业通过成本管控带来的价格优势，赢得较为稳定的生存空间。

国内智能门窗行业现状及未来发展

廖 育

佛山市新豪轩智能家居科技有限公司　广东佛山　528200

摘　要　智能门窗是全屋智能大趋势背景下的时代产物，是全屋智能发展进步的必然结果。随着 5G 时代的到来，万物互联的趋势越发明显。作为传统行业，门窗如何实现智能化转型升级？如何面对时代的滔天巨浪？智能门窗的未来之路又将何去何从？

　　本文针对智能门窗的发展现状及未来趋势进行了详细的阐述和分析，抛砖引玉，以期共鸣。

关键词　智能门窗；门窗＋互联网；物联网；智能家居；全屋智能

1　什么是智能门窗

　　近几年，"数字化、智能化"是最热门的话题。面对智能化的全球趋势，智能家居、全屋智能已成为泛家居行业的新风口。智能化转型升级，也将成为传统建筑门窗行业的新挑战和新机遇。

　　人们热衷于智能门窗的话题，但对智能门窗的认知还仅仅停留在"电动开启""远程控制""语音控制"和"风雨感应"等原始的功能形态。用一个遥控器或者 APP 来远程控制窗户实现电动开启的动作，其智能的体现并不多，只能称之为单品"电动窗"。从智能化的角度来说，不能定义为"智能门窗"。

　　那什么才是智能门窗？要达到"智能"的标准，除上述最基本的各种电动开启功能之外（如电动内开内倒窗、电动外开上悬、电动外平开、电动推拉、电动提升等），还要具备以下特征：

　　（1）具有感知能力

　　通过云端数据与传感器，赋予门窗"眼睛"和"耳朵"的功能，让门窗产品具有一定的"触觉"，能感知室内外环境的变化，如风、雨、空气、温度、时间等，并根据所感知的数据进行计算分析，实现智能开启或关闭的动作。

　　（2）懂用户生活习惯

　　不同的用户有不同的需求和生活习惯。门窗之所以"智能"，是因为智能门窗能根据个人的生活习惯和作息规律，进行个性化定制。例如，同样是睡眠，有人喜欢半开着窗的通风效果，也有人喜欢全关闭式的安宁静谧。那我们可以根据用户的个人喜好，进行睡眠模式的个性定制。在未来，全屋智能的中控系统甚至可以实现自主学习和记忆功能，能根据用户的生活习惯，智能分析和判断用户的需求。

　　（3）互联互通

　　单个的电动窗之所以不能称之为"智能门窗"，是因为这样的单品智能只能算是一个个的"信息孤岛"。智能门窗是"门窗＋互联网"的结果，是全屋智能家居的重要组成部分。互通互联的意义，就是把智能门窗以"物＋互联网""物＋物＋互联网"的形式呈现出来，在万物互联的作用下，将智能门窗与各品类的智能产品互联互通。例如，与安防、照明、电器、窗帘、晾衣架等智能产品的联通。

很显然，目前智能门窗行业的发展，还没有具备以上特征。但随着科技的进步，全屋智能的普及与全面覆盖，未来的智能门窗，一定是"互联互通""有感知""懂用户"的真"智能"（图1）。

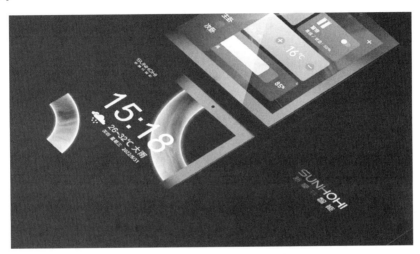

图1　全新的智能门窗系统

2　智能门窗的发展

1911年钢窗引入中国，改变了千百年来人们对窗户的理解。到了20世纪80年代，铝合金门窗开始兴起，一直延续至今。在过去的几十年里，又先后诞生了塑钢窗、木窗、铝木窗、断桥窗、系统窗等不同概念的产品。随着时代发展，消费升级，到了今天，系统门窗已占据了市场的主导地位。这时，人们开始探索新的领域和布局新的赛道，智能门窗从此成为智能家居市场的新宠儿。

回顾全球门窗行业的发展，从最早的木窗、钢窗到今天人们所熟知的系统窗，经历了千百年的发展，这个过程也可以说是一个波浪式前进、螺旋式上升的进程。在这个进程中，虽然门窗产品的品类繁多，但从发展阶段划分，大致可分为三个阶段。

（1）功能阶段

这个阶段从门窗早期业态一直持续至今，对应的是传统功能型的门窗产品（钢窗、普通铝窗、塑钢窗、木窗、断桥窗等）。产品需求侧重于满足基本的开启功能，具有一定级别的防盗、抗风压、气密、水密和隔声性能。

（2）节能阶段

这个阶段从2020年双碳政策开始，将持续到2060年碳中和目标的实现，乃至更远，对应的是高性能系统窗。产品需求侧重于符合双碳政策，实现保温、隔热，绿色、环保、低碳、节能的远大目标。

（3）智能阶段

这个阶段从现在到未来，对应的是当下与未来的智能门窗，产品的核心重点是"门窗＋互联网""全屋智能化"。这个阶段目前仍处于萌芽状态，相对空白，在不确定性中蕴含着无限的机遇，有待于我们共同去实践和探索（图 2）。

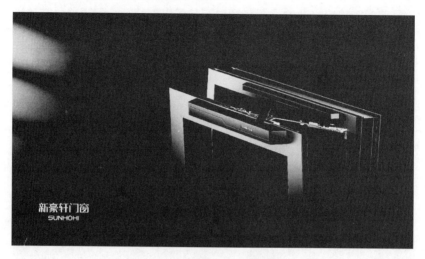

图 2　进入智能时代的电动窗

另外，从国内家装市场看门窗的发展，如果说 2008—2018 年是功能型门窗高速发展的十年，那 2018—2028 年将是节能型门窗由兴起到发展成熟的黄金十年。这个过程也是国内家装门窗行业由量变到质变的过程。智能门窗，就是在这样的时代背景下，经历了从"功能"到"节能"，再由"节能"到"智能"，以及现在到未来的"智能"发展之路。

3　智能门窗行业的现状

近年来，以美的、海尔为代表的家电厂商，华为等为代表的 IT 厂商，以及传统家居企业，纷纷入场布局全屋智能赛道。数据显示，2016—2020 年我国智能家居市场规模由 2608.5 亿元增至 5144.7 亿元。中商产业研究院预测，2022 年我国智能家居市场规模可达 6515.6 亿元，其中全屋智能市场销售额将突破 100 亿元，同比增长 54.9%。

智能家居风口已至，行业格局逐渐形成。智能门窗，作为智能家居的重要组成部分，门窗是否实现智能化，以及智能门窗是否能够入网与全屋智能产品互通互联，决定着全屋智能一体化的宽度与高度（图 3）。否则，所谓的"智能"依然是一个个的"信息孤岛"。

目前，国内智能门窗仍处于初级阶段，市场渗透率低，消费者反应冷淡，市场上成熟的智能门窗系统并不多见，全屋智能领域也没有出现绝对优势的头部品牌。在这样的市场背景下，智能门窗是时尚"鸡肋"还是未来风口，行业内众说纷纭。

简而言之，智能门窗行业市场潜力巨大，但从目前的发展状态来看，仍面临着诸多的问题。

（1）产品兼容性问题

全屋智能家居行业一直受到各类产品互不兼容的限制。不同品牌的产品生态各自封闭独立，又或者是一些企业研发实力有限，无法实现真正的互通互联，形成了"碎片化"的一个个的"信息孤岛"。例如，用户在购建智能家居的时候想要选择不同品牌的智能产品，如智能安防、智能门锁、智能照明、智能窗帘、智能电器和智能门窗等，此时就很不方便，需要下载多个 APP，多个不同品牌、不同类型的遥控器（图 4），这跟我们设想的全屋智能相去甚远。

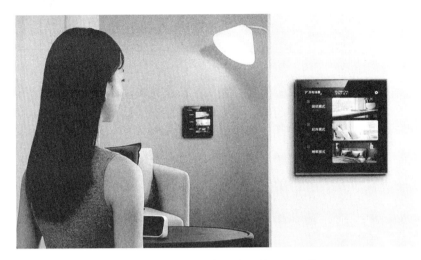

图 3　智能门窗与智能家居的互通互联

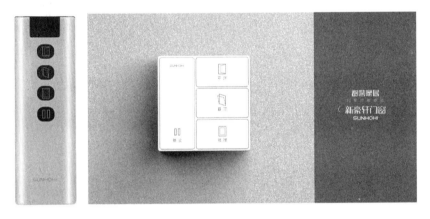

图 4　智能门窗的遥控器及墙控开关

　　单从智能门窗板块来看，各类产品互不兼容的问题更为突出。在智能门窗领域，目前还没有任何一家企业，能实现各个品类、各种开启方式、各种功能需求、各种应用场景的全系列门窗智能化。往往是有智能窗的没智能门，有平开的没推拉，有室内的没户外，做门窗的不擅长控制系统，做系统的不懂门窗结构，缺三短四，不成体系。宣称什么智能产品都做的，基本上是做不精、做不细的形式主义者。这就是智能门窗行业发展现状的真实写照。

　　（2）消费者认知问题

　　随着经济发展，消费水平升级，消费者对于门窗的认知已经有了很大的改变。尤其是年轻消费者对"好门窗"的理解有自己的看法。从过去单纯的买门窗，到现在用户懂得根据自己的审美需求和装饰风格买喜欢的门窗，就是很大的改变。

但仍有很大一部分的消费者，对门窗的认知不高，对门窗的理解依然停留在"街边店""夫妻档""简单的遮风挡雨"的认知层面，对全新升级的智能门窗系统更是知之甚少。这导致消费者对智能门窗存在一定的陌生感，抱着敬而远之的观望心理。

如同新能源汽车诞生之初，消费者对新事物抱着观望的态度，对新产品、新技术的稳定性、故障率等都存在着疑问。但经过时间验证和消费者的亲身体验，人们慢慢地接受和拥抱了新科技所带来的变化。智能门窗的今天，如同新能源汽车的昨天。智能门窗的未来，通过新能源汽车的发展可见端倪。但我们知道，消费者从观望到接受，还需要一定过程。

（3）市场价格问题

从市场价格来看，当前全屋智能整体方案的价格差异较大，跨度从数万元到十几万，甚至上百万元不等。从头部品牌客单价来看，奥维云网报告显示，UIOT 超级智慧家平均客单价约为 3 万元，欧瑞博平均客单价为 16080 元。其他一些品牌的客单价则参差不齐，相对混乱。而目前所谓全屋智能的整体方案，还仅限于最基本的智能面板、智能照明、智能窗帘和相关配套的传感器等。如果加入全屋智能门窗解决方案，则客单价会翻倍增加。仅智能门窗产品的客单价基本不会低于 20 万元。

价格贵，市场接受度不高，这也导致能消费智能门窗的基本都是顶层豪宅、大别墅、大平层，普通消费者只能望而却步。但随着技术不断升级，研发、制造逐渐规模化，成本和价格相对降低和消费者的认知普遍提高，相信在不久的将来，智能门窗也会"飞入寻常百姓家"（图 5）。

图 5　智能门窗家居空间的应用

4　智能门窗行业的未来发展

智能门窗是全屋智能大趋势背景下的时代产物，是全屋智能发展进步的必然结果。随着 5G 时代的到来，万物互联的趋势越发明显。作为传统行业，门窗如何实现智能化转型升级？如何面对时代的滔天巨浪？智能门窗的未来之路又将何去何从？这是今天的我们要重点探索研究的行业课题。

针对智能家居和智能门窗行业的现状，结合个人实践经验，就智能门窗行业未来的发展方向，作以下概括。

（1）标准化

在未来，全屋智能家居系统要实现行业标准的统一，因为这是实现智能家居各品牌产品互通互联的前提条件。在行业标准统一后，产品端、云端、控制端一体化的开发将成为智能家居、智能门窗的标配产品，为用户带来家居生活的便利。

近年来，国内相继发布多项智能家居行业利好政策，持续推动统一标准的建立以及行业健康发展。2021 年，国务院出台了《"十四五"数字经济发展规划》，引导智能家居产品互联互通，促进家居产品与家居环境智能互动，进一步推动行业发展。

2022 年 9 月，工信部会同住房和城乡建设部、商务部、市场监管总局发布实施《推进家居产业高质量发展行动方案》，提出将加快标准互联互通和融合创新，开展智能家居标准体系建设，推进融合标准、数据安全标准研制和应用示范，加强关联行业在健康应用技术、智能家居集成、智能化解决方案等领域合作。

标准化是模块化、集成化的基础和核心。实现标准的统一，智能家居和智能门窗将不再是单品智能的"信息的孤岛"。

（2）无线化

目前，智能门窗基本上都是采用有线连接，通过线路传输电能和信号，不仅用于支持电机运转的必要电能，更适用于控制面板和智能门窗主机的信号传递。跟智能家居一样存在布线复杂，现场施工难度大的问题。

对于传统门窗的从业者而言，弱电工程和通信技术是他们从未接触过的技术领域，专业程度不高，所以传统智能门窗有线连接的方式很难普及和推广。

在未来，智能门窗一定往无线化发展。"无线化"的概念，是智能门窗无论是电能供应还是信号传输，均以免接电、免布线的形式实现，并自带能源，自给自足。

在电能供应方面，用于建筑外立面的智能门窗相比其他的室内智能家居产品，有明显的先天优势。智能门窗能直接受到光照，通过光能板可以提供充足的电能（图 6）。

图 6　光能驱动实现电动开启和电动遮阳的智能门窗

在信号传输方面，蓝牙、WIFI、ZIGBEE 等物联网技术在智能家居领域已得到广泛应用，随着物联网的发展进步，无线化一定是万物互联的基本配置。智能门窗的无线化，也必将成为未来的发展趋势。

（3）开放化

意识到全屋智能一直受到各类产品生态互不兼容、各自为政的限制，国内一些智能家居头部企业已开始寻求互联互通之路，加速跨界与产业链的延伸。例如，早在 2016 年，美的与华为签署了战略合作协议，共同推进智能家居建设，2019 年双方 IOT 产品通过账号绑定方式进入互信通道，让智能家居拥有跨品类、跨场景的信息互通能力。

未来，智能门窗也将融入到智能家居这张大网里来。在"开放化"的行业趋势下，全屋智能生态壁垒将会层层打通，连接藩篱不复存在。随着物联网技术不断发展，智能家居的标准和平台统一并成熟之后，任何的智能产品都能加入开放的平台，实现互通互联。

（4）集成化

"集成化"的概念，是全屋智能的控制系统都可以集中在一个中控屏上。智能中控屏，就是全屋智能的中央控制器，是将智能安防、智能门窗与及室内的灯光、影音、开关、插座和智能家电等设备、系统连接，利用无线模式、远程控制，实现一键式、集成化控制的智能平台（图 7）。

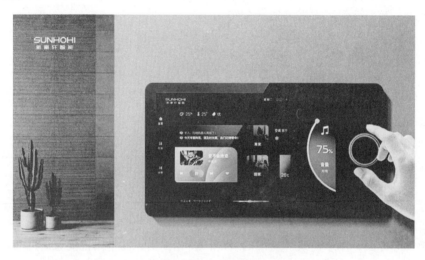

图 7　智能门窗中控屏的应用

集成化智能中控屏控制模式，会打破原有的单品智能模式，让用户享受到了高度智能化的交互体验。智能中控屏集成了场景面板、温控面板、遥控器等多款智慧产品的核心功能，用一块屏把所有的全屋智能产品全都连接起来，具有联动控制、协议对接、人机交互、服务呈现这四大功能，是全屋智能解决方案中人与设备间沟通的重要桥梁。

未来的智能门窗，将以模块化的形式与其他品类的智能产品一起加入到中控平台，实现集成化统一控制模式，不用再像以往那样满屋子地找遥控器。

（5）场景化

智能家居是一种全新的生活方式。全屋智能家居的概念涵盖从智能单品、全屋智能再到整体交互，智能化的场景应用将拓展到家居生活的方方面面（图 8）。

在"场景化"的应用中，更能体现智能门窗在全屋智能体系中的重要地位。或者说，缺少了智能门窗的智能家居，严格意义上不能称之为真正的"全屋智能"。"场景化"的实现，让我们的家居生活有更多的乐趣和美好向往。"场景化"的应用，可以从入户门开始，一直延伸到客厅、卧室、厨房、卫浴以及生活阳台等空间。客厅场景可以设置影音、休闲、娱乐与会客功能；卧室场景可以设置睡眠、休息、阅读、健身与化妆功能；厨房场景可以设置燃气泄漏报警与油烟检测功能；卫浴场景可以设置一氧化碳与水浸检测报警功能等。智能门窗，给我们带来更健康、舒适和安全的生活体验。

图 8　智能门窗场景化空间模式的应用

可以想象一下，忙碌了一天的我们在下班回家前，通过手机实时查看家中环境数据（由环境传感器传达），根据室内温湿度、空气清新等情况，提前远程打开家中的空调或窗户、新风系统、加湿器等。

又或者，回家进门的那一刻一键启动"回家模式"，窗帘、遮阳系统缓缓打开，窗户微微通风，灯光点亮，音乐响起，咖啡机正流出香浓咖啡……

科技改变了我们的生活，也改变我们对世界的认知，让我们的家居生活充满无限可能。

5　结语

有人说，智能门窗是智能家居最后的一块拼图。随着智能家居各品类产品的不断完善和丰富，全屋智能已基本实现家居室内空间所有产品的智能化。门窗，作为建筑外立面，是智能家居不可或缺的重要组成部分，实现智能化转型升级，加快与智能家居"互通互联"是大势所趋。

探究铝型材在家装行业中的应用及发展趋势

邱建伟　刘美凤

广东新合铝业新兴有限公司　广东云浮　527400

摘　要　随着人们生活水平的提高，对物质的追求也发生巨大变化，影响着家装行业的发展方向和前景，本文就铝型材在家装行业中的应用及发展趋势展开探究。

关键词　铝型材；家装行业；优势；发展趋势

目前，家装行业得到快速发展，市场广阔，铝型材位于家装行业产业链上游，在各个领域的需求量都很大。铝型材具有质轻、硬度强、耐腐蚀、表面美观、环保、回收成本低等优点，可制作门窗、厨柜、衣柜、卫浴门等家居产品，在家装行业有着巨大发展前景。

1　家装行业的发展现状及趋势

自 1998 年住房体制进行市场化改革后，在这 30 多年里，中国房地产业得到快速发展，带动了家装行业的蓬勃发展。随着人们生活水平的提高，对居住环境的品质要求也越来越高，推动家装行业不断实行变革，出现了"全产业链一体化、消费者高个性化需求、科技赋能升级增效"的新家装行业发展趋势。

根据《2021 年中国家装行业研究报告》分析，目前家装行业空间广阔、增速平稳。2020 年行业市场规模达 26163 亿元，同比增长 12.4%，预计 2025 年家装行业市场规模将达到 37817 亿元，可见市场发展前景广阔。其次，家装消费群体逐渐年轻化，消费观念出现新的变化，对比老一辈的消费观念，年轻消费群体具有更高的品牌意识，在更关注服务、质量、产品口碑、智能化体验的基础上，更重视品牌所赋予的理念、价值和认同感。再者，国家"双碳政策"的实行，一方面加快行业转型升级，往更高质量方向发展；另一方面提倡低碳生活，使低碳消费观念成为新时尚，推动消费观往低碳健康安全的方向发展。新的家装行业发展趋势也由豪华、粗放型向简约、时尚、环保型产品发展；产品进入的技术、品牌、门槛越来越高，由此推进了家装产业链上、下游的共同变革发展。

2　铝型材发展现状及趋势

铝型材诞生于 20 世纪初，其具有质轻、硬度强、耐腐蚀、表面美观、回收成本低等优点，自诞生以来，被广泛应用于各行各业。从传统的建筑、装饰领域到交通、航空航天、汽车、太阳能、医疗设备等工业领域，逐渐向大型化、高精化、多品种、多颜色、多用途、高效率、高质量方向发展。

我国生产铝型材始于 20 世纪 50 年代，起步虽晚，但发展迅速，如今已是铝产品生产和消费大国。据中国有色金属加工工业协会、华经产业研究院整理统计，截至 2021 年底，我国铝型材产量达到 2059 万吨，同比增长 2.85%，未来铝型材使用规模仍将持续增长。在家装行业方面，铝型材使用寿命长、环保节能、可塑性强、密封性能好、耐候性优良以及装饰效果优雅等优点颇受青睐。

近年来，我国铝材行业得到各级政府的高度重视和国家产业政策的重点支持，陆续出台多项政策鼓励铝材行业的发展与创新，为行业提供明确广阔的市场前景，为企业提供良好的生产经营环境。其中，"双碳"政策的确立驱动着铝材行业生产能源结构的调整，行业正向智能化、绿色低碳方向发展。

3 铝型材在家装行业中的应用

3.1 铝型材在家装行业中的发展

铝型材应用领域广阔，产品设计灵活、坚硬耐磨及构造轻巧。铝型材作为家装行业产业链上游建材原料之一，位于产业发展前端，随着家装行业发展，其因独特优势快速占据一席之地。以前铝型材应用于家装多是作为通风采光的铝门窗材料，应用相对单一，而现在集功能、美观于一体的家装铝型材，可以代替其他产品起到几乎一样效果，甚至更好。但是，家装行业对产品要求是相对较高的，一般工期也比较长，细节和整体效果要求都比较高。因此，家装铝型材不仅要做到各方面性能好，表面处理技术水平高，还要做到绿色环保安全、表面颜色种类丰富多样等。

3.2 家装铝型材的基本概述

家装铝型材主要指应用于家居装修中的铝型材，可以用于制作门窗（图1）、橱柜（图2）、衣柜（图3）、家具等各类家居产品，配合装修风格，兼具功能性和美观度，起到优良的装饰效果。

图1 铝型材窗　　　　　　　　　　图2 铝型材橱柜

3.3 家装铝型材的特点

家装铝型材表面性能要求高，在满足行业标准的前提下，还要跟上行业先进水平，其具备的特点如下：

（1）可塑性强

型材质轻且硬度强，铸造性能良好，可挤压成各种复杂的断面、构造，满足家装家居设计的各种结构要求。

图 3　铝型材衣柜

（2）密封性能佳

具有优越的气密性、水密性、隔热性和隔声性等，特别是断桥铝门窗，搭配中空玻璃组合设计，可以达到很好的隔热降噪效果。

（3）表面性能好

型材经过表面工艺处理后，表面细腻整洁，无裂纹、起皮、腐蚀、气泡等缺陷存在，平面间隙、弯曲度、扭拧度均达到超高精级，具有良好的耐蚀性、耐候性、耐磨性、色泽好、不易褪色、易清洁。

（4）绿色环保

铝型材是铝棒高温挤压而成的，绿色无毒无污染；型材采用隔热材料，在内外型材之间形成冷热桥，使铝合金的热传导最小化，隔热、隔声效果佳，还能起到节能作用。此外，铝材具备回收利用，是一种良性可循环利用的金属材料，完全合乎低碳环保理念。

（5）颜色丰富，结构多样化

型材可根据需求定制化生产，采用不同的处理工艺，如粉末喷涂、氟碳喷涂、阳极氧化、电泳涂装、木纹转印、穿胶注胶等。结构多样化，颜色种类丰富，选择性强，装饰效果优雅，能满足各类不同风格家居装修的需要（图4）。

（6）使用寿命长

铝合金型材具有质轻、强度高、耐腐蚀、变形量小、防火性强等优势，且不轻易滋生细菌，不轻易被虫蛀，故使用寿命长（50 年以上）。

图 4　结构多样、颜色丰富的铝型材

3.4　家装铝型材的应用优势

家装铝型材是一种可以集环保、节能、防水、防潮、隔热、隔声、耐蚀、防晒、防蛀、易清洁、寿命长、时尚潮流等多种元素的新型绿色环保家居材料。铝有延展性且承重力强，非常适合用于家居装修中，其应用优势如下几点：

（1）安装快捷

家居家装对于工期时间要求很严格，在保障产品质量的基础上，时间越快越好。对比传统木质家具、家具定制的工期和成本而言，制作铝型材家具产品工期相对较短，做好的型材直接装置成型，采取锁扣拼装方法快速安装，能满足尽早投入使用的要求，大大缩小完工时间。

（2）维护方便

装配家装铝材的家居产品整体构造基本采用铝型材制作，表面光滑细腻，经过氧化、喷涂等表面处理工艺，不易发生霉变发黄现象，表面灰渍轻易擦去。后期维护方便快捷，减少需专业清洁维护的成本和烦恼。

（3）环保安全

家装产品不但追求外在美观，更注重绿色无污染，安全无甲醛。对比传统板材和实木，一般装修后都需要放置一段时间除甲醛散味，而铝型材家具就不存在以上这些缺点，无毒无味，对人体无害，是安全环保的产品。

（4）定制化程度高

定制化体现以人为本的个性化需求，随着经济生活水平的提高，人们对设计、产品的思想差异化也提高了定制化产品的需求。家装铝型材具有定制化程度高的特点，能够很好融合消费者的想法，使消费者参与家装设计，共同打造出满意美观舒适的家居环境。相比传统家装，定制化服务可根据消费者个性订单定量进行生产，生产厂家根据订单进行柔性生产，避免了产销不对路的矛盾，减少资源浪费。

（5）可代替性强

家装铝型材可代替其他材料起到同样、甚至更好的效果，例如木纹铝型材可代替木质材料，外观上基本无差别；可替代钢材，可塑性强、结构多样化，解决钢单一形状的局限性；可代替塑料，无毒无害、硬度强、模具加工性价比更高；可代替铁，铁容易生锈，且较重，需涂漆、镀锌加以保护，而基材铝不容易生锈，经表面处理后，更具耐腐蚀性。

4　家装铝型材未来的发展趋势

近三年来，受新冠疫情影响，各行各业尤其房地产业受到冲击，建筑铝材的市场已经达顶，而装饰铝型材将接棒迎来新的发展机遇，家装铝型材与我们的生活息息相关，未来家装铝材发展前景依然广阔可观，家装铝型材的需求量还很大。绿色、快捷、方便、高效将会成为家装铝材未来发展必然方向；拥有优越性能、高定制化、可代替性等优势在一定程度上解决了其他材料存在的局限性。"低碳环保"意识越来越成为人们的生活理念，而家装铝型材的发展符合国家绿色低碳目标的同时，也满足消费者的需求。对于家装铝型材生产厂家的要求也更高，未来对于在产品表面质量上不断创新求变、在智能制造上不断优化减少成本、不断贴近下游乃至消费者产品需求的厂家将占据主动地位。

综上所述，铝型材在家装行业中发展潜力巨大，而且对于高质量发展的要求更高，目前家装铝型材的市场还在国内发展，国内潜力巨大，同时未来随着国家影响力的扩大，中国家居品牌必将走向世界，届时家装铝材的出口将更上一个台阶，未来家装铝材发展可期。

参考文献

［1］　苏天杰，叶锦涛，周铭恩．铝型材专刊［J］，2022.5.

［2］　住房和城乡建设部标准定额研究所．建筑系统门窗技术导则［M］．北京：中国建筑工业出版社，2020.

［3］　阎玉芹，李斯达．铝合金门窗［M］．北京：化学工业出版社，2015.6.

［4］　喻凯，黎小萌．中国系统门窗［J］，2022.8.